U0341700

钢材质量检验

（第 2 版）

刘天佑　主编

北　京

冶 金 工 业 出 版 社

2024

图书在版编目（CIP）数据

钢材质量检验/刘天佑主编．—2 版．—北京：冶金工业出版社，
2007.2（2024.1 重印）

ISBN 978-7-5024-4185-2

Ⅰ．钢… Ⅱ．刘… Ⅲ．钢材—质量检验 Ⅳ．TG142

中国版本图书馆 CIP 数据核字（2007）第 006539 号

钢材质量检验（第 2 版）

出版发行 冶金工业出版社	电　话　(010)64027926
地　　址 北京市东城区嵩祝院北巷 39 号	邮　编　100009
网　　址 www.mip1953.com	电子信箱　service@ mip1953.com

责任编辑　王悦青　程志宏　美术编辑　彭子赫
责任校对　刘　倩　李文彦　责任印制　窦　唯
三河市双峰印刷装订有限公司印刷
1999 年 10 月第 1 版，2007 年 2 月第 2 版，2024 年 1 月第 15 次印刷
787mm×1092mm　1/16；15.5 印张；374 千字；238 页
定价 35.00 元

投稿电话　(010)64027932　投稿信箱　tougao@cnmip.com.cn
营销中心电话　(010)64044283
冶金工业出版社天猫旗舰店　yjgycbs.tmall.com
（本书如有印装质量问题，本社营销中心负责退换）

第2版前言

本书是根据原冶金工业部高等学校教材"九五"出版规划而编写的，是"九五"出版规划重点建设教材。自1999年出版以来，多次重印。为了使教材内容更符合教学的要求和生产实际的需要，本书参照最新国家标准，对相关章节作了相应的修订，并对生产中最常用的检验方法作了较详细的介绍。

全书共分九章，主要内容包括：钢及钢材的分类和编号、钢的化学成分分析、宏观检验、金相检验、力学性能检验、工艺性能检验、化学性能检验和无损检验等。本书可作为大专院校钢铁冶金、金属压力加工和轧钢等专业教学用书，也可供从事钢铁生产现场的检验员和技术人员以及物流管理人员和技术工人学习参考。

参加本书第2版编写的有刘天佑（第一章、第四章、第七章）、吴国玺（第八章）、刘志明（第三章、第六章）、郑溪娟（第二章）、陈丹（第五章、第九章）。全书由刘天佑担任主编。在编写过程中参考和引用了一些著作文献中的部分内容，作者在此谨向这些著作文献的作者表示谢意。

本书第1版经东北大学李见教授、徐家桢教授审阅，再版修订时，辽宁科技学院刘志明教授、马贺利教授审阅了全书，并提出了宝贵建议，本书在修订的过程中还得到了编者的同事和领导的大力支持，本溪钢铁集团特钢公司研究所孙丽娜高级工程师为本书提供了部分金相照片，编者在此一并向他们表示衷心感谢。

由于编者水平有限，书中纰漏之处在所难免，恳请广大读者批评指正。

编　者
2006 年 6 月

第 1 版前言

钢材、钢制件和半成品都要进行各种性能试验、检验和分析。钢的检验对于评价钢材质量的优劣、进行工程机械设计、合理选择材料、正确制订和在生产过程中改进加工工艺等有着极其重要的意义。随着科学技术的进步，钢的检验技术日益发展，检测手段日臻完善，这就要求冶金工作者不断地学习新的科学知识，了解钢的检验标准，熟悉和掌握先进的检验方法和检测手段。本书较详细地介绍了冶金工厂常用钢的检验技术，包括检验设备、检验原理和方法，以及有关的基础知识。其主要内容有：钢及钢材的分类和编号、钢的化学成分分析、宏观检验、金相检验、力学性能检验、工艺性能检验、物理性能检验、化学性能检验和无损检验等。

本书是根据原冶金工业部高等学校教材"九五"出版规划而编写的，适用于大中专院校钢铁冶金、金属压力加工和轧钢等专业，也可供从事钢铁生产的工人、检验员和技术人员学习参考。

参加本书编写工作的有本溪冶金高等专科学校刘天佑（第一、四、五、六、七章）、吴国玺（第二、八章）和李杰（第三、九章）。全书由刘天佑担任主编。在编写过程中，参考和引用了一些著作的部分内容，在此谨向作者表示谢意。

本书由东北大学李见教授担任主审。东北大学徐家桢教授、本溪冶金高等专科学校马贺利副教授、夏翠丽副教授审阅了全书，并对初稿提出了许多宝贵建议。本溪钢铁总公司特钢公司研究所孙丽娜高级工程师提供了部分金相照片，编者在此一并表示衷心感谢。

由于编者水平有限，不当与错误之处在所难免，恳切希望读者批评指正。

编　者
1998 年 6 月

目　录

第一章　概　　论

第一节　钢的分类及编号

钢是碳质量分数小于 2.11% 的铁碳合金，是现代化工业中用途最广、用量最大的金属材料。

钢按化学成分分为碳素钢（简称碳钢）和合金钢两大类。工业用碳钢除以铁和碳为主要成分外，还含有少量的锰、硅、硫、磷、氮、氧、氢等常存杂质。由于碳钢容易冶炼，价格低廉，性能可以满足一般工程机械、普通机器零部件、工具及日常轻工业产品的使用要求，故得到了广泛的应用。我国碳钢产量约占钢总产量的 90% 左右。合金钢是在碳钢的基础上，为了提高钢的机械性能、物理性能和化学性能，改善钢的工艺性能，在冶炼时有目的地加入一些合金元素的钢。在钢的总产量中，合金钢所占比重约 10%～15%，与碳钢相比，合金钢的性能有显著的提高和改善，随着我国钢铁工业的发展，合金钢的产量、品种、质量也将逐年增加和提高。

一、钢的分类

钢的种类繁多，为了便于生产、选用和比较研究并进行保管，根据钢的某些特性，从不同角度出发，可以把它们分成若干具有共同特点的类别。下面简单介绍一些常用的分类方法。

（一）按化学成分分类

按化学成分可把钢分为碳素钢和合金钢两大类。

（1）**碳素钢**　按含碳量（碳质量分数）不同又可分为低碳钢（$w(C) < 0.25\%$）、中碳钢（$w(C) = 0.25\%～0.60\%$）和高碳钢（$w(C) > 0.60\%$）。

（2）**合金钢**　按钢中合金元素总含量可分为低合金钢（合金元素总质量分数小于 5%）、中合金钢（合金元素总质量分数为 5%～10%）和高合金钢（合金元素总质量分数大于 10%）。此外，还可根据钢中所含主要合金元素种类不同来分类，如锰钢、铬钢、硼钢、铬锰钢、铬锰钛钢等。

（二）按钢的质量分类

根据钢中所含有害杂质（S、P）的多少，工业用钢通常分为普通质量钢、优质钢和高级优质钢。

（1）**普通质量钢**　硫的质量分数 $w(S) \leqslant 0.035\%～0.050\%$，$w(P) \leqslant 0.035\%～0.045\%$。

（2）**优质钢**　$w(S) \leqslant 0.035\%$，$w(P) \leqslant 0.035\%$。

（3）**高级优质钢**　$w(S) \leqslant 0.025\%$，$w(P) \leqslant 0.025\%$。

（三）按金相组织分类

（1）按照平衡状态或退火组织可分为亚共析钢（其金相组织为铁素体和珠光体）、共析钢（其金相组织为珠光体）、过共析钢（其金相组织为珠光体和二次碳化物）和莱氏体钢（其金相组织类似白口铸铁，即组织中存在着莱氏体）。

（2）按正火组织可分为珠光体钢、贝氏体钢、马氏体钢和奥氏体钢。但由于空冷的速度随钢试样尺寸大小而有所不同，所以这种分类法是以断面不大的试样（通常选用 $\phi 25mm$）为准。

（3）按加热及冷却时有无相变和室温时的金相组织可分为铁素体钢（加热和冷却时，始终保持铁素体组织）、奥氏体钢（加热和冷却时，始终保持奥氏体组织）和复相钢（如半铁素体或半奥氏体钢）。

（四）按冶炼方法分类

（1）按冶炼设备分类，可分为平炉钢（酸性平炉钢、碱性平炉钢）、转炉钢（酸性转炉钢、碱性转炉钢，其中又有底吹、侧吹、顶吹转炉钢）和电炉钢（电弧炉钢、电渣炉钢、感应炉钢和真空感应炉钢）。

（2）按钢的脱氧程度和浇注制度不同，又可将其分为沸腾钢、镇静钢和半镇静钢。合金钢一般均为镇静钢。

（五）按用途分类

按钢的用途分类是钢的主要分类方法。我国冶金行业标准（YB）和国家标准（GB）一般都是按钢的用途分类法制定的。

根据工业用钢的不同用途，可将其分为结构钢、工具钢、特殊性能钢三大类。

1. 结构钢

（1）用作工程结构的钢。属于这类钢的有碳素结构钢、低合金结构钢。

（2）用作各种机器零部件的钢。包括渗碳钢、调质钢、弹簧钢、滚动轴承钢，以及易削钢、低淬钢、冷冲压钢等。

2. 工具钢

工具钢包括碳素工具钢、合金工具钢和高速工具钢三种。它们可用以制造刃具、模具和量具等。

3. 特殊性能钢

这类钢具有特殊的物理、化学性能，它包括不锈钢、耐热钢、耐磨钢、电工用钢、低温用钢等。

此外还有特定用途钢。如锅炉用钢、压力容器用钢、桥梁用钢、船舶用钢及钢筋钢等。

二、钢的编号方法

为了管理和使用方便，必须确定一个编号方法。编号的原则是：以明显、确切、简单的符号反映钢种的冶炼方法、化学成分、特性、用途、工艺方法等，同时还要便于书写、打印和识别而不易混淆。

我国现行钢号，基本上是按国家标准总局 1979 年颁布的钢铁产品牌号表示方法（GB 221—1979）确定的。2000 年对此标准进行了重新修订，并颁布了新的国家标准 GB/T

221—2000 钢铁产品牌号表示方法，取代原标准，于 2000 年 11 月 1 日正式实施。产品牌号使用汉语拼音字母、化学元素符号和阿拉伯数字来表示。

汉语拼音字母表示产品名称、用途、特性和工艺方法。例如，碳素工具钢，采用"碳"字汉语拼音"TAN"的"T"表示；滚珠轴承钢选用字母"G"表示（表 1-1）。

化学元素采用国际化学符号表示。例如，锰用"Mn"表示，硅用"Si"表示，铬用"Cr"表示，镍用"Ni"表示等。

阿拉伯数字用来表示化学元素含量或表示牌号的顺序号、分类号及特性。例如，40Cr 钢，"40"表示钢中的平均含碳量为 $w(C)=0.40\%$；Q235 钢，"235"表示此钢的屈服点数值。

（一）结构钢

1. 碳素结构钢

按 GB 700—1979 标准，此类钢称为普通碳素钢，普通碳素钢分为甲类钢、乙类钢和特类钢三类。分别用字母 A、B、C 表示。

表 1-1　产品名称、用途、特性和工艺方法命名符号

名　称	采用的汉字和汉语拼音		采用符号	字　体	位　置
	汉　字	汉语拼音			
炼钢用生铁	炼	LIAN	L	大写	牌号头
铸造用生铁	铸	ZHU	Z	大写	牌号头
球墨铸铁用生铁	球	QIU	Q	大写	牌号头
脱碳低磷粒铁	脱炼	TUO LIAN	TL	大写	牌号头
含钒生铁	钒	FAN	F	大写	牌号头
耐磨生铁	耐磨	NAI MO	NM	大写	牌号头
碳素结构钢	屈	QU	Q	大写	牌号头
低合金高强度钢	屈	QU	Q	大写	牌号头
耐候钢	耐候	NAI HOU	NH	大写	牌号尾
保证淬透性钢			H	大写	牌号尾
易切削非调质钢	易非	YI FEI	YF	大写	牌号头
热锻用非调质钢	非	FEI	F	大写	牌号头
易切削钢	易	YI	Y	大写	牌号头
电工用热轧硅钢	电热	DIAN RE	DR	大写	牌号头
电工用冷轧无取向硅钢	无	WU	W	大写	牌号中
电工用冷轧取向硅钢	取	QU	Q	大写	牌号中
电工用冷轧取向高磁感硅钢	取高	QU GAO	QG	大写	牌号中
（电讯用）取向高磁感硅钢	电高	DIAN GAO	DG	大写	牌号头
电磁纯铁	电铁	DIAN TIE	DT	大写	牌号头
碳素工具钢	碳	TAN	T	大写	牌号头
塑料模具钢	塑模	SU MO	SM	大写	牌号头
（滚珠）轴承钢	滚	GUN	G	大写	牌号头

| 名 称 | 采用的汉字和汉语拼音 | | 采用符号 | 字 体 | 位 置 |
	汉 字	汉语拼音			
焊接用钢	焊	HAN	H	大写	牌号头
钢轨钢	轨	GUI	U	大写	牌号头
铆螺钢	铆螺	MAO LUO	ML	大写	牌号头
锚链钢	锚	MAO	M	大写	牌号头
地质钻探钢管用钢	地质	DI ZHI	DZ	大写	牌号头
船用钢			采用国际符号		
汽车大梁用钢	梁	LIANG	L	大写	牌号尾
矿用钢	矿	KUANG	K	大写	牌号尾
压力容器用钢	容	RONG	R	大写	牌号尾
桥梁用钢	桥	QIAO	q	小写	牌号尾
锅炉用钢	锅	GUO	g	小写	牌号尾
焊接气瓶用钢	焊瓶	HAN PING	HP	大写	牌号尾
车辆车轴用钢	辆轴	LIANG ZHOU	LZ	大写	牌号头
机车车轴用钢	机轴	JI ZHOU	JZ	大写	牌号头
管线用钢			S	大写	牌号头
沸腾钢	沸	FEI	F	大写	牌号尾
半镇静钢	半	BAN	b	小写	牌号尾
镇静钢	镇	ZHEN	Z	大写	牌号尾
特殊镇静钢	特镇	TE ZHEN	TZ	大写	牌号尾
质量等级			A	大写	牌号尾
			B	大写	牌号尾
			C	大写	牌号尾
			D	大写	牌号尾
			E	大写	牌号尾

注：没有汉字及汉语拼音的，采用符号为英文字母。

（1）甲类钢 保证机械性能供应的一类钢。用平炉冶炼时，其牌号表示为 A2、A3、A2F、A3F……；用氧气转炉冶炼时，其牌号表示为 AY2、AY3、AY3F……；用碱性空气转炉冶炼时，其牌号为 AJ2、AJ3、AJ2F、AJ3F……。

（2）乙类钢 保证化学成分供应的一类钢。用平炉冶炼时，其牌号表示为 B2、B3、B2F、B3F……；用氧气转炉冶炼时，其牌号表示为 BY2、BY3、BY2F、BY3F……；用碱性空气转炉冶炼时，其牌号为 BJ2、BJ3、BJ2F、BJ3F……。

（3）特类钢 既保证机械性能又保证化学成分供应的一类钢。用平炉冶炼时，其牌号表示为 C2、C3、C2F、C3F……；用氧气转炉冶炼时，其牌号表示为 CY2、CY3、CY2F、CY3F……；用碱性空气转炉冶炼时，其牌号表示为 CJ2、CJ3、CJ2F、CJ3F……。

专门用途的普通碳素钢，可按普通碳素钢的表示方法，但在钢号之尾附以用途字母。例如，桥梁用甲类 3 号钢写为 A3q。

碳素结构钢自 1988 年 10 月 1 日起实施新标准 GB/T 700—1988。从 1991 年 10 月 1 日起，原国家标准 GB 700—1979《普通碳素结构钢技术条件》作废。新标准采用五个钢号（Q195、Q215、Q235、Q255、Q275），取消了按甲类钢、乙类钢和特类钢的分类方法。钢号由代表屈服点的字母"Q"、屈服点下限值、质量等级符号（A、B、C、D）、脱氧方法符号四个部分按顺序组成。例如：

Q235-A·F 表示碳素结构钢，屈服点下限为 235MPa，A 等级沸腾钢。

Q235-B 表示碳素结构钢，屈服点下限为 235MPa，B 等级镇静钢。

表 1-2 为新旧钢号对照表。

表 1-2　新旧 GB700 标准钢号对照

GB/T 700—1988		GB 700—1979	
Q195	不分等级，化学成分和力学性能（抗拉强度、断后伸长率和冷弯）均须保证。但轧制薄板和盘条这类产品时，力学性能的保证项目可根据产品特点和使用要求，在有关标准中另行规定	1 号钢	Q195 的化学成分与本标准 1 号钢的乙类钢 B1 相同，力学性能（抗拉强度、断后伸长率和冷弯）与甲类钢 A1 相同（A1 的冷弯试验是附加保证条件）。1 号钢没有特类钢
Q215	A 级 B 级（做常温冲击试验，V 形缺口）	A2 C2	
Q235	A 级（不做冲击试验） B 级（做常温冲击试验，V 形缺口） C 级 D 级（作为重要焊接结构用）	A3 C3	（附加保证常温冲击试验，U 形缺口） （附加保证常温或 −20℃ 冲击试验，U 形缺口）
Q255	A 级 B 级（做常温冲击试验，V 形缺口）	A4 C4	（附加保证冲击试验，U 形缺口）
Q275	化学成分和力学性能均须保证	C5	

2. 优质碳素结构钢和优质碳素弹簧钢

优质碳素结构钢按含锰量不同，分为普通含锰量和较高含锰量两组。

普通含锰量的优质碳素结构钢的牌号用两位数字表示，数字表示钢中平均含碳量的万分之几。如 20 钢，平均含碳量为 $w(C)=0.20\%$；08 钢，平均含碳量为 $w(C)=0.08\%$。

较高含锰量的优质碳素结构钢的牌号用两位数字和"Mn"表示，数字表示钢中平均含碳量的万分之几。例如 20Mn、65Mn。

沸腾钢、半镇静钢在牌号尾部分别加"F"、"b"（镇静钢不标符号）。例如 08F、10b。

高级优质碳素结构钢，在牌号尾部加"A"。例如 20A。

特级优质碳素结构钢，在牌号后加符号"E"。例如：平均含碳量为 0.45% 的特级优质碳素结构钢，其牌号表示为"45E"。

优质碳素弹簧钢的牌号表示方法与优质碳素结构钢相同。

专门用途的优质碳素结构钢，可按优质碳素结构钢的表示方法，但在钢号之尾附以用途字母。例如锅炉钢，20g。

3. 低合金高强度结构钢

按 GB 1591—1988 标准，此类钢称为低合金结构钢。这类钢的牌号采用含碳量（两位数字）、合金元素符号及含量三者来表示。含碳量用两位数字表示，数字表示钢中平均碳的质量含量的万分之几。合金元素含量用质量含量的百分之几表示。若合金元素的质量分数低于 1.5%，在钢号中只标出元素符号，而不标明含量，若合金元素的平均质量分数为 1.50%～2.49%、2.50%～3.49%……，则相应地在元素符号后标出阿拉伯数字 2、3……。

GB 1591—1988《低合金结构钢》标准已于 1994 年修订为新标准 GB/T 1591—1994《低合金高强度结构钢》，1995 年 7 月 1 日实施，原标准 GB 1591—1988 标准即行作废。新标准采用五个钢号（Q295、Q345、Q390、Q420、Q460），牌号的命名方法与碳素结构钢基本相同，采用国际标准。钢号由代表屈服点的字母"Q"、屈服点下限值、质量等级（A、B、C、D、E）三个部分按顺序组成。例如：Q295-A，表示低合金高强度结构钢，屈服点下限为 295MPa。

专用结构钢一般采用代表钢屈服点的符号"Q"、屈服点数值和表 1-1 中规定的代表产品用途的符号等表示，例如：压力容器用钢牌号表示为 Q345R；焊接气瓶用钢牌号表示为 Q295HP；锅炉用钢牌号表示为 Q390g；桥梁用钢表示为 Q420q。

耐候钢是抗大气腐蚀用的低合金高强度结构钢，其牌号表示为 Q340NH。

根据需要，通用低合金高强度结构钢的牌号也可以采用两位阿拉伯数字（表示平均含碳量，以万分之几计）和元素符号，按顺序表示；专用低合金高强度结构钢的牌号也可以采用两位阿拉伯数字（表示平均含碳量，以万分之几计）、元素符号和表 1-1 中规定代表产品用途的符号，按顺序表示。

表 1-3 为新旧标准强度级别大致相对应的牌号。它们在化学成分、力学性能以及交货状态上均有所不同。

表 1-3　低合金高强度结构钢新旧标准钢号对照表

标准号	GB/T 1591—1994	GB 1591—1988
标准名称	低合金高强度结构钢	低合金结构钢
标准中相应的牌号	Q295（A、B）	09MnV、09MnNb、09Mn2、12Mn
	Q345（A、B、C、D、E）	12MnV、14MnNb、16Mn、16MnRE、18Nb
	Q390（A、B、C、D、E）	15MnV、15MnTi、16MnNb
	Q420（A、B、C、D、E）	15MnVN、14MnVTiRE
	Q460（C、D、E）	

4. 合金结构钢和合金弹簧钢

这两类钢的牌号采用含碳量（两位数字）、合金元素、含量及优质程度四者来表示。

含碳量用两位数字表示，数字表示钢中平均碳的质量含量的万分之几。

主要合金元素含量，除个别钢号外，一般都用质量含量的百分之几表示。若合金元素的质量分数低于 1.50%，在钢号中只标出元素，而不标明含量，若合金元素的平均质量分数为 1.50%～2.49%、2.50%～3.49%……，则相应地在元素符号后标出阿拉伯数字

2、3······。

高级优质钢则在钢号后加一个字母"A"。

例如，20Cr，平均含碳量为 w（C）$=0.20\%$，铬的质量分数低于 1.5%。18Cr2Ni4WA，平均含碳量为w（C）$=0.18\%$，铬含量为w（Cr）$=1.5\%\sim2.49\%$，镍含量为w（Ni）$=3.5\%\sim4.49\%$，钨的质量分数低于 1.5%，高级优质钢。

特级优质合金结构钢，在牌号尾部加符号"E"表示，例如30CrMnSiE。

专用合金结构钢，在牌号头部（或尾部）加表 1-1 中规定的代表产品用途的符号表示。例如：碳、铬、锰、硅的平均含量分别为 0.30%、0.95%、0.85%、1.05% 的铆螺钢，其牌号表示为 ML30CrMnSi。

5. 其他结构钢

（1）易切削钢　易切削钢用字母"Y"和阿拉伯数字表示，阿拉伯数字表示平均含碳量的万分之几。硫易切削钢或磷易切削钢的牌号中不标出易切削元素符号，而含钙、铅、硒等易切削元素的易切削钢，在牌号尾部应标出易切削元素符号。含锰量较高的易切削钢，在牌号后标出锰元素符号。例如：Y15Pb，含碳为w（C）$=0.15\%$，含易切削元素铅w（Pb）$=0.15\%\sim0.35\%$；Y40Mn，含碳为w（C）$=0.40\%$，含锰 w（Mn）$=1.20\%\sim1.55\%$。

（2）非调质机械结构钢　在牌号的头部分别加符号"YF"、"F"表示易切削非调质机械结构钢和热锻用非调质机械结构钢，牌号表示方法与合金结构钢相同。例如：平均含碳量为 0.35%，含钒量为 $0.06\%\sim0.13\%$ 的易切削非调质机械结构钢，其牌号表示为 YF35V；平均含碳量为 0.45%，含钒量为 $0.06\%\sim0.13\%$ 的热锻用非调质机械结构钢，其牌号表示为 F45V。

6. 轴承钢

轴承钢分为高碳铬轴承钢、渗碳轴承钢、高碳铬不锈轴承钢和高温轴承钢四大类。

（1）高碳铬轴承钢　这类钢在牌号头部加符号"G"，但不标出含碳量；铬含量以千分之几计，其他合金元素按合金结构钢的合金含量表示。例如：GCr15 表示铬含量为 1.50% 的高碳铬轴承钢；GCr15SiMn 表示铬含量为 1.50%，硅、锰含量分别小于 1.50% 的高碳铬轴承钢。高碳铬轴承钢为高级优质钢，牌号后不再标"A"符号。

（2）渗碳轴承钢　这类钢采用合金结构钢的牌号表示方法，仅在牌号头部加符号"G"。例如：G20CrNiMo，表示平均含碳 0.20%，铬、镍、钼含量分别小于 1.50% 的渗碳轴承钢。高级优质渗碳轴承钢，在牌号尾部加"A"，例如：G20CrNiMoA。

（3）高碳铬不锈轴承钢和高温轴承钢　这两类轴承钢分别采用不锈钢和耐热钢的牌号表示方法，牌号头部不再加符号"G"。例如：9Cr18，表示平均含碳量为 0.9%，含铬量为 18% 的高碳铬不锈轴承钢；10Cr14Mo4 表示平均含碳量为 1.0%，含铬量为 14%，含钼量为 4% 的高温轴承钢。

（二）工具钢

1. 碳素工具钢

碳素工具钢牌号采用汉语拼音字母符号、含碳量、含锰量及优质程度四者来表示。

在钢号中，冠以汉语拼音字母"T"，表示碳素工具钢。

含碳量一律以平均含量的千分之几表示，采用阿拉伯数字表示之。

锰含量较高的碳素工具钢，在其牌号中的阿拉伯数字后加锰元素符号。

高级优质碳素工具钢，应在牌号尾部加"A"。

例如：T7钢，优质碳素工具钢，平均含碳量为$w(C)=0.70\%$。T10A钢，高级优质碳素工具钢，平均含碳量为$w(C)=1.0\%$。

2. 合金工具钢和高速工具钢

合金工具钢钢号采用含碳量、合金元素及含量这三者来表示。

含碳量$w(C) \geqslant 1.0\%$时，钢号中不必标出含碳量；含碳量$w(C)<1.0\%$时，钢号中用含碳量的千分之几表示。

合金元素含量的表示方法，与合金结构钢基本相同。但对含铬量低的合金工具钢，其含铬量以千分之几表示，并在含量之前加一个"0"。

例如：Cr06钢，平均含碳量$w(C)>1.0\%$（实际为$1.3\%\sim1.45\%$），含合金元素铬，其含量为$w(Cr)=0.6\%$。9Mn2V钢，平均含碳量$w(C)<1.0\%$（实际为$0.85\%\sim0.95\%$），合金元素锰含量为$w(Mn)=1.50\%\sim2.49\%$（实际为$1.70\%\sim2.00\%$），钒含量$w(V)<1.50\%$（实际为$0.1\%\sim0.25\%$）。

高速工具钢钢号除个别外，只用合金元素及其含量来表示。合金元素含量表示方法与合金结构钢相同。例如：W6Mo5Cr4V2钢，含碳量不标出（实际$w(C)=0.80\%\sim0.90\%$），钨含量$w(W)=6\%$（实际为$5.50\%\sim6.75\%$），钼含量$w(Mo)=5\%$（实际为$4.50\%\sim5.50\%$），铬含量$w(Cr)=4\%$（实际为$3.80\%\sim4.40\%$），钒含量$w(V)=2\%$（实际为$1.75\%\sim2.20\%$）。如果两个钢号除含碳量之外，其余合金元素含量均相同，则为了区别起见，仅标出一个含碳量（含碳量较高钢号）。如W18Cr4V和9W18Cr4V，它们的含碳量分别为$w(C)=0.70\%\sim0.80\%$和$w(C)=0.90\%\sim1.00\%$，其余都一样。

合金工具钢和高速工具钢均属于高级优质钢，故钢号后不再标出"A"。

（三）特殊性能钢

1. 不锈钢和耐热钢

不锈钢和耐热钢牌号采用合金元素符号和阿拉伯数字表示，易切削不锈钢和耐热钢在牌号头部加"Y"。一般用一位阿拉伯数字表示平均含碳量（以千分之几计）；当平均含碳量不小于1.00%时，采用两位阿拉伯数字表示；当含碳量上限小于0.1%时，以"0"表示含碳量；当含碳量上限不大于0.03%，大于0.01%（超低碳）时，以"03"表示；当含碳量上限不大于0.01%（极低碳）时，以"01"表示含碳量。含碳量未规定下限时，采用阿拉伯数字表示含碳量的上限数字。合金元素的表示方法与合金结构钢相同。例如：2Cr13钢，平均含碳量为0.2%，含铬量为13%；0Cr18Ni9钢，含碳量上限为0.08%，平均含铬量为18%，含镍量为9%；Y1Cr17钢，含碳量上限为0.12%，平均含铬量为17%，是一种加硫易切削不锈钢；11Cr17钢，平均含碳量为1.10%，含铬量为17%的高碳铬不锈钢；03Cr19Ni10钢，含碳量上限为0.03%，平均含铬量为19%，含镍量为10%的超低碳不锈钢；01Cr19Ni11钢，含碳量上限为0.01%，平均含铬量为19%，含镍量为11%的极低碳不锈钢。

2. 电工用硅钢

电工用硅钢分为热轧硅钢和冷轧硅钢，冷轧硅钢又分为无取向硅钢和取向硅钢。

硅钢牌号采用表1-1规定的代表产品用途的符号和阿拉伯数字表示。阿拉伯数字表示典型产品（某一厚度的产品）的厚度和最大允许铁损值（W/kg）。

（1）电工用热轧硅钢　牌号头部加符号"DR"，之后为表示最大允许铁损值100倍的阿拉伯数字。如果是在高频率（400Hz）下检验的，在表示铁损值的阿拉伯数字后加符号"G"；而在频率50Hz下检验的，不加"G"。牌号尾部数字为产品公称厚度（单位，mm）100倍的数字。例如：DR440-50钢，表示频率为50Hz时，厚度为0.50mm，最大允许铁损值为4.40W/kg的电工用热轧硅钢；DR1750G-35钢，表示频率为400Hz时，厚度为0.35mm，最大允许铁损值为17.50W/kg的电工用热轧硅钢。

（2）电工用冷轧无取向硅钢和取向硅钢　牌号中间用符号"W"（无取向硅钢）和"Q"（取向硅钢）表示，牌号头部数字为产品公称厚度（单位：mm）的100倍，牌号尾部数字为铁损值的100倍。例如：30Q130钢，表示厚度为0.30mm，最大允许铁损值为1.30W/kg的电工用冷轧取向硅钢；35W300钢，表示厚度为0.35mm，最大允许铁损值为3.00W/kg的电工用冷轧无取向硅钢。取向高磁感硅钢，其牌号应在符号"Q"和铁损值之间加符号"G"，例如：27QG100钢。

（3）电讯用取向高磁感硅钢　牌号采用表1-1中规定的符号和阿拉伯数字表示。阿拉伯数字表示电磁性能级别。从1至6表示电磁性能从低到高。例如：DG5钢。

第二节　常用钢材

钢水的绝大部分铸造成钢锭或钢坯，然后经压力加工（热轧、冷轧、锻造和拉拔），制成各种不同断面形状和规格尺寸的钢材，以满足工程建筑结构、机械制造、工具制作的需要。下面简单介绍钢材的生产知识、常用钢材和钢材表面缺陷。

一、钢材生产知识

将钢锭或钢坯进行压力加工便可制成钢材。所谓压力加工就是使金属在外力作用下，产生塑性变形，从而获得所要求的断面形状和规格尺寸产品的加工方法。压力加工的作用不仅是通过塑性变形改变金属的形状和尺寸，而且能改善其组织和性能。压力加工方法有轧制、锻造、拉拔、挤压、冲压及爆炸成形等多种，钢材生产主要采用前三种方法。

1. 轧制

轧制是指金属在轧机旋转轧辊的辗压下，进行塑性变形的一种压力加工方法。在钢的生产总量中，除少部分采用铸造和锻造等方法直接制成器件以外，其余占90％以上的钢都须经过轧制成材，轧制是钢铁工业中最主要的加工方法。

生产不同品种的钢材，其轧制方式是不同的，一般可分为纵向轧制（纵轧）、横向轧制（横轧）和斜向轧制（斜轧）。

轧制是在轧制设备中进行的。轧制设备也称轧机成套机组，分为主要设备（轧钢机机座）和辅助设备（如辊道、升降台、剪切机、锯机、矫直机、热处理设备以及控制设备等）。

轧机的种类很多。按轧机用途可分为轧制方坯、扁坯或板坯等的钢坯轧机和轧制型材、板（带）材、管材等的成品轧机，以及轧制车轮、轮箍、钢球等的特种轧机。按轧辊在机架内的布置方式可分为轧辊在机架中水平布置的水平轧机和轧辊在机架内垂直布置的立辊轧机，以及轧辊在机架内既有水平布置又有垂直布置的轧机。按轧机的排列方式可分为仅有一架机座的单机座轧机；数架机座横向顺序排列的横列式轧机；数架机座纵向顺序排列的纵列式轧机；数架机座依次纵向顺序排列的连续式轧机；既有非连续式轧机又有连续式轧机组合的半连续式轧机。

通常在某类轧机名称前加一组表示轧辊尺寸（mm）的数字，构成轧机的名称。

钢坯轧机和型钢轧机一般将轧辊直径（或齿轮机座齿轮的节圆直径）数字加在轧机名称前来命名的，例如1150初轧机，就是轧辊直径为1150mm的初轧机。板带钢轧机一般将轧辊辊身长度数字加在轧机名称前来命名，例如1700钢板连轧机，表示该轧机轧辊辊身长度为1700mm，能轧制最宽为1500mm的钢板或带钢。钢管轧机一般用所轧制钢管的最大外径或外径的尺寸范围和轧机的类型来命名，例如140无缝管轧机，20～102焊管机。

钢材轧制也称轧钢。轧钢工艺过程一般包括原料（钢锭或钢坯）清理、加热、轧制、轧后冷却及精整等工序。轧钢的原料是钢锭或钢坯，轧制加热前必须对原料表面的缺陷进行清理，清理方法有火焰、风铲、喷砂清理，砂轮研磨以及车削剥皮等方法。轧前需要加热（一般为1100～1300℃），使之成为塑性好的奥氏体状态，然后进行轧制（热轧）。轧制是轧钢生产的中心环节，钢锭先经过初轧机或钢坯轧机轧成各种规格尺寸的半成品——钢坯（方坯、扁坯或板坯等），这一过程叫初轧或开坯。将钢坯在成品轧机上进行轧制，可获得要求的形状和尺寸的钢材。成材的轧制分为两个阶段：粗轧阶段，采取较大压下量，以减少轧制道次；精轧阶段，采取较小的压下量，以获得精确的尺寸和良好的表面质量。热轧终轧温度一般为800～900℃。轧后可采用缓冷、空冷和通风或喷水等冷却方式。轧后的钢材还需进行精整处理，精整工序通常包括：剪切、矫直、表面加工、热处理、检查分级、成品质量检验、打印记和包装等。

轧制有热轧和冷轧两种方法。

2. 锻造

锻造是用锻锤的往复冲击力或压力机（油压或水压）的压力，使金属坯料产生塑性变形，从而获得具有一定形状、尺寸和内部组织的毛坯或零件的加工方法。

锻造是制造机器零件毛坯的一种主要方法。锻件经过塑性变形和再结晶后，晶粒细化，组织致密，并且内部的杂质按纤维方向排列，从而改善了材料的机械性能，同时，现代化的锻造生产方法具有很高的劳动生产率。因此，锻造加工在机械、电力、电子、交通、国防等工业部门以至生活用品的生产中都占有重要的地位。各种机械中受力复杂的重要零件，如主轴、传动轴、曲轴、齿轮、凸轴、叶轮、叶片等，大都采用锻件。在飞机上锻件（包括冲压件）的重量约占各种零件的85%，在汽车上占80%，机车上占60%。

按照所用设备和变形方式的不同，锻造方法可分为自由锻造和模型锻造两大类。

自由锻造是将加热好的金属坯料放在锻造设备（空气锤、蒸汽锤及水压机等）的上、下抵铁之间施加冲击力或压力，使之产生塑性变形，从而获得所需锻件的加工方法。坯料在上、下抵铁之间变形时，一般都是自由流动的，故称自由锻造，简称自由锻。

按照使用的设备和锻造力的性质不同，自由锻可分为锤上自由锻和水压机上自由锻两类。锤上自由锻适于锻造0.5～1t以下的中小型锻件，大型锻件要在水压机上锻造。

自由锻使用的设备和工具具有很大的通用性，不需要造价昂贵的专用模具，金属坯料在上、下抵铁之间自由变形，不受模具限制，锻件的形状和尺寸主要由锻工的操作技术来保证，可以锻造从几十克到几百吨重的锻件。但是自由锻造对锻工的技术水平要求高，锻件的尺寸精度低，加工余量大，金属损耗多，而且生产率低，劳动条件差、强度大。因此，只有在单件和小批量生产的条件下，采用自由锻才是合理的。此外，对于同一锻件，自由锻时所需要的设备吨位比模锻时小得多，因而对于大型锻件它几乎是唯一的锻造方法，在重型机器制造中具有特别重要地位。

模型锻造简称模锻，是将坯料放在锻模模膛内承受冲击力或压力，以产生变形获得所需模锻件的加工方法。所用坯料常为圆钢、方钢等。

与自由锻相比，模锻的生产率高三、四倍以至十几倍；锻件表面光洁，尺寸精度高；加工余量减少，形状复杂程度提高，材料利用率高，可节约金属材料 50%～200%。此外，模锻操作简单、易于实现机械化，锻件生产成本低。但是，模锻的设备费用高；锻模制造周期长、成本高，而且是专用的；由于受设备吨位限制，模锻件一般不能太大。因此，模锻适用于中小型锻件的成批和大量生产。

按照使用设备不同，模锻可分为锤上模锻、曲柄压力机上模锻、平锻机上模锻、螺旋压力机上模锻及其他专用设备上的模锻。

为了提高金属的塑性和减少变形抗力，锻造通常都将金属坯料加热至高温状态下进行，对于碳钢锻件，要将坯料加热到 $Fe-Fe_3C$ 相图中单相奥氏体区的温度。

3. 拉拔

外加拉力作用于被拉（拔）金属的前端，将金属坯料从小于坯料横断面的模孔中拉（拔）出，使其断面减小及长度增加，获得所需形状和尺寸要求产品的一种压力加工方法，叫做拉拔。拉拔一般在冷态（常温）下进行，也叫冷拉或冷拔。它广泛应用于线、管、棒和条材等产品的生产。

直径小于 6.5mm 的线材，由于断面小、温降较大，一般用热轧方法生产，其性能和尺寸不能满足要求。在这种情况下则以热轧线材为原料，采用多次冷拉的方法，获得直径小于 6.5mm 的产品，例如钢丝。钢丝的冷拉叫拉（拔）丝，是目前生产金属丝的重要方法。

冷拉也用于生产直径稍大（50mm 以下）、尺寸精确、表面光洁的圆钢、六角钢等棒、条材。对于直径 76mm 以下的钢管，冷拔则是主要的加工方法。热轧后的管坯通过模孔和心棒之间的环形间隙拔出，使直径和壁厚减小，得到冷拔管。此外冷拔也常用于生产有色金属线、管、棒、条材以及某些异形材。

冷拉几道次之后金属会产生加工硬化，为了消除加工硬化、提高塑性，继续冷拉，要进行一次或数次中间再结晶退火。某些冷拉产品最终还要进行一次去应力退火，消除内应力，防止变形和开裂。

二、常用钢材

钢材品种繁多，目前已达两万种以上。按国家统一分类方法即按分配目录分类可分为十六类。归纳起来为型钢、钢板、钢管、金属制品和其他钢材五大类。其中型钢包括重轨、轻轨、大型型钢、中型型钢、小型型钢、优质型钢、冷弯型钢和线材；钢板包括中厚钢板、薄钢板、硅钢片和带钢；钢管包括无缝钢管和焊接钢管；金属制品包括钢丝、焊丝、钢丝绳；其他钢材包括钢轨配件、鱼尾板、车轮、盘件、环件、车轴坯、锻件坯和钢球料等。下面对十六类钢材分别作以简单介绍。

（1）重轨　每 1m 重量大于 24kg 的钢轨，包括起重机轨、接触钢轨和工业轨。

（2）轻轨　每 1m 重量等于或小于 24kg 的钢轨。

（3）大型型钢　包括 18 以上的工字钢和槽钢（18 表示工字钢、槽钢的高度，单位为 cm），90mm 以上圆、方钢（90mm 表示圆钢的直径或方钢断面边长），16 以上的角钢（16 表示角钢的边长，单位为 cm），断面为 1000mm² 以上的扁钢以及大型异型钢。

（4）中型型钢　包括 16～18 以上的工字钢和槽钢（16～18 表示工字钢和槽钢的高度，单位为 cm），38～80mm 的圆钢，50～75mm 的方钢，5～14 的角钢（5～14 表示角钢的边长，单位为 cm），断面为 500～1000mm² 的扁钢以及中型异型钢等。

（5）小型型钢　包括 10～36mm 的圆钢、螺纹钢、铆钉钢，10～25mm 的方钢，4.5 以下的角钢（4.5 表示角钢的边长，单位为 cm），断面为 500mm² 以下的扁钢，以及窗框钢、农具钢和小型异型钢等。

（6）线材　直径为 6～9mm 的热轧圆钢和 10mm 以下的螺纹钢（热轧圆盘条）。

（7）钢带　也称带钢。包括热轧普通钢带、冷轧普通钢带、热轧优质钢带、冷轧优质钢带和镀涂钢带。

（8）中厚钢板　厚度大于 4mm 的钢板。包括普通中厚钢板和优质中厚钢板。

（9）薄钢板　厚度等于或小于 4mm 的钢板。包括热轧普通薄板、热轧优质薄板、冷轧普通薄板、冷轧优质薄板以及不锈钢薄钢板和镀涂薄钢板等。

（10）硅钢片　即电工用硅钢薄板。包括热轧硅钢片和冷轧硅钢片。

（11）优质型材　用优质钢材制成的圆钢、方钢、扁钢、六角钢，以及用高温合金、精密合金制成的各种形状的型材等。

（12）无缝钢管　由圆钢或坯经穿孔制成的断面上没有焊缝的钢管。包括热轧无缝钢管和冷轧（拔）无缝钢管。

（13）焊接钢管　用钢带或薄钢板卷焊而成，断面上有焊接缝的钢管。按焊缝形式可分为直缝焊管和螺旋焊管；按用途又可分为水煤气输送管、电线套管等多种。

（14）冷弯型钢　原属于中型型钢，现单独列出。冷弯型钢是以钢板或带钢为原料，在冷态（常温）下，通过一系列的成型辊，将其弯曲成所要求的形状和尺寸的型钢。

（15）其他钢材　包括钢轨配件、鱼尾板、车轮、盘件、环件、车轴坯、锻件坯、钢球料等。

（16）金属制品　包括钢丝、焊丝、钢丝绳和钢绞线等。

三、钢材的表面缺陷

钢材在生产、运输、装卸、保管过程中，由于某种原因，可能产生用肉眼能直接观察、鉴别的钢材表面缺陷，称为外观缺陷。外观缺陷包括外形（及其尺寸）缺陷和表面质量缺陷。表面缺陷不仅影响钢材外观，而且容易引起锈蚀、应力集中，会降低钢材使用性能，严重时导致钢材报废。本节仅讨论几种常见类型钢材的表面缺陷。

（一）型钢表面缺陷

型钢是使用最广泛的钢材,约占我国钢材总量的 50％ 左右。型钢的品种很多,按其用途可分为常用型钢(方钢、圆钢、扁钢、角钢、槽钢、工字钢等)及专用型钢(钢轨、钢桩、球扁钢、窗框钢等)。按其断面形状可分为简单断面型钢和复杂或异形断面型钢。按其生产方法又可分成轧制型钢、弯曲型钢、焊接型钢。型钢常见的表面缺陷有:折叠、划痕、结疤、麻面(麻点)、凹坑、分层、凸泡和气泡、表面裂纹、裂缝、烧裂、表面夹杂、耳子以及扭转、弯曲、断面形状不正确、角不满(塌角、钝角、圆角)、拉穿、公差出格、短尺等。

（1）折叠　沿钢材长度方向表面有倾斜的近似裂纹的缺陷,称折叠。通常是由于钢材表面在前一道锻、轧中所产生的突出尖角或耳子,在以后的锻、轧时压入金属本体叠合形成的。折叠一般呈直线状,亦有的呈锯齿状,分布于钢材的全长,或断续状局部分布,深浅不一,深的可达数十毫米,其周围有比较严重的脱碳现象,一般夹有氧化铁皮。

钢材表面的折叠,可采用机械加工方法进行去除。型材表面因不再进行机械加工,如果表面存在严重的折叠,就不能使用,因为在使用过程中会由于应力集中造成开裂或疲劳断裂。

（2）划痕　在生产、运输等过程中,钢材表面受到机械性刮伤形成的沟痕,称划痕,也称刮伤或擦伤。其深度不等,通常可看到沟底,长度自几毫米到几米,连续或断续分布于钢材的全长或局部,多为单条,也有双条和多条的划痕。

划痕会降低钢材的强度,对于薄板还会造成应力集中,在冲压时成为裂纹发生和扩展的中心。对于耐压容器,严重的划痕可能成为使用过程中发生事故的根源。

（3）结疤　钢材表面呈舌状、指甲状或鱼鳞状的片块,称结疤。它是钢锭表面被污溅的金属壳皮、凸块,经轧制后在钢材表面上形成的。与钢材相连牢固的结疤,称生根结疤;与钢材相连不紧或不相连,粘着在表面上的结疤,称为不生根结疤。不生根结疤容易脱落,脱落后表面形成凹坑。有些结疤的一端翘起,称翘皮。

（4）麻面(麻点)　麻点是钢材表面凹凸不平的粗糙面。大面积的麻点称麻面。板材(尤其是薄板)若存在麻点,不仅可能成为腐蚀源,还会在冲压时产生裂纹。弹簧上有麻点,在使用过程中容易造成应力集中,导致疲劳断裂。

（5）凹坑　周期性或无规律地分布于钢材表面的凹陷(轧辊表面有粘结物,轧制时粘结物压入钢材表面而形成),称为凹坑或压坑。小凹坑称为麻点。

（6）分层　由于非金属夹杂、未焊合的内裂、残余缩孔、气孔等原因,使剪切后的钢材断面呈黑线或黑带,将钢材分离成两层或多层的现象,称为分层。

（7）凸泡和气泡　钢材表面呈无规律分布的圆形凸起,称凸泡,凸泡边缘比较圆滑。凸泡破裂后,形成鸡爪形裂口或舌状结痕,称气泡。

（8）表面裂纹　钢材表面出现的网状龟裂或裂口。它是由于钢中硫高锰低引起热脆,或因铜含量过高、钢中非金属夹杂物过多所致。沿着变形方向分布的裂纹是由于锻轧后处理不当而引起的。钢锭因为脱氧或浇铸不当,也可能形成横裂纹或纵裂纹,它们在轧制过程中扩大,并会改变形状。

（9）裂缝　裂缝在钢材表面一般呈直线状,有时呈 Y 形状,其方向多与轧制方向一致,但也有横向或其他方向的,缝隙一般与钢材表面垂直。它是由于钢锭中的皮下气泡和非金属夹杂物经轧制破裂后造成的。加热温度低或温度不均匀、孔型设计不良或孔型磨损严重及轧后钢材冷却不当也会形成裂缝。型钢在室温矫直过程中,由于矫直压力过大或矫直次数过多，对成分偏析或夹杂物严重的型材易产生直线、折线形裂缝或横向裂口，严重的还会出现分岔或碎断现象。

（10）烧裂　钢锭（坯）加热温度过高或在高温下停留时间过长，以及加热操作不当，局部产生过烧现象，此外钢中硫、砷含量过高等，会使轧制后的型钢出现裂缝，这种裂缝叫烧裂。烧裂一般在钢材表面形成横向开裂或龟裂。裂口有肉眼可见的粗糙颗粒，金相组织表现为晶界被氧化。烧裂多位于型钢的局部尖角处。

（11）表面夹杂　表面夹杂一般呈点状、条状或块状机械地粘结在钢材的表面上，其颜色有暗红、淡红、淡黄、灰白色等，具有一定的深度。表面夹杂与粘结物相近。钢锭（坯）中的非金属夹杂物、加热炉中脱落的耐火砖渣、煤灰、煤渣以及轧件表面粘有的非金属夹杂等都能在钢材轧制过程中形成表面夹杂。一般呈淡黄、灰白色，而深度较大的或呈明显块状的表面夹杂是由钢锭带来的；而那些呈暗红色、淡红色并附有较厚的原始氧化铁皮的表面夹杂则属于轧钢加热过程中带来的。

（12）耳子　型钢表面与轧辊孔型开口处相对应的地方，出现顺轧制方向即型钢长度方向有延伸的条状凸起，称为耳子。耳子有单边的，也有双边的；有时型钢全长有耳子，有时局部或断续有耳子。孔型设计不当、钢坯加热温度不均匀、设备安装调整不正确以及操作不良等都可能造成钢材的耳子缺陷。

（13）扭转　条形钢材沿纵轴有螺旋形扭曲变形，称为扭转。轧辊安装不正或错位、导卫板安装偏斜及磨损严重或轧机调整不当、轧件温度不均匀或变形不均匀造成延伸不一致等原因都可产生扭转。标准中规定一般用肉眼检查"不得有明显扭转"，是一种定性的概念。对于要求严格的钢材，需要定量检验。检查钢材 1m 长或全长的扭转角度，亦可用塞尺检查，如钢材两端面有一处翘起，则可认为是扭转。翘起处用塞尺测量，不得超出规定允许的限度。

（14）弯曲　弯曲是指钢材长度或宽度方向不平直、呈弧形的总称。宽度方向呈现弯曲，也称镰刀弯或侧向弯。弯曲或不平直程度，可用数字表示，叫弯曲度。标准中有局部弯曲度和总弯曲度两种规定，局部弯曲度用 1m 长的直尺测量，以最大的波高（直尺与钢材最大弯曲处的距离）毫米数表示；总弯曲度是指钢材全长的弯曲值，常以最大波高（毫米）换算成钢材总长度的百分数表示。例如，钢材长度为 5m，最大波高为 50mm，则总弯曲度为 1%。产生钢材弯曲的原因很多，设备安装不正确、钢件加热不均匀、操作工艺不规范以及成品捆扎、装卸、运输和贮存等都会引起弯曲变形。

（15）断面形状不正确　断面形状不正确是指型钢断面几何形状不正确，这类缺陷因型钢品种不同而各异，其名称也各不相同。例如：圆钢不圆，又叫椭圆，即横截面上互相垂直的直径不相等，常用同一横截面上最大与最小直径之差来衡量，称为椭圆度，若最大直径与最小直径不垂直，则称为不圆度。方钢不方，也称脱方，用同一横截面上任何两边长度之差及对角线长度之差来检查。扁钢断面不成矩形，常称为脱矩，即对边不等及对角线长度不等，用对角线长度之差来检查。工字钢腿斜、腰波浪不直，槽钢腰凸、腿扩、腿并，角钢顶角大或小、腿不平直等等。以上这些统称为断面形状不正确。产生断面形状不正确的原因有：孔型设计不当、导卫板装置不正确、轧辊发生严重轴向窜动或孔型磨损严重以及操作不良。

（16）角不满　型钢的棱角处不足或未充满，呈圆形粗糙面的缺陷，叫角不满。例如塌角、钝角、圆角。孔型设计不正确、孔型和导板磨损严重、调整不当、顶角压下量不足以及操作不良等都会产生此类缺陷。

（17）拉穿　拉穿是指型钢由于轧机孔型设计不良或操作不当，使轧件腰腿延伸相差太大，产生严重拉缩现象，将腰部拉成月牙状、舌形孔洞。

此外还有公差出格（尺寸超差）、短尺等外观缺陷。

（二）线材的表面缺陷

呈盘卷状态的热轧圆钢称为线材。它是热轧型钢中断面尺寸最小的一种。线材因以盘卷交货，故又称为盘条。按照用途，线材可分为两大类：第一类为直接用作建筑材料的线材；第二类是用作拉拔原料的线材。对于第一类线材，它的质量要求较低，只要符合普通热轧盘条的国家标准即可。国家标准规定：盘条的表面不得有裂纹、折叠、结疤、耳子、分层及表面夹杂；允许有压痕及局部的凸块、凹坑、划痕、麻面，但其深度或高度不得大于 0.20mm，对于第二类线材，它的质量要求更高。

线材也是热轧型钢，前述型钢中的某些外观缺陷在线材中也常有出现。现将线材中常见的几种外观缺陷介绍如下。

（1）耳子　线材的耳子是指线材表面沿轧制方向出现的纵向凸起部分，有单边的，也有双边的。它是由于钢坯在孔型中轧制时，金属过分充满孔型，使部分金属被挤进辊缝形成的。孔型设计不当、设备调整不当、操作不良和低温轧制等原因都可能产生线材耳子缺陷。

（2）折叠　线材的折叠是指线材表面顺轧制方向呈直线形倾斜的近似裂纹的缺陷。折叠一般呈直线状，亦有的呈锯齿状。它是由上一道次有耳子的轧件或局部有凸出或凹陷的轧件进入下一道孔型轧制时，凸出部分被压平或凹陷部分被压叠形成的。

（3）结疤　线材的结疤是指线材表面粘结金属片而形成的疤皮，一般呈舌头形或指甲形，其空而厚一端与线材基体相连，有时呈一封闭的曲线。有规律性或周期性的结疤一部分与基体连成一整体，一部分呈弧形舌状，但弧形边缘整齐，不易翘起的是轧制造成的。它主要是因孔型磨损、外界金属掉入、轧辊刻痕不良、轧件在孔型中打滑使金属堆积于变形区内等原因而形成的。没有规律的结疤，舌状边缘不整齐，较易翘起或形成闭口曲线，它一般是由坯料带来的翻皮、冷溅和较大的皮下气泡破裂造成的。

（4）开裂　线材的开裂是指线材本身的纵向开裂。严重的开裂沿线材纵向劈开，分裂成两层或多层。它是由坯料不良和轧制不当所造成的。坯料中含有大量的皮下气泡、残余缩孔及严重的非金属夹杂物等缺陷，在轧制中产生开裂；轧制过程中因加热、冷却温度控制不当、终轧制温度过低、压缩率过大也会造成线材开裂。

（5）不圆度和公差出格　线材的不圆度和公差出格是线材常见的外形缺陷。它表现为线材横断面各处直径不一致，呈椭圆形或几何尺寸超过标准规定。钢坯温度不均匀、孔型设计不当、孔型和导卫板磨损严重、轧机调整不当以及轧辊发生错动等是造成此类外形缺陷的主要原因。

（三）管材的表面缺陷

钢管是一种中空的长条形钢材，一般用作流体（气体、液体或固体颗粒、粉末等）的输送管道。钢管按断面有无接缝分成两大类，即无缝钢管和焊接钢管。一般普通的无缝钢管的内外表面要求不得有裂缝、折叠、分层和结疤等缺陷存在。焊接钢管的主要缺陷有分层、孔洞、开焊、局部搭焊、焊沟、塌焊、耳子、内堵等，在检查中发现这类缺陷应挑出处理或报废。

1. 无缝钢管的表面缺陷

（1）内折　钢管的内折是指钢管内表面呈现螺旋形、半螺旋形或无规则分布的锯齿状折叠。内折一般用肉眼观察，钢管内表面不允许有内折，局部内折应切除，全长内折应报废。

（2）直道内折　钢管的直道内折是指钢管内表面呈现对称或单条直线形的折叠。有通长的，也有局部的。直道内折可用肉眼观察，钢管内表面不允许存在直道内折，局部直道内折应切除，通长直道内折应报废。

（3）外折　钢管的外折是指在钢管外表面出现的螺旋形状的片状、线状折叠。其螺旋旋转方向与穿孔荒管旋转方向相反，且螺距较大、分布于局部或全长。外折可用肉眼观察，钢管表面不允许存在外折。局部外折可切除，全长外折应报废。

（4）轧折　钢管的轧折是指钢管管壁沿纵向局部或通长呈现外凹里凸的皱折，外表面呈条状凹陷。钢管的轧折可用肉眼观察，钢管不得存在轧折。

（5）发纹　钢管的发纹是指在钢管外表面上呈现的连续或不连续的发状细纹。其旋转方向与穿孔荒管旋转方向相反，且螺距较大。钢管表面不允许存在肉眼可见的发纹，如有应全部清除。

（6）撕破　钢管的撕破是指钢管表面有撕开破裂现象，多发生在薄壁钢管上。可用肉眼检查，钢管表面不允许存在撕破，局部撕破应予切除。

（7）过热及过烧　钢管的过热及过烧是指在管坯表面上生成深厚的氧化铁皮，能使钢管金属塑性迅速降低。过热钢坯，金属晶粒粗大，穿孔成管后，表面呈现网状的鳞层。过烧管坯，金属晶界被氧化，管坯在出炉后，在辊道上已冒火花，严重的过烧掷在地上会崩裂成碎块。有过热和过烧的管坯，穿孔时易于轧长和产生内折。过烧可用肉眼观察，有过烧的钢管应判废品。当有争议时，可采用金相检验及其他方法鉴定。

（8）离层（分层）　钢管的离层（分层）是指在钢管端部或内表面出现螺旋形或块状金属分离或破裂。钢管的离层（分层）可用肉眼检查，局部离层（分层）应切除。

（9）轧疤　钢管的轧疤是指钢管内外表面上呈现边缘有棱角的斑疤。轧疤一般不生根，容易剥落，呈局部的零星分布。钢管表面允许存在深度未超过壁厚负偏差的局部微小轧疤。较严重的轧疤应予清除。

（10）麻面　钢管的麻面是指钢管表面呈现高低不平的麻坑。麻面用肉眼观察，轻微的麻面允许存在，严重的麻面不允许存在，并根据缺陷程度决定是否进行修磨。

（11）直道　钢管的直道是指钢管内外表面有一定宽度的直线形划痕。一般结构用钢管和用于加工机械零件的钢管，直道深度不使壁厚超出负偏差时，允许存在。对于锅炉的压力管道以及类似用途的钢管，应按相应的技术条件检查。

（12）凹面（凹段）　钢管的凹面（凹段）是指钢管表面局部向内凹陷，管壁呈现外凹里凸而无损伤现象。钢管外径不超过负偏差的凹面允许存在，超过的应切除。

（13）凹坑　钢管的凹坑指的是钢管内外表面上出现面积不一的局部凹陷，一般指点豆状的小结疤。钢管外径不超过负偏差的凹坑允许存在，超过的应切除。

（14）矫凹　钢管的矫凹是指钢管端部或表面沿长度方向呈螺旋形凹入。无明显棱角或内表面不突起的可判为合格品；反之，判为不合格品。

（15）擦伤　钢管的擦伤是指钢管内外表面呈现出的螺旋形状或直线状、有规律或无规律分布的点、线沟痕。在穿孔机和均整机处造成的擦伤，螺旋方向与荒管旋转方向一致，且螺距与荒管螺距相同。在轧管机处产生的擦伤，如无均整工序而是冷拔工序，钢管的擦伤呈轴向方向的直线；如通过均整，钢管的擦伤呈螺旋状。在辊道等运输工具处造成的擦伤为直线状，其方向位置随产生原因而有所不同。擦伤用肉眼观察，并用量具测量其深度。对局部的、边缘比较圆滑的擦伤，当其深度不超过直径和壁厚的偏差时，允许存在。边缘尖锐或较严重的擦伤，应予清除。

（16）弯曲　钢管的弯曲是指钢管沿长度方向不平直。而仅钢管端部呈现鹅头状弯曲称为鹅头弯。用1m平尺检查，弯曲度超过标准规定时，应重新矫直，无法矫直的鹅头弯应予切除。

此外还有青线、内螺旋及尺寸超差等外观缺陷。

2. 焊接钢管的常见表面缺陷

（1）分层　钢管的分层是指钢管横截面上的管壁分为两层。分层暴露在钢管表面呈现纵向裂口；有的在钢管内外表面呈现局部凹陷或凸起；分层在内外焊缝处呈现陡然凸起、凹陷或翘皮。

（2）粘疤　钢管的粘疤是指钢管内外表面局部粘附的块状斑疤。

（3）孔洞　钢管孔洞是指钢管局部存在的贯穿管壁的孔洞。

（4）开焊　钢管的开焊是指钢管焊缝呈现出的通长或局部的裂缝。

（5）局部搭焊　钢管的局部搭焊是指钢管外表面呈现局部的弧形焊缝。

（6）焊沟　钢管的焊沟是指钢管外表面焊缝处出现的通长凹沟。

（7）塌焊　钢管的塌焊是指钢管焊缝外表面呈现通长的凹沟，对应的里表面则呈凸棱。

（8）管缝错位　钢管的管缝错位指的是钢管焊缝不平，发生上下错开的现象。

此外，无缝钢管中存在的某些表面缺陷在焊接钢管中也能出现。

第三节　钢材的检验

冶金工厂生产各种钢材，出厂时都要按照相应的标准及技术文件的规定进行各项检验（试验）。科学试验（检验）是科学技术发展的基础，它标志着科学技术发展的水平，是推动科学技术发展的重要手段。冶金产品检验是冶金工业发展的基础，它标志着冶金工业技术水平和冶金产品的质量。应使用各种有效的手段对半成品和成品进行质量检验，检验工序必须作为生产流程中的一个重要工序。

钢材质量检验对于指导冶金工厂不断改进生产工艺、提高产品质量、生产符合标准的钢材，以及指导用户根据检验结果合理选用钢材、正确进行冷、热加工和热处理都具有重要的实际意义。通过对钢材产品和半成品的检验，可以发现钢材质量缺陷，查明产生缺陷的原因，指导各生产环节（部门）制定相应措施将其消除或防止，同时也尽可能杜绝将有缺陷的不合格钢材供应给用户。此外，随着检验方法的改进和不断完善，可以进一步提高检验质量和准确性，提高检验速度，缩短检验周期，也可促进新钢种的开发研究和新产品的试制。

一、检验标准

衡量冶金产品质量需要有一个共同遵循的准则，这就是技术标准。对冶金产品制定出符合实际的标准，并在整个生产过程和全行业中贯彻执行，则产品质量就有了保证，并可逐步得到提高。有了技术标准之后，还必须采用保证产品所需的各种检验方法所规定的标准，这就是方法标准。它是评价和检验产品质量高低的技术依据。

我国已初步形成符合我国国情，具有一定水平、一定规模的冶金产品标准体系。自1955 年重工业部颁布第一批 35 个试验方法标准以后，新的标准逐年增加，到目前为止，已建立了各种检验方法标准 600 多个，基本满足了目前冶金产品生产和使用的需要。

钢的检验方法标准包括化学成分分析、宏观检验、金相检验、力学性能检验、工艺性能检验、物理性能检验、化学性能检验、无损检验以及热处理检验方法标准等。每种检验方法标准又可分为几个到几十个不同的试验方法。每个试验方法都有相应的国家标准或冶金行业标准，有的试验方法还有企业标准（详见附表1）。

二、检验项目

钢铁产品品种不同，要求检验的项目也不同，检验项目从几项到十几项不等，对每一种钢铁产品必须按相应技术条件规定的检验项目逐一进行认真的检验，每个检验项目必须一丝不苟地执行检验标准。表 1-4 列出了经常遇到的九个钢种所要求的检验项目。

表 1-4　钢材检验项目

钢　　种	标 准 号	检 验 项 目
优质碳素结构钢	GB/T 699—1999	化学成分，酸浸试验，塔形发纹，显微组织，脱碳层，晶粒度，非金属夹杂物，硬度，拉伸试验，冲击试验，顶锻，超声波检验，尺寸，表面质量等
合金结构钢	GB/T 3077—1999	化学成分，酸浸试验，塔形发纹，显微组织，脱碳层，晶粒度，非金属夹杂物，硬度，拉伸试验，冲击试验，顶锻，末端淬透性，超声波检验，尺寸，表面质量等
碳素工具钢	GB/T 1298—1986	化学成分，酸浸试验，断口，脱碳层，珠光体组织，网状碳化物，退火硬度，试样淬火硬度，淬透性，尺寸，表面质量等
合金工具钢	GB/T 1299—2000	化学成分，酸浸试验，脱碳层，晶粒度，非金属夹杂物，珠光体组织，网状碳化物，共晶碳化物不均匀度，布氏硬度，洛氏硬度，淬透性，磁性，外形，尺寸，表面质量等
高碳铬轴承钢	GB/T 18254—2002	化学成分，氧含量，火花试验，酸浸试验，淬火断口，退火断口，显微孔隙，脱碳层，珠光体组织，网状碳化物，带状碳化物，碳化物液析，非金属夹杂物，退火钢材布氏硬度，顶锻，尺寸，表面质量等
高速工具钢棒	GB/T 9943—1988	化学成分，酸浸试验，萘状断口，脱碳层，共晶碳化物不均匀度，退火硬度，试样淬火、回火硬度，尺寸，表面质量等

18

钢　种	标　准　号	检　验　项　目
弹簧钢	GB/T 1222—1984	化学成分，酸浸试验，断口，显微组织，脱碳层，晶粒度，石墨碳，非金属夹杂物，硬度，拉伸试验，末端淬透性，外形，尺寸，表面质量等
不锈钢棒	GB/T 1220—1992	化学成分，酸浸试验，断口，塔形发纹，晶粒度，非金属夹杂物，硬度，拉伸试验，冲击试验，顶锻，耐蚀性能，外形，尺寸，表面质量等
耐热钢棒	GB/T 1221—1992	化学成分，酸浸试验，塔形发纹，晶粒度，非金属夹杂物，硬度，拉伸试验，冲击试验，顶锻，外形，尺寸，表面质量等

每一检验项目都有一定的检验指标。例如，拉伸试验通常包含四个指标，即抗拉强度、屈服点或规定非比例伸长应力、断后伸长率和断面收缩率。

下面对各种检验项目和指标作以简单介绍。

（1）化学成分　每一个钢种都有一定的化学成分，化学成分是钢中各种化学元素的含量百分比。保证钢的化学成分是对钢的最基本要求，只有进行化学成分分析，才能确定某号钢的化学成分是否符合标准。

对于碳素结构钢，主要分析五大元素，即碳、锰、硅、硫、磷；对于合金钢，除分析上述五大元素之外，还要分析合金元素。例如，高速工具钢 W18Cr4V，除分析上述五大元素外，还要分析钨、铬、钒等合金元素的含量。此外，对钢中的其他有害元素和残余元素也有规定。

（2）宏观检验　宏观检验是用肉眼或不大于十倍的放大镜检查金属表面或断面以确定其宏观组织缺陷的方法。宏观检验也称低倍组织检验，其检验方法很多，包括酸浸试验、硫印试验、断口检验和塔形车削发纹检验等。

酸浸试验可以显示一般疏松、中心疏松、锭型偏析、点状偏析、皮下气泡、残余缩孔、翻皮、白点、轴心晶间裂缝、内部气泡、非金属夹杂物（肉眼可见的）及夹渣、异金属夹杂等，并进行评定。

硫印试验是利用钢中硫化物与硫酸反应生成硫化氢，硫化氢与相纸的溴化银反应生成硫化银，使相纸变成棕色这一原理来检查钢中硫的宏观分布情况，并可间接检查其他元素在钢中偏析和分布情况。

断口检验是根据检验目的采取适当方法将试样折断以检验断口质量，或对在使用过程中破损的零部件和生产制造过程中由于某种原因而导致破损的工件断口进行观察和检验。可按断口的宏观形貌和冶金缺陷将断口分类，以评定钢材质量。

塔形车削发纹检验是检查钢材不同深度处的发纹。试验时将钢材试样车成不同尺寸的阶梯，进行酸浸或磁力探伤后，检查其裂纹程度，以衡量钢中夹杂物、气孔和疏松存在的多少。发纹严重地危害钢的动力学性能，特别是疲劳强度等，因此，对重要用途的钢材都要进行塔形检验。

（3）金相组织检验　这是借助金相显微镜来检验钢中的内部组织及其缺陷。金相检验包括奥氏体晶粒度的测定、钢中非金属夹杂物的检验、脱碳层深度的检验以及钢中化学成分偏析的检验等。其中钢中化学成分偏析的检验项目又包括亚共析钢带状组织、工具钢碳化物不均匀性、球化组织和网状碳化物、带状碳化物及碳化物液析等。

（4）硬度　硬度是衡量金属材料软硬程度的指标，是金属材料抵抗局部塑性变形的能力。根据试验方法的不同，硬度可分为布氏硬度、洛氏硬度、维氏硬度、肖氏硬度和显微硬度等几种，这些硬度试验方法适用的范围也不同。最常用的有布氏硬度试验法和洛氏硬度试验法两种。

（5）拉伸试验　强度指标和塑性指标都是通过材料试样的拉伸试验而测得的，拉伸试验的数据是工程设计和机械制造零部件设计中选用材料的主要依据。

常温强度指标包括屈服点（或规定非比例伸长应力）和抗拉强度。高温强度指标包括蠕变强度、持久强度、高温规定非比例伸长应力等。钢的强度要求高低随其用途而定。

钢的主要塑性指标是伸长率和断面收缩率。凡是要求具有一定强度的钢材，一般都要求其具有一定的塑性，以防止钢材过硬和过脆。对于需要变形加工的钢材，塑性指标尤为重要。

（6）冲击试验　冲击试验可以测得材料的冲击吸收功。所谓冲击吸收功，就是规定形状和尺寸的试样在一次冲击作用下折断所吸收的功。材料的冲击吸收功愈大，其抵抗冲击的能力愈高。快速车床的齿轮、火车的挂钩、高速公路的桥梁、铁路钢轨等都要求其具有较高的冲击吸收功。根据试验温度，通常将冲击吸收功分为高温冲击吸收功、低温冲击吸收功和常温冲击吸收功三种。

根据采用的能量和冲击次数，可分为大能量的一次冲击试验（简称冲击试验）和小能量多次冲击试验（简称多次冲击试验），小能量多次冲击试验方法，目前尚未形成国家标准。

（7）工艺性能试验　工艺性能是指零件制造过程中各种冷热加工工艺对材料性能的要求。工艺性能试验包括钢的淬透性试验、焊接性能试验、切削加工性能试验、耐磨性试验、金属弯曲试验、金属顶锻试验、金属杯突试验、金属（板材）反复弯曲试验、金属线材反复弯曲试验以及金属管工艺性能试验等。

（8）物理性能检验　物理性能检验是采用不同的试验方法对钢的电性能、热性能和磁性能等进行检验。特殊用途的钢都要进行上述一项或几项物理性能检验，例如硅钢应进行电磁性能检验。

（9）化学性能试验　化学性能是指某些特定用途和特殊性能的钢在使用过程中抗化学介质作用的能力。例如建筑和工程结构用碳素结构钢和低合金结构钢抗大气腐蚀性能、不锈耐酸钢的晶间腐蚀倾向、耐热钢的抗氧化性能、海洋用钢的耐海水腐蚀性能等。化学性能试验包括大气腐蚀试验、晶间腐蚀试验、抗氧化性能试验以及全浸腐蚀和间浸腐蚀试验等。

（10）无损检验　无损检验也称无损探伤。它是在不破坏构件尺寸及结构完整性的前提下，探查其内部缺陷并判断其种类、大小、形状及存在的部位的一种检验方法。常用于生产中的在线检验和机器零部件的检验。生产场所广泛使用的无损检验法有超声波探伤和磁力探伤，此外还有射线探伤。

（11）规格尺寸检验　成品钢材都有规格尺寸要求。钢材规格通常是指标准中规定的钢材主要特征部位所应具有的尺寸（如直径、厚度、宽度及高度等），即所谓名义尺寸或公称尺寸。在钢材生产中，由于设备条件、工艺水平、操作技术等因素的影响，所生产的钢材实际尺寸很难（也不可能）与名义尺寸完全相符，必然存在一定公差。但钢材的公差必须在标准所规定的公差范围之内。

（12）表面缺陷检验　这是检验钢材表面及其皮下缺陷。钢材表面检验内容是检验表面裂纹、耳子、折叠、重皮和结疤等表面缺陷。为了使钢材表面缺陷显露出来，应将钢材进行酸洗以除掉氧化铁皮，或用砂轮沿钢材全长进行螺旋磨光。供热加工用的钢材，必须消除其表面所有缺陷，以避免随后的加工中出现裂纹或其他缺陷。供冷加工用的钢材，若表面缺陷隐藏深度未超过加工余量，则可不必清除，因为表面缺陷会随同切屑一起被切除。

（13）包装和标志　钢材出厂时，要检查钢材包装是否符合规定，是否具有规定的标志。钢材包装的形式是根据钢材品种、形状、规格、尺寸、精度、防锈蚀要求及包装类型而确定的。为区别不同的厂标、钢号、批（炉）号、规格（或型号）、重量和质量等级而采用一定的方法加以标志。钢材标志可采用涂色、打印、挂牌、粘贴标签和置卡片等方法。对这项检查的具体要求在 GB/T 247—1997、GB/T 2101—1989 和 GB/T 2102—1988 等标准中都有明确规定。

第二章 钢的化学成分检验

钢的化学成分是钢中各种化学元素的质量百分数。具有一定化学成分的钢，通过相应的加工和适当的热处理，可以获得所需要的性能。

冶炼时，要进行炉前快速分析；成材时，要进行成品分析；选材使用和科学试验时，有时也需要进行成分分析。化学成分分析按其任务可分为定性分析和定量分析。定性分析的任务是鉴定物质所含的组分，例如所含的元素、离子。对于有机物质还需要确定其官能团和分子结构。定量分析的任务是测定各组分的相对含量。化学成分分析按其原理和所使用的仪器设备又可分为化学分析和仪器分析。化学分析是以化学反应为基础的分析方法。仪器分析则是以被测物的物理或物理化学性质为基础的分析方法，由于分析时常需要用到比较复杂的分析仪器，故称仪器分析法。

关于钢的化学成分分析方法，国家已陆续制定和修订了几十个国家标准（见附录表1）。本章仅就常用的一些化学分析及仪器分析中的定量方法要点作一简介；此外，对一些钢的火花鉴别常识也加以简单介绍。

第一节 化学分析法

如前所述，化学分析是以化学反应为基础的分析方法，主要又可以分为以下两种。

重量分析法。通常是使被测组分与试样中的其他组分分离后，转变为一种纯粹的、化学组成固定的化合物，称其重量，从而计算被测组分含量的一种分析方法。这种方法的分析速度较慢，但其准确度高，目前它在某些测定中仍用作标准方法。

滴定分析法。此法是用一种已知准确浓度的试剂溶液（即标准溶液），滴加到被测组分溶液中去，使之发生反应，根据反应恰好完全时所消耗标准溶液的体积计算出被测组分的含量。这样的分析方法称为滴定法，又称容量分析法。此法操作简单快速，测定结果的准确度比较高，有较大的实用价值。

此外还有比色法、电导法等。

（1）比色法。许多物质的溶液是有颜色的，这些有色溶液颜色的深浅程度与溶液的浓度直接有关，溶液愈浓，颜色愈深。因此可借比较溶液颜色的深浅来测定溶液中该种有色物质的浓度，这种方法称为比色分析法。如果比色分析测定是用肉眼进行观察的，则称目视比色分析法；如果比色分析测定是用光电比色计或用分光光度计来进行的，则这种测定方法就称为光电比色分析法或分光光度分析法，后两种方法由于采用了仪器，因而属于仪器分析法。

（2）电导法。利用溶液的导电能力来进行定量分析的一种方法。

一、碳的测定

碳是钢中的重要元素。平衡状态下，碳溶于 α-Fe 中形成铁素体，碳与钢中的铁作用形成渗碳体，合金钢中碳还能与合金元素形成碳化物。测定钢中碳的方法很多，有物理法（结晶定碳法、光谱法）、化学及物理化学法（燃烧-气体容量法、吸收重量法、电导法、真空冷凝法、库仑法）等。本节将介绍燃烧-气体容量法和燃烧非水滴定法。

（一）燃烧-气体容量法

1. 燃烧-气体容量法原理

此法又称气体容量法，是目前测定碳应用最广泛的分析方法，该法分析准确度高，适合于测定含碳量在 $0.1\%\sim2.0\%$ 的碳钢及合金钢。

将钢试样置于 $1150\sim1250℃$ 的高温管式炉内，通氧气燃烧，试样燃烧时反应如下：

$$C+O_2 = CO_2 \uparrow \tag{2-1}$$

$$4Fe_3C+13O_2 = 4CO_2 \uparrow + 6Fe_2O_3 \tag{2-2}$$

$$Mn_3C+3O_2 = CO_2 \uparrow + Mn_3O_4 \tag{2-3}$$

$$4FeS+7O_2 = 2Fe_2O_3 + 4SO_2 \uparrow \tag{2-4}$$

钢中的碳和硫被定量氧化为 CO_2 和 SO_2，生成的 CO_2 和过量的氧气经导管导入量气管，定容后将气体压入装有 KOH 溶液的吸收器中将 CO_2 吸收：

$$CO_2+2KOH = K_2CO_3 + H_2O \tag{2-5}$$

生成的 SO_2 也能被 KOH 吸收，因此必须事先用特制的、组织疏松的 MnO_2（脱硫剂）吸收 SO_2 将其去除：

$$MnO_2+SO_2 = MnSO_4 \tag{2-6}$$

然后使剩余氧气返回量气管，再次测量剩余气体体积。两次体积之差 V 为钢中碳燃烧所生成的 CO_2 体积，由此可计算出钢中碳含量：

$$w(C) = \frac{V \cdot f \times 0.0005}{G} \times 100\% \tag{2-7}$$

式中　V——CO_2 实测体积，即两次测量混合气体体积之差，mL；

　0.0005——在特定状态（气压 101323.2Pa、温度 16℃）下每毫升 CO_2 干气体的质量，g/mL；

　　G——钢试样的质量，g；

　　f——为校正系数，即将实测条件下的体积 V 校正为特定状态（气压 101323.2Pa、温度 16℃）下的气体体积 V'，$f=V'/V$。

气体体积测量均在水面上进行，用干气体积计算时必须扣除该状态下的饱和水蒸气体积（16℃，饱和水蒸气压为 1813Pa）。根据气态方程：

$$f = \frac{273.2+16}{760-13.6} \times \frac{B-b}{273.2+T} = 0.3875 \times \frac{B-b}{273.2+T} \tag{2-8}$$

式中，B 为现场实测大气压，mmHg（1mmHg=133.32Pa）；T 为温度，℃；b 为 T 温度下的饱和蒸汽压，mmHg。

2. 试剂与仪器

（1）试剂　①硫酸、氧气、玻璃棉、无水 $CaCl_2$；②氢氧化钾-高锰酸钾溶液：30gKOH（固体）溶解于 70mLKMnO₄ 饱和溶液中；③烧碱石棉（碱石灰）KOH 溶液：40%；④酸性水：又叫封闭液，$0.1\% H_2SO_4$ 溶液，滴 $2\sim3$ 滴甲基橙；⑤助熔剂：纯锡、纯铜或纯铅；⑥脱硫剂：粒状活性 MnO_2 或钒酸根。

(2) 仪器　钢铁定碳仪如图 2-1 所示。

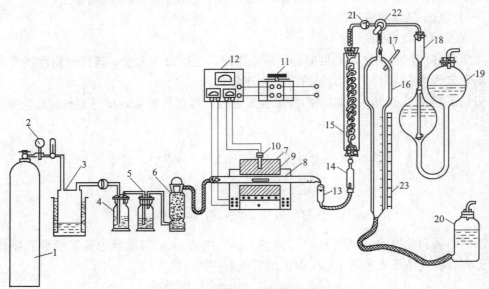

图 2-1　钢铁定碳仪示意图

1—氧气瓶；2—减压门（氧气开关）、流量表；3—缓冲筒；4、5—洗气瓶；6—干燥塔；7—管式炉；8—
燃烧管；9—瓷舟；10—铂铑热电偶；11—变压器；12—电流、电压表，温度控制器；13—过滤器；14—
脱硫管；15—冷凝管；16—量气管；17—温度计；18—辅助吸收管；19—吸收瓶；20—水准瓶；
21—旋塞；22—三通旋塞；23—标尺

3. 操作步骤

准确称取试样 $G(g)$（由试样含碳量高低决定试样称重量），置于瓷舟内，加助熔剂 0.2g，轻轻振动混合均匀后平铺于瓷舟底部。打开燃烧管入口端橡皮塞，用金属钩将瓷舟推入管内高温段，立即塞紧橡皮塞。预热 1min 后，开启氧气并按 0.5L/min 流速通氧。烧 10～15s 后，开旋塞 21 和三通旋塞 22，使气体进入量气管 16，气体进入的速度是按快、慢、快的规律进行的（由量气管的液面下降情况可以观察出）。约 1～1.5min 后，量气管液面降至离底部仅 10～20mm 时，燃烧反应已很完全。此时关闭三通旋塞 22，关闭氧气，取出瓷舟。如熔块表面平坦光滑，说明燃烧反应正常。

提起水准瓶与量气管并列，上下移动调整使二者液面在同一水平。移动标尺，使标尺上零点与液面对齐在同一水平。转动三通旋塞 22，使量气管与吸收瓶相通。提高水准瓶使气体全部进入吸收瓶内，再降低水准瓶抽回气体。反复操作 3～4 次，使混合气中 CO_2 全部被吸收液吸收。最后，将剩余气体全部抽回量气瓶内，关闭三通旋塞 22，调整好液面后，从标尺上直接读出体积 V，该体积即代表被吸收了的 CO_2 体积。记录好大气压和温度，将量气管气体放空，测定工作即告完成。将所得 V 值和大气压力及温度值代入式 (2-8) 和式 (2-7)，即可求出钢铁中碳的质量分数。

（二）燃烧非水滴定法

1. 燃烧非水滴定法原理

试样在高温下通氧燃烧生成 CO_2 和 SO_2，首先导入硫吸收杯，SO_2 被淀粉溶液吸收

24

后生成亚硫酸消除干扰，未被吸收的 CO_2 和 O_2 导入含有百里酚酞指示剂的甲醇-丙酮溶液中被吸收，并用氢氧化钾非水标准溶液进行滴定，使之完全反应，根据标准溶液消耗的体积可计算出碳的质量分数。

2. 试剂与仪器

（1）试剂 ①碱石灰及变色硅胶；②氧气，纯度在 99.5% 以上；③助熔剂：锡粒、铜屑等，含碳量应小于 0.002%；④铬酸洗液 40g/L：称取重铬酸钾 4g，溶于少量水中，小心加入 100mL 浓硫酸，混匀，冷却后使用；⑤氢氧化钾非水标准溶液，$c(KOH) = 0.010mol/L$。

（2）仪器 滴定装置如图 2-2 所示。测量装置中的氧气净化和高温炉部分同气体容量法。除硫瓶承接来自高温管式炉燃烧试样产生的含有二氧化碳的气体，吸收杯接室外排气管。

3. 操作步骤

称取试样（精确至 0.0001g），加助熔剂，随同试样做空白试验。将管式炉预先升温至 1300℃ 左右，依图 2-2 连接好仪器，在吸收杯 4 中，由滴定管 3 放进氢氧化钾非水标准滴定溶液约 20mL，燃烧含碳试样，

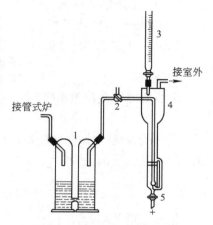

图 2-2 非水滴定法定碳装置
1—除硫瓶；2—三通活塞；3—自动滴定管，内装氢氧化钾的非水标准滴定溶液；4—吸收杯；5—两通活塞（排废液用）

当溶液由蓝色变成黄色后，由滴定管滴加氢氧化钾非水标准滴定溶液，使吸收杯中的溶液呈浅蓝色，以此作为分析时的滴定终点。

过量的吸收液需放出，使吸收器中的溶液保持高于挡板上 20～30mm 为宜。

测定方法：将试样和助熔剂置于在高温氧气流中灼烧过的瓷舟中，推入瓷管高温区，塞上胶塞，预热 60s，然后以约 1000mL/min 的流速通氧。当吸收器挡板下面的溶液开始变黄时，立即用氢氧化钾非水标准滴定溶液滴定，至整个溶液由苹果绿色变为原来的浅蓝色即为终点，记下所消耗的氢氧化钾非水标准滴定溶液的毫升数。停止通氧，打开胶塞，钩出瓷舟，弃去。将吸收器中多余的溶液放出。用下式计算碳的含量：

$$w(C) = \frac{T \times V}{G} \times 100\%$$ （2-9）

式中 $w(C)$——碳的质量分数；

T——单位体积氢氧化钾非水标准滴定溶液相当于碳的质量，g/mL；

V——滴定消耗氢氧化钾非水标准滴定溶液的体积，mL；

G——钢试样质量，g。

二、硫的测定

硫来自生铁和燃料。硫是钢中极有害的杂质元素。一方面硫的存在使钢铁形成"热脆"的不良性能；同时，硫也易于在钢凝固时产生"偏析"，使钢的耐疲劳限度、可塑性、耐磨性、耐腐蚀性等性能显著下降。普通质量钢中 $w(S) \leqslant 0.035\% \sim 0.050\%$；优质钢中 $w(S) \leqslant 0.035\%$；高级优质钢中 $w(S) \leqslant 0.025\%$。

测定硫的方法有高温燃烧法（分为碘量法、酸碱滴定法、光度法）和溶解法（氧化铝色层法和硫化氢光度法）等。目前，应用较普遍的是燃烧-碘酸钾法。本节将介绍燃烧-碘酸钾法和氧化铝色层分离硫酸钡重量法。

（一）燃烧-碘酸钾法

1. 燃烧-碘酸钾法原理

钢铁试样在 $1250\sim1300℃$ 的高温下通氧气燃烧，其中的硫化物被氧化为二氧化硫。

$$3MnS+5O_2=Mn_3O_4+3SO_2\uparrow \tag{2-10}$$
$$3FeS+5O_2=Fe_3O_4+3SO_2\uparrow \tag{2-11}$$

生成的二氧化硫被水吸收后生成亚硫酸

$$SO_2+H_2O=H_2SO_3 \tag{2-12}$$

用碘酸钾-碘化钾标准溶液在酸性条件下滴定亚硫酸，发生如下定量反应。以淀粉为指示剂，蓝色不消失为终点。

$$IO_3^-+5I^-+6H^+=I_2+3H_2O \tag{2-13}$$
$$I_2+SO_3^{2-}+H_2O=2I^-+SO_4^{2-}+2H^+ \tag{2-14}$$

化学计量关系为

$$n_S=\frac{1}{3}n_{IO_3^-} \tag{2-15}$$

钢铁中硫的含量为

$$w(S)=\frac{\frac{1}{3}CV\times32.06}{1000G}\times100\% \tag{2-16}$$

式中　$w(S)$——硫的质量分数；

　　　C——碘酸钾标准溶液的浓度，mol/L；

　　　V——碘酸钾标准溶液的体积，L；

　　　G——钢试样质量，g；

　　　32.06——硫的摩尔质量，g/mol。

燃烧-碘量法的最大缺点是测定结果严重偏低。这是由于在管式炉氧化燃烧中，生成 SO_2 同时有部分 SO_2 继续被氧化为 SO_3，因而造成测定结果偏低。解决的办法一般是采用与试样成分、含量相近的标准样品（称标样）。按分析操作步骤标定标准溶液浓度，可以克服上述原因引起的误差。

2. 试剂与仪器

（1）试剂　①碘酸钾-碘化钾标准溶液；②淀粉吸收液；③混合助熔剂：二氧化锡与还原铁粉按 3∶4 混合均匀；④硫酸；⑤无水 $CaCl_2$；⑥烧碱石棉。

（2）仪器　钢铁定硫仪　仪器供氧部分、燃烧部分、气体过滤部分与钢铁定碳仪相同（参见图 2-1 的氧气瓶 1 至球形过滤器 13）。从球形过滤管出口，气体引入定硫装置部分（见图 2-3）。

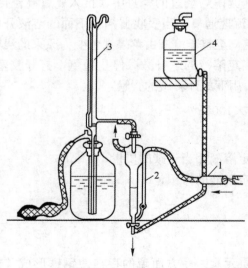

图 2-3　钢铁定硫仪

1—球形过滤管；2—吸收杯；3—滴定管；4—盛淀粉吸收液的高位贮瓶

3. 操作步骤

（1）准备工作　用 1～1.5h 将炉温升至 1250～1300℃，在试漏同时做以下准备工作。

瓷舟处理：将瓷舟置炉内于 1000℃灼烧 1h，如测低含量硫时应在 1300℃下通氧燃烧 1～2min，放冷后置于未涂油的 $CaCl_2$ 保干器内。

瓷管处理：先检查是否漏气，然后在 1300℃左右通氧分段灼烧。再用废试样燃烧多次，使测定系统对硫处于饱和状态。

淀粉吸收液准备：于吸收杯中加入 30～60mL 淀粉溶液，通氧气（流速 1.5～2L/min），用碘酸钾滴至浅蓝色不褪去为止，停止通氧。

（2）碘酸钾标准溶液浓度标定　天平上准确称取含硫量与试样相似的标准钢样三份，按测定试样的操作步骤，逐份燃烧标样，用碘酸钾标准溶液滴定。根据碘酸钾消耗的体积（平均值），计算标准溶液对硫滴定度 T_{S/IO_3^-}

$$T_{S/IO_3^-} = \frac{w(S)_{(标)} \cdot m_{(标)}}{V_{IO_3^-}} \tag{2-17}$$

式中　T_{S/IO_3^-}——KIO_3 对硫的滴定度，即 1mLKIO_3 相当于多少克硫，g/mL；

　　　$w(S)_{(标)}$——标准样品的硫含量；

　　　$m_{(标)}$——天平称量标准钢样的质量，g；

　　　$V_{IO_3^-}$——所消耗 KIO_3 的体积，m/L。

（3）测定　天平上准确称取 0.2～0.5g 试样置于瓷舟内，加 0.2～0.8g 的助熔剂，混匀后置于瓷管高温段预热 1～2min，通氧（以 1.5～2L/min 的流速）。燃烧的混合气体导入吸收杯中，使淀粉的蓝色褪去，立即用碘酸钾标准溶液滴定并尽量使液面保持蓝色。当褪色缓慢时，滴定速度也变慢，直到吸收液蓝色与原来一样浅蓝，再间歇通氧仍不褪色为终点。记下标准溶液体积 V，关闭氧气，取出瓷舟。用下式计算试样中硫含量：

$$w(S) = \frac{T_{S/IO_3^-} \cdot V}{G} \times 100\% \tag{2-18}$$

式中　T_{S/IO_3^-}——KIO_3 对硫的滴定度，即 1mL 的 KIO_3 相当于多少克硫，g/mL；

　　　V——所消耗 KIO_3 标准溶液的体积，mL；

　　　G——钢试样的质量，g。

（二）氧化铝色层分离硫酸钡重量法

1. 氧化铝色层分离硫酸钡重量法原理

试样在饱和溴水中用盐酸-硝酸溶解，高氯酸冒烟，使硫转变成硫酸盐，过滤除去一些杂质，并通过活性氧化铝色层柱除去大部分干扰元素后，用氨水洗脱色层柱上的硫酸根，往硫酸根中加入氯化钡使之生成硫酸钡沉淀物，然后将沉淀的硫酸钡过滤、灼烧、称重，以测定钢中的硫含量。

$$S + 2HNO_3 = H_2SO_4 + 2NO(g) \uparrow \tag{2-19}$$

$$SO_4^{2-} + Ba^{2+} = BaSO_4 \downarrow \tag{2-20}$$

2. 试剂与仪器

（1）试剂　①无水乙醇；②溴，饱和溴水；③氢氟酸，ρ 约 1.15g/mL；④冰乙酸，ρ 约 1.05g/mL；⑤过氧化氢，ρ 约 1.11g/mL；⑥高氯酸，ρ 约 1.67g/mL、1＋100；⑦盐酸，1＋1、1＋20；⑧盐酸-硝酸混合酸（王水），盐酸＋硝酸＝3＋1；⑨硝酸银溶液，

10g/L；⑩氨水，1+13、1+139；⑪硝酸铵溶液，1g/L；⑫氯化钡溶液，100g/L；⑬活性氧化铝；⑭甲基红乙醇溶液，1g/L；⑮硫标准溶液，2.00mg/mL。

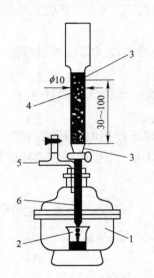

图 2-4　氧化铝色层分离装置
1—干燥器；2—烧杯；3—玻璃棉；
4—充装氧化铝；5—接机械泵；
6—软塑料管

（2）仪器　①氧化铝色层分离装置如图 2-4 所示；②色层柱的制备，先在色层柱的底部放少量玻璃棉，再用少量水将处理过的活性氧化铝转入柱内 80～100mm 的高度。在活性氧化铝的上端再放少量玻璃棉，以下按分析步骤进行。先用水洗涤色层柱，再用氨水洗脱，收集氨水洗脱液，用 100g/L 氯化钡溶液进行沉淀，如无混浊现象即可，否则应继续用氨水洗涤。最后再依次用 20mL 水和 20mL 盐酸（1+20）通过色层柱后即可倒入试液继续色层分离。色层柱经上述处理后能多次使用。

3．操作步骤

（1）称样　称取 10g 试样，精确至 0.0001g（当硫含量＞0.05％g 时称取试样小于 5g）。

（2）测定　将试样置于 500mL 烧杯中，加 80mL 饱和溴水、1mL 溴、80mL 王水使试样缓慢溶解，试样溶完后加 80mL 高氯酸及数滴氢氟酸，加热至冒烟，继续冒烟 10～20min，试样含铬使铬全部氧化，稍冷，加入 200mL 水，加热溶解盐类，保温 20min，冷却，用滤纸过滤，并用高氯酸（1+100）洗涤 7～8 次。

将试液通过色层柱，流速控制在 10～15mL/min，待试液完全通过后，用 50mL 盐酸（1+20）分两次洗涤烧杯并通过色层柱，再用 30mL 水分两次洗涤色层柱，弃去滤液和洗液，用水将色层柱下端洗净，换一个 100mL 烧杯，依次用 10mL 氨水（1+13）和 35mL 氨水（1+139）洗脱色层柱上的硫酸根，流速控制在 5～6mL/min。将收集洗脱液的烧杯取出，色层柱先用 20mL 水，再用 20mL 盐酸（1+20）洗涤后供下次分离用，如不继续使用，应加 20mL 盐酸（1+20）保存在色层柱内。

在洗脱液中加一滴甲基红乙醇溶液（1g/L），滴加盐酸（1+1）中和至出现稳定红色并过量 0.5mL；加 1mL 冰乙酸、5 滴过氧化氢还原并络合少量的铬离子，待蓝色完全消失后，加 10mL 乙醇，混匀；加热至近沸，在不断搅拌下滴加 5mL 氯化钡溶液（100g/L）至出现沉淀，盖上表面皿，在 60～80℃保温 2h 或静置过夜。

用 9cm 的慢速滤纸过滤，用热硝酸铵溶液（1g/L，50℃）将沉淀全部移入滤纸，再用冷硝酸铵溶液（1g/L）洗涤滤纸及沉淀至无氯离子（用 10g/L 硝酸银溶液检验）。

将沉淀及滤纸移入已恒量的铂坩埚中，于低温碳化后在 800～850℃高温炉中灼烧 30min 以上。取出稍冷，置于干燥器中冷却至室温，称量，反复灼烧至恒量。

（3）计算　按下式计算硫的含量，以质量分数表示：

$$w\ (S) = \frac{m}{G} \times 0.1374 \times 100\%\qquad(2\text{-}21)$$

式中　m——测得的硫酸钡的质量，g；

　　　　G——钢试样的质量，g；

0.1374——硫酸钡换算为硫的换算系数。

三、磷的测定

磷主要来自生铁，磷也是钢中的一种有害元素。普通质量钢中磷含量 w（P）$\leqslant$ 0.035%～0.045%；优质钢中磷含量 w（P）$\leqslant$0.035%；高级优质钢中磷含量 w（P）$\leqslant$ 0.025%。钢中磷的测定方法有多种，一般都是使磷转化为磷酸，再与钼酸铵作用生成磷钼酸，在此基础上分别用重量法（沉淀形式为 $MgNH_4PO_4 \cdot 6H_2O$）、滴定法（酸碱滴定）、磷钒钼酸光度法、磷钼蓝光度法等进行测定。磷钼蓝光度法不仅对钢中磷的测定而且对其他有色金属和矿物中微量磷的测定都有普遍应用。本节将介绍磷钼蓝光度法和磷钼酸铵滴定法。

（一）磷钼蓝光度法

1. 磷钼蓝光度法原理

试样经硝酸溶解后，大部分磷转化为磷酸，少部分转化为亚磷酸，用 $KMnO_4$ 处理后全部变为磷酸

$$3P+5HNO_3+2H_2O=3H_3PO_4+5NO\uparrow \tag{2-22}$$

$$P+HNO_3+H_2O=H_3PO_3+NO\uparrow \tag{2-23}$$

$$5H_3PO_3+2KMnO_4+6HNO_3=5H_3PO_4+2KNO_3+2Mn(NO_3)_2+3H_2O \tag{2-24}$$

过量的 $KMnO_4$ 不能留在溶液中，必须除去。由于溶液中有 Mn^{2+} 存在，且在加热条件下，与 $KMnO_4$ 生成褐色 $MnO(OH)_2$ 沉淀。这也标志着溶液中 H_3PO_3 已被氧化完全。此时加入适当还原剂 $SnCl_2$ 或 $NaNO_2$ 等即可将 $MnO(OH)_2$ 还原为 Mn^{2+} 并使褐色褪去。

在 0.8～1.1mol/LHNO_3 的酸度下，加入钼酸铵即可生成黄色的磷钼杂多酸（又叫 12-磷钼杂多酸）：

$$H_3PO_4+12H_2MoO_4=H_3[P(Mo_3O_{10})_4]+12H_2O \tag{2-25}$$

然后加入还原剂 $SnCl_2$ 还原络合物中部分 $Mo(Ⅵ)$ 为 $Mo(Ⅳ)$，即可变为蓝色的络合物磷钼蓝。

$$H_3[P(Mo_3O_{10})_4]+4Sn^{2+}+8H^+=(2MoO_2 \cdot 4MoO_3)_2 \cdot H_3PO_4+4Sn^{4+}+4H_2O$$

$$\tag{2-26}$$

磷钼蓝的蓝色深度与磷的含量成正比，借此，可利用光度法测定磷含量。

2. 试剂和仪器

（1）试剂　①5%钼酸铵溶液；②5%$KMnO_4$ 溶液；③4%酒石酸钾钠溶液；④2.4% NaF、0.2%$SnCl_2$ 溶液；⑤10%尿素溶液；⑥1：3 的 HNO_3 溶液；⑦20%$NaNO_2$ 溶液。

（2）仪器　72 型或 72-1 型分光光度计；2cm 比色皿。

3. 操作步骤

天平上准确称取 0.1～0.2g 钢样于 150mL 烧杯中，加入 1：3 的 HNO_3 溶液 10～15mL 加热溶解，煮沸 15～20s 驱逐氮氧化物；滴加 $KMnO_4$ 至析出褐色沉淀，微沸 30s，缓缓滴入 20%$NaNO_2$ 溶液至褐色消失，微沸 1min，立即加入 5mL 钼酸铵溶液，加入酒石酸钾钠溶液 2mL、加 NaF-$SnCl_2$ 溶液 15mL，加尿素 5mL，摇匀，冷至室温并移入 50mL 比色管中，蒸馏水定容。再用 2cm 比色皿在 660nm 波长下以蒸馏水为参比液测得吸光度 A，在标准曲线上查出对应的磷的浓度，最后求出钢铁中磷的含量。

标准曲线：天平上准确称取含磷<0.0005%纯铁0.1~0.2g各6份，各加入浓度为10μg/mL磷标液（0.00，0.50，1.00，1.50，2.00，2.50）mL，按分析步骤操作，以0.00 mL显色液为空白，测得吸光度A_1~A_6，根据c-A的关系绘制关系曲线即得标准曲线。

按下式计算磷的含量，以磷的质量分数表示：

$$w(P) = \frac{m}{G \times 10^6} \times 100\% \tag{2-27}$$

式中　m——试液中磷的质量，μg；

　　　G——钢试样的质量，g。

（二）磷钼酸铵滴定法

1. 磷钼酸铵滴定法原理

试样以氧化性酸溶解，在约2.2mol/L的硝酸酸度下，加钼酸铵生成磷钼酸铵沉淀，过滤后，用过量的氢氧化钠标准溶液溶解，过剩的氢氧化钠以酚酞溶液为指示剂，用硝酸标准滴定溶液返滴定至粉红色刚消失为终点（pH约为8）。根据所消耗的硝酸标准滴定溶液的体积，计算出磷的质量分数。

氢氧化钠溶解磷钼酸铵沉淀的总反应式如下：

$$(NH_4)_2H(PMo_{12}O_{40}) \cdot H_2O + 24OH^- = HPO_4^{2-} + 12MoO_4^{2-} + 2NH_4^+ + 13H_2O \tag{2-28}$$

2. 试剂

试剂包括：①硝酸铵，固体；②乙二胺四乙酸（EDTA）g，固体；③硝酸，ρ约1.42g/mL，1+3、2+100；④氢氟酸，ρ约1.15g/mL；⑤高氯酸，ρ约1.67g/mL；⑥过氧化氢，ρ约1.11g/mL；⑦氢溴酸，ρ约1.49g/mL；⑧盐酸，ρ约1.19g/mL；⑨氨水，ρ约0.90g/mL、5+95；⑩亚硝酸钠溶液，100g/L；⑪钼酸铵溶液，135g/L；⑫中性水；⑬酚酞指示剂溶液，5g/L；⑭氢氧化钠标准溶液，$c(NaOH) = 0.1$mol/L或$c(NaOH) = 0.05$mol/L。⑮硝酸标准滴定溶液，$c(HNO_3) = 0.1$mol/L或$c(HNO_3) = 0.05$mol/L。

3. 操作步骤

（1）称样　称取试样适量，精确至0.0001g。

（2）试样分解　将试样置于300mL锥形瓶中，加入20~30mL适宜比例的HCl-HNO$_3$混合酸，加热溶解。加入高氯酸加热蒸发至冒烟，稍冷，滴加0.5mL氢氟酸，再继续蒸发冒烟至锥形瓶内部透明并回流3~4min，继续蒸发至近干，冷却。加5mL硝酸、40mL水溶解盐类，滴加亚硝酸钠溶液（100g/mL）还原铬至低价并过量2滴，煮沸1~2min驱除氮氧化物。

（3）沉淀　往所得的溶液中加入10g硝酸铵混匀溶解，将溶液加热或冷却至50℃，加入50mL约50℃的钼酸铵溶液（135g/L），将锥形瓶用橡皮塞塞紧剧烈振摇2~3min，静置2~3h或过夜。用慢速滤纸或用加小孔瓷片的漏斗加纸浆减压过滤，用硝酸（2+100）洗涤锥形瓶3~4次，洗涤沉淀2~3次（共用约50mL）然后用低于30℃的中性水洗锥形瓶和沉淀至无游离酸（收集5mL滤液，加1滴酚酞指示剂溶液、1滴氢氧化钠标准溶液至浅红色不消失为止）。

（4）滴定　将洗净的磷钼酸铵沉淀连同滤纸或滤纸浆一同置于原锥形瓶中，加50mL

中性水，摇动锥形瓶使纸浆松散，滴加氢氧化钠标准溶液至黄色沉淀完全溶解并过量 5mL，然后加入 3～4 滴酚酞指示剂溶液，用中性水洗涤瓶壁，用硝酸标准滴定溶液滴定过量的氢氧化钠至红色恰好消失为终点。

（5）计算　按下式计算磷的含量，以质量分数表示：

$$w(P)=\frac{C\,(V_1-KV_2)\times 0.001291}{G}\times 100\%\qquad(2\text{-}29)$$

式中　C——氢氧化钠标准溶液的浓度，mol/L；

　　　V_1——试样溶液加入氢氧化钠标准溶液的体积，mL；

　　　V_2——滴定试样溶液所消耗硝酸标准滴定溶液的体积，mL；

　　　K——硝酸标准滴定溶液对氢氧化钠标准溶液的体积比；

0.001291——1.00mL 氢氧化钠标准溶液（1.000mol/L）相当于磷的摩尔质量，g/mol；

　　　G——钢试样的质量，g。

四、硅的测定

钢中的硅来自生铁、废钢和脱氧剂，硅也可作为合金元素特意加入。硅的含量一般 $w(\text{Si})\leqslant 1\%$，在硅钢中也可达到 $w(\text{Si})=4\%$。硅的测定方法有重量法、容量法（氟硅酸钾法）、光度法等。对含量很低的钢铁中的硅的测定，多用硅钼蓝光度法。本节介绍硅钼蓝光度法和硅氟酸钾滴定法——容量法。

（一）硅钼蓝光度法

1. 硅钼蓝光度法原理

钢试样经稀硝酸分解，其中的硅转化为可溶性硅酸。在弱酸性条件下（pH＝0.7～1.3），硅酸与钼酸铵作用生成硅钼杂多酸（硅钼黄），在草酸存在条件下用硫酸亚铁铵还原硅钼黄为硅钼蓝。硅钼蓝的蓝色深度与硅的含量成正比，借此，可用光度法测定钢铁中的硅的含量。反应方程式如下：

$$3Si+4HNO_3+4H_2O=3H_4SiO_4+4NO\uparrow\qquad(2\text{-}30)$$

$$H_4SiO_4+12H_2MoO_4=H_8[Si(Mo_2O_7)_6]+10H_2O\qquad(2\text{-}31)$$

$$H_8[Si(Mo_2O_7)_6]+4FeSO_4+2H_2SO_4=H_8[SiMo_2O_5\cdot(Mo_2O_7)_5]+2Fe_2(SO_4)_3+2H_2O$$

$$(2\text{-}32)$$

试样溶解后，加入 $KMnO_4$ 氧化 Fe^{2+}，防止基体 Fe^{2+} 过早与原已生成的硅钼黄起反应。产生的 $MnO(OH)_2$ 褐色沉淀用 $NaNO_2$ 还原。

2. 试剂和仪器

（1）试剂　①硝酸 1∶3；②4％$KMnO_4$ 溶液；③10％$NaNO_2$ 溶液；④5％钼酸铵溶液；⑤5％草酸溶液；⑥5％硫酸亚铁铵溶液。

（2）仪器　72 型或 72-1 型分光光度计，2cm 比色皿。

3. 操作步骤

天平上准确称取钢试样 0.2g 于 150mL 烧杯中，加 1∶3$HNO_3$20mL，低温电炉上加热溶解（补加水至 20mL），缓缓滴加 $KMnO_4$ 溶液至褐色 $MnO(OH)_2$ 析出，微沸 30s，缓缓滴加 $NaNO_2$，微沸 1min。冷却后转移到 100mL 容量瓶内，以水定容。

准确吸取上述试液 10.00mL 于 50mL 比色管内，加水 20mL，加 5％钼酸铵溶液 5mL、混匀后放置 10min。然后加 5％草酸溶液 5mL、摇匀后立即加入 5％硫酸亚铁铵溶液 5mL，用水定容。再将其注入 2cm 比色皿中，以蒸馏水作参比液在 660nm 波长下测得吸光度 A。通过查标准曲线得所对应的硅的浓度，最后求出钢铁中硅含量。

标准曲线：天平上准确称取已知硅含量的标准钢样 0.2g，用处理试样办法定容为 100mL，分别取 10.00mL 置于 5 只 50mL 比色管内，加硅标液至 5 只比色管内使 Si 含量分别为（20、40、60、80、100）μg，补加蒸馏水至每管体积约 30mL，然后按处理试样的办法加钼酸铵、草酸、硫酸亚铁铵等溶液显色，同时作一试剂空白。用 2cm 比色皿，蒸馏水为参比，在 660nm 波长下，测吸光度，最后绘制标准曲线。

按下式计算硅的含量，以质量分数表示：

$$w(\text{Si}) = \frac{m \times V}{G \times V_1 \times 10^6} \times 100\% \qquad (2\text{-}33)$$

式中　m——分取试液中硅的质量，μg；

　　　V_1——分取试液的体积，mL；

　　　V——试液的总体积，mL；

　　　G——钢试样的质量，g。

（二）硅氟酸钾滴定法——容量法

1. 硅氟酸钾滴定法原理

试样以盐酸、硝酸溶解，在室温及有氢氟酸和氯化钾存在的条件下，试样中的硅生成硅氟酸钾沉淀析出。经过滤洗涤后，用碱中和少量残留于滤纸和沉淀上的游离酸。沉淀用热水溶解，硅氟酸钾水解释放出相应量的氢氟酸，以溴百里酚蓝、酚红混合指示剂为指示剂，用氢氧化钠标准滴定溶液进行滴定。根据所消耗氢氧化钠标准溶液的体积，计算出硅的质量分数。

2. 试剂

试剂包括：①硝酸，ρ 约 1.42g/mL、1＋1、1＋3；②盐酸，ρ 约 1.19g/mL；③氢氟酸，ρ 约 1.15g/mL；④氟化钾溶液，200g/L；⑤氯化钾洗液，80g/L；⑥混合指示剂，称取溴百里酚蓝、酚红各 0.1g，溶于 40mL 乙醇（1＋1）中，用氢氧化钠标准滴定溶液中和至呈紫色后，用水稀释至 100mL；⑦中性沸水，将分析用水煮沸 10min，加 5 滴混合指示剂，用氢氧化钠标准滴定溶液中和至紫色出现为止；⑧氢氧化钠标准溶液，$c(\text{NaOH}) = 0.10\text{mol/L}$ 或 $c(\text{NaOH}) = 0.05\text{mol/L}$。

3. 操作步骤

称取试样适量，精确至 0.0001g。将试样置于干的聚四氟乙烯烧杯（或铂皿）中。用少量水润湿，加入 15mL 盐酸、5mL 硝酸、5mL 氢氟酸，低温加热至试样完全溶解。将试液用水稀释至 40mL 左右，冷却至室温，混匀。

加少许纸浆，加入 10mL 水，再加氯化钾至溶液饱和，用塑料棒搅拌片刻，放置 10min 使硅氟酸钾沉淀完全。沉淀用中速滤纸于塑料漏斗中抽滤，用氯化钾洗液洗涤烧杯 4 次，洗涤沉淀两次。

将沉淀连同滤纸置于 400mL 烧杯中，加 10mL 氯化钾洗液，5 滴混合指示剂，用氢氧化钠标准滴定溶液中和滤纸上残余游离酸至呈稳定的紫色。于烧杯中注入 200mL 中性沸水，立即以氢氧化钠标准滴定溶液滴定至试液呈紫色即为终点。

按下式计算硅的含量，以质量分数表示：

$$w(\text{Si}) = \frac{C \times V \times 7.021}{G \times 10^3} \times 100\%$$ （2-34）

式中　C——氢氧化钠标准滴定溶液的浓度，mol/L；

　　　V——滴定试液消耗氢氧化钠标准溶液的体积，mL；

　　　G——钢试样的质量，g；

7.021——$\frac{1}{4}$Si 的摩尔质量，g/mol。

五、锰的测定

钢中的锰主要来自生铁、废钢和脱氧剂。锰钢中的锰是炼钢时特意加入的。锰在钢中多以化合物的形态存在，如 MnS、Mn_3C 等，也能固溶于铁素体中。

钢中锰的测定方法根据含量分为容量法（氧化还原滴定法，络合滴定法）和光度法等。本节介绍过硫酸铵容量法和光度法。

（一）过硫酸铵容量法

1. 过硫酸铵容量法原理

试样经硝酸硫酸溶解，锰转化为 Mn^{2+}，然后在 Ag^+ 的催化作用下，用过硫酸铵氧化 Mn^{2+} 为 Mn（Ⅶ）。

$$3MnS + 14HNO_3 = 3Mn(NO_3)_2 + 3H_2SO_4 + 8NO\uparrow + 4H_2O$$ （2-35）

$$MnS + H_2SO_4 = MnSO_4 + H_2S\uparrow$$ （2-36）

$$3Mn_3C + 28HNO_3 = 9Mn(NO_3)_2 + 10NO\uparrow + 3CO_2\uparrow + 14H_2O$$ （2-37）

在催化剂 $AgNO_3$ 作用下，$(NH_4)_2S_2O_8$ 对 Mn^{2+} 的催化氧化过程为

$$2Ag^+ + S_2O_8^{2-} + 2H_2O = Ag_2O_2 + 2H_2SO_4$$ （2-38）

$$5Ag_2O_2 + 2Mn^{2+} + 4H^+ = 10Ag^+ + 2MnO_4^- + 2H_2O$$ （2-39）

所产生的 MnO_4^- 用还原剂亚砷酸钠-亚硝酸钠标准溶液滴定，发生定量反应

$$5AsO_3^{3-} + 2MnO_4^- + 6H^+ = 5AsO_4^{3-} + 2Mn^{2+} + 3H_2$$ （2-40）

$$5NO_2^- + 2MnO_4^- + 6H^+ = 5NO_3^- + 2Mn^{2+} + 3H_2O$$ （2-41）

此法适用于测定锰含量 $w(\text{Mn}) < 3\%$ 的试样，适合于标准分析。

2. 试剂

试剂包括：①硫酸-磷酸混合酸（H_2SO_4：H_3PO_4：H_2O=15：15：70）；②硝酸 1：3 溶液；③过硫酸铵 20％溶液（现配）；④NaCl 硫酸溶液（0.4％的 2：3 H_2SO_4 水溶液）；⑤$AgNO_3$ 0.5％溶液；⑥硫酸 2：3 溶液；⑦锰标准溶液；⑧亚砷酸钠-亚硝酸钠标准溶液（0.025mol/L）。

3. 操作步骤

（1）Na_3AsO_3-$NaNO_2$ 标准溶液的标定　吸取锰标液 25.00mL 于锥形瓶中，加 20mL 硫-磷混酸，35mL 蒸馏水，再加入 10mL0.5％$AgNO_3$，加 10mL20％过硫酸铵。低温加热煮沸 45s，取下，放置 2min，流水冷至室温。加入 10mL0.4％NaCl 硫酸溶液，立即用 Na_3AsO_3-$NaNO_2$ 标准溶液滴定，滴至红色消失为终点。消耗 Na_3AsO_3-$NaNO_2$ 标液体积

为V，可用下式计算标准溶液滴定度：

$$T_{Mn/As_3^{3-}\text{-}NO_2^-} = \frac{25.00 \times 0.500}{1000V} \ (\text{g/mL}) \qquad (2\text{-}42)$$

（2）测定　天平上准称钢样 0.5～1.0g（视含量而定，一般每份试样中含锰 5～12μg 为宜）于锥形瓶中，加 30mL 硫-磷混酸，加热溶解后，滴加硝酸数滴破坏碳化物，煮沸驱尽氮氧化物。加水约 50mL，加 10mL0.5％AgNO$_3$，加 10mL20％过硫酸铵，以下步骤同标定。滴定消耗 AsO$_3^{3-}$-NO$_2^-$ 标准溶液体积为 V(mL)，用下式计算钢中锰的质量分数：

$$w(Mn) = \frac{T_{Mn/As_3^{3-}\text{-}NO_2^-} \times V}{G} \times 100\% \qquad (2\text{-}43)$$

式中　　　　G——钢试样的质量，g；

$T_{Mn/As_3^{3-}\text{-}NO_2^-}$——标准溶液滴定度。

（二）过硫酸铵氧化光度法

1. 过硫酸铵氧化光度法原理

试样用硫酸-磷酸混合酸溶解，以硝酸银为催化剂，用过硫酸铵氧化二价锰为七价锰，在分光光度计上于波长 530nm 处测量其吸光度。计算出锰的质量分数。

2. 试剂

试剂包括：①乙醇；②氯化钠，固体；③硝酸，ρ 约 1.42g/mL，1+4、2+98、1+1；④氢氟酸，ρ 约 1.15g/mL；⑤高氯酸，ρ 约 1.67g/mL；⑥硫酸，1+1、5+95；⑦硫酸-磷酸混合酸：将 150mL 硫酸缓缓加入到 700mL 水中，边加边搅拌，稍冷，加 150mL 磷酸，混匀；⑧盐酸-硝酸混合酸：将 100mL 盐酸加入到 100mL 水中，边加边搅拌，稍冷，加 100mL 硝酸，混匀；⑨硝酸银溶液，5g/L；⑩过磷酸铵溶液，200g/L；⑪亚硝酸钠溶液，5g/L；⑫锰标准溶液，200μg/mL。

3. 操作步骤

（1）称样　按表 2-1 称取试样，精确至 0.0001g。

表 2-1　称取试样质量及测定条件

质量分数/%	0.01～0.1		>0.1～0.5		>0.5～1.0		>1.0～2.0	
称样量/g	0.50		0.20		0.20		0.10	
标准溶液浓度 /（μg·mL⁻¹）	200		200		500		500	
		mL	%	mL	%	mL	%	mL	%
		0.50	0.020	1.00	0.100	2.00	0.500	2.00	1.00
标准溶液 加入量	相当于试 样中含量	1.00	0.040	2.00	0.200	2.50	0.625	2.50	1.25
		1.50	0.060	3.00	0.300	3.00	0.750	3.00	1.50
		2.00	0.080	4.00	0.400	3.50	0.875	3.50	1.75
		2.50	0.100	5.00	0.500	4.00	1.00	4.00	2.00
吸收皿/cm	3		2		0.5		0.5	

（2）测定　将试样置于 150mL 锥形瓶中，加 20mL 硫酸-磷酸混合酸，加热溶解后，

滴加硝酸破坏氮化物，煮沸，驱尽氮氧化物，取下冷却。加水稀释至溶液体积约为50mL，加5mL硝酸银溶液、10mL过硫酸铵溶液，加热煮沸至无小气泡，取下，用流水冷却至室温，将溶液移入100mL容量瓶中，用水稀释至刻度，混匀。取部分显色后的溶液置于吸收皿中，对剩余的显色后的溶液边摇动边向其中滴加亚硝酸钠溶液至溶液紫红色刚褪去，取部分溶液置于吸收皿中，以此为参比，于分光光度计上波长530nm处，测量吸光度。从工作曲线上查得锰的质量。

(3) 工作曲线的绘制　按表2-1分取不同量的锰标准溶液，分别置于150mL锥形瓶中，加20mL硫酸-磷酸混合酸，用水稀释至约50mL，以下按操作步骤进行，测量吸光度。以锰的质量为横坐标、吸光度为纵坐标，绘制工作曲线。

按下式计算锰的含量，以质量分数表示：

$$w(Mn) = \frac{m}{G \times 10^6} \times 100\% \tag{2-44}$$

式中　m——从工作曲线上查得锰的质量，μg；

　　　G——钢试样的质量，g。

六、铬和镍的测定

钢中合金元素很多，钢的种类不同，合金元素的种类及其含量也不同。这里仅介绍合金钢中最常用的两种合金元素铬和镍的主要测定方法。

(一) 铬

铬是冶炼合金钢的一种极重要的合金元素。钢中加入合金元素铬，可以改善钢的工艺性能、提高钢的机械性能，加入大量的铬使钢具有特殊的物理、化学性能。普通钢中铬含量 $w(Cr) < 0.3\%$，一般铬钢含铬 $w(Cr) = 0.5\% \sim 2\%$，镍铬钢含铬 $w(Cr) = 1\% \sim 4\%$，高速工具钢含铬 $w(Cr) = 4\%$ 左右，不锈钢含铬在 $w(Cr) = 12\%$ 以上，最高可达 $w(Cr) = 32\%$。钢铁试样中高含量铬常用滴定法测定，低含量铬一般用光度法测定。

铬的滴定法大多是基于铬的氧化还原特性，先用氧化剂将 $Cr(III)$ 氧化至 $Cr(VI)$，然后再用还原剂（常用 Fe^{2+} 来滴定）。氧化剂可以是过硫酸铵、高锰酸钾及高氯酸等。用 $(NH_4)_2S_2O_8$ 氧化时，可加硝酸银作催化剂，也可以不加催化剂硝酸银。

本节只介绍银盐-过硫酸铵氧化的滴定法和二苯偕肼光度法。

1. 银盐-过硫酸铵氧化滴定法

试样用硫-磷混合酸分解，以硝酸破坏碳化物。在硫-磷酸介质中，用银盐-过硫酸铵将 $Cr(III)$ 氧化为 $Cr(VI)$，直接用亚铁滴定，求得铬量。或者加过量标准亚铁溶液使 $Cr(VI)$ 还原为 $Cr(III)$，然后用 $KMnO_4$ 回滴过量亚铁，间接求算出铬量。

主要反应是：

$$Cr_2(SO_4)_3 + 3(NH_4)_2S_2O_8 + 8H_2O \xrightarrow{AgNO_3} 2H_2CrO_4 + 3(NH_4)_2SO_4 + 6H_2SO_4 \tag{2-45}$$

$$2H_2CrO_4 + 6(NH_4)_2Fe(SO_4)_2 + 6H_2SO_4$$
$$= Cr_2(SO_4)_3 + 3Fe_2(SO_4)_3 + 6(NH_4)_2SO_4 + 8H_2O \tag{2-46}$$

$$10(NH_4)_2Fe(SO_4)_2 + 2KMnO_4 + 8H_2SO_4$$
$$= 5Fe_2(SO_4)_3 + 10(NH_4)_2SO_4 + 2MnSO_4 + K_2SO_4 + 8H_2O \tag{2-47}$$

试样分解时一般用 16%H_2SO_4-8%H_3PO_4 混合液，对于高碳钢宜用 12%H_2SO_4-40%H_3PO_4 混合液。氧化时酸度可控制为含 3%～8% 的 H_2SO_4 介质，因为硫酸浓度过大时，铬氧化迟缓；硫酸浓度过小时，锰易析出二氧化锰沉淀。用亚铁直接滴定时钒会产生正干扰；用亚铁还原 Cr(Ⅵ) 为 Cr(Ⅲ)，再以 $KMnO_4$ 反滴定，则钒不干扰。锰的干扰，可用亚硝酸钠或 Cl^-（以 HCl 或 NaCl 形式加入）还原除去。

2. 二苯偕肼光度法

试样以硝酸溶解后，用硫磷酸冒烟以破坏碳化物和驱尽硝酸，然后用过硫酸铵-硝酸银将 Cr(Ⅲ) 氧化为 Cr(Ⅵ)，用亚硝酸钠还原 MnO_4^-，加入 EDTA 掩蔽铁，在 0.4mol/L 酸度下，二苯偕肼被氧化并生成一种可溶性紫红色络合物，在其最大吸收波长 540nm 处，其与铬量在一定范围内符合比耳定律，以此进行铬的测定。反应的灵敏度为 0.002μg/cm^2。其主要反应如下：

溶解反应：

$$Cr + 4HNO_3 = Cr(NO_3)_3 + NO\uparrow + 2H_2O \qquad (2-48)$$

$$3CrC + 52HNO_3 = 12Cr(NO_3)_3 + 3CO_2\uparrow + 16NO\uparrow + 26H_2O \qquad (2-49)$$

$$2Cr_3C_2 + 9H_2SO_4 = 3Cr_2(SO_4)_3 + 4C + 9H_2\uparrow \qquad (2-50)$$

氧化反应：

$$Cr_2(SO_4)_3 + 3(NH_4)_2S_2O_8 + 8H_2O \xrightarrow{AgNO_3} 2H_2CrO_4 + 3(NH_4)_2SO_4 + 6H_2SO_4$$

$$(2-51)$$

Cr(Ⅵ) 与二苯偕肼的反应：Cr(Ⅵ) 将二苯偕肼氧化为二苯基偶氮碳酰肼，则本身还原为 2 价和 3 价。

$$(2-52)$$

Cr^{3+} 与二苯基偶氮碳酰肼的反应：

$$(2-53)$$

显色酸度以 0.012～0.15mol/L 的 H_2SO_4 介质为宜，酸度低显色慢，酸度高色泽不稳定。

（二）镍

镍也是冶炼合金钢的一种极重要的合金元素。镍在普通钢中的含量一般是 w(Ni)<0.2%，结构钢、弹簧钢、滚珠轴承钢中要求镍含量 w(Ni)<0.5%，w(Ni)>0.8% 的钢称为镍钢。镍钢具有优良的力学性能，高含量的镍钢具有特殊的物理和化学性能。

镍的测定方法很多，特别是镍的滴定法和光度法的体系很多。从镍的各种测定方法可以发现具有以下特点：（1）镍试剂（丁二酮肟）是测定镍的有效试剂，依据镍与丁二酮肟的反应，可以用重量法、滴定法、光度法测定高、中、低含量的镍；（2）在测定镍的许多方法中，钴常常容易产生干扰，有的可以较为方便消除，大多难以消除；（3）适应于低含量测定的灵敏度高的光度法，大多数是多元配合物光度法。

本节将介绍镍与丁二酮肟反应生成丁二肟镍的重量法、滴定法和光度法的原理。

1. 重量法

在 pH＝6～10.2 的醋酸盐或氨性介质中，Ni^{2+} 与丁二肟反应可生成酒红色的丁二肟镍晶形沉淀，沉淀经过滤、洗涤，可烘干称重或灼烧成 NiO 后称量。

丁二酮肟与镍的沉淀反应为

$$Ni^{2+} + 2\left[\begin{array}{l} H_3C-C=NOH \\ \quad\quad\quad| \\ H_3C-C=NOH \end{array}\right] = \left[\begin{array}{l} H_3C-C=NOH \\ \quad\quad\quad| \\ H_3C-C=NO \end{array}\right]_2 Ni\downarrow + 2H^+ \tag{2-54}$$

由于丁二酮肟在水溶液中随 pH 值不同而存在下列平衡：

$$C_4H_8N_2O_2 \underset{H^+}{\overset{OH^-}{\rightleftharpoons}} [C_4H_7N_2O_2]^- \underset{H^+}{\overset{OH^-}{\rightleftharpoons}} [C_4H_6N_2O_2]^{2-} \tag{2-55}$$

而沉淀反应是 Ni^{2+} 与 $[C_4H_7N_2O_2]^-$ 的反应，因此，pH 值过高或过低都会使沉淀溶解度增大，不易沉淀完全。

另外，钴与丁二酮肟也有类似反应，于 pH＝6～7 的醋酸缓冲液中沉淀镍时，钴不沉淀，或者将 Co^{2+} 氧化为 Co^{3+} 也不干扰。

2. 滴定法

按前述方法得到丁二酮肟镍沉淀后，用 $HNO_3 + HClO_4$ 将沉淀分解，于 pH＝10 氨性缓冲溶液中，以紫脲酸铵为指示剂，用 EDTA 滴定。

3. 光度法

试样用酸分解，在碱性（或氨性）介质中，当有氧化剂存在时，Ni^{2+} 被氧化成 Ni^{3+}，然后与丁二酮肟生成红色络合物。络合物的组成及稳定性与显色酸度密切相关，若在酸性介质中显色，氧化剂氧化丁二酮肟后的生成物与镍生成鲜红色络合物，但很不稳定。在 pH＜11 的氨性介质中生成镍∶丁二酮肟＝1∶2 的络合物，$\lambda_{max}=400nm$，但稳定性差，放置过程中组成会发生改变，λ_{max} 不断变化，难以应用。当 pH≥12 时（强碱性），络合物组成比为 1∶3，$\lambda_{max}=460～470nm$，此络合物稳定性好，可稳定 24h 以上。

铁、铝、铬在碱性介质中易生成氢氧化物沉淀而干扰测定，过去采用酒石酸盐或柠檬酸盐来掩蔽，铁的酒石酸盐和柠檬盐络合物均有一定颜色，影响测定的灵敏度和准确度。现在改用焦磷酸盐来作掩蔽剂，获得良好效果。

第二节 仪 器 分 析

仪器分析是以物质的物理性质或物理化学性质为基础的分析方法。仪器分析需将待测物质的光、电、热、声、磁等物理量或物理化学量最终转换成电信号，再与已知量的标准物质在相同条件下得到的电信号作比较，以测量出这些物质的化学组成、含量和结构。这些物理量和物理化学量的测定一般需要采用专门的仪器设备。

仪器分析除用于物质中元素的定性、定量分析外，还可以用于物质的结构、价态、状态分析以及微区和表面分析等。

仪器分析的灵敏度高，分析速度快，所需试样量少，易实现自动化，所以仪器分析方法已逐步成为化学成分分析的主要方法。

常用的仪器分析方法有光谱分析、光电比色分析、极谱分析、电子和离子探针微区分析等。

一、光谱分析

光谱分析是根据物质的光谱测定物质组分的仪器分析方法。光谱分析包括发射光谱分析、原子吸收光谱分析和 X 射线荧光光谱分析等。

（一）发射光谱分析

这是一种通过测量物质的发射光谱的波长和强度进行定性和定量分析的方法。合金钢化学成分分析，一般采用的是摄谱法光谱分析。目前，越来越多地应用光电直读法光谱分析，尤其作炉前快速分析，具有突出的优点。

1. 摄谱法光谱分析

摄谱法光谱分析的基本原理是，试样受到光源发生器（热能或电能）的作用，其组成元素的原子转变成气态原子时，其中有一些原子的外层电子被激发到高能态成为激发态原子。当它们从高能级跃迁回到低能级时，发射出不同波长的光谱线，各种元素原子结构不同，所发射的光谱线也各不相同。试样中元素含量不同，谱线的强度也不同。发射的光经过分光仪器的作用，可得到根据波长长短排列的原子或离子被激发的线状光谱（或分子被激发的带状光谱）。然后由摄谱仪用感光板将谱线拍摄下来，感光板经过显影、定影等暗室处理即成为谱片。再用测微光度计测量谱片上谱线黑度（黑度表示这种光的化学反应程度），根据谱片就可进行定性分析或定量分析。由于每一元素所发射的一系列谱线都有一定的波长，这些谱线一定落在谱片上的一定位置，因此根据谱线落在谱片上的不同位置，可以确定谱线出自何种元素，而根据谱线落在感光板上后产生的光化学反应程度（强度），可以确定产生此谱线的元素含量多少。

定性分析可在映谱仪上进行。映谱仪的作用在于把谱片上的谱线放大，以便与标准谱片图相比较，然后辨认被测试样光谱中所出现的谱线出自哪种元素。

作定量分析时，需要先在谱片上找到分析线对（一条分析元素的谱线和一条与之邻近的铁的谱线），然后在测微光度计上测量分析线对的黑度或透过率。对于某分析元素，当试样中其含量不同时，则所摄得的光谱中，这个元素的分析线对也具有不同的黑度，因此凭借标准试样和被测试样一起摄谱并进行比较，即可作定量分析。

炉前快速分析时，一般采用换算因数及控制试样法。采用这种方法，需要一套专为快速分析而准备的标准试样，按照分析条件对这种标准试样进行多次摄谱，从而绘出基本的持久工作曲线。当收到炉前分析的试样时，可选择一个标准试样作为控制试样，与被分析的试样一起在同一块感光板上摄取光谱，然后将此感光板进行处理和测量，再按照有关公式即可求出分析试样中的元素含量。

目前合金钢中绝大部分合金元素的含量均可采用摄谱法光谱分析进行测定，例如硅、锰、钨、钼、铬、镍、钴、铜、铝、钒、钛、铌、锆、硼、稀土、镁等。

2. 光电直读法光谱分析

光电直读法光谱分析的主要原理与摄谱法光谱分析基本相同。其不同之处是，光电直读法光谱分析仪器中取消了摄谱仪上使用的感光板，而代之以光电接收元件，因之省去了摄谱法分析时对感光板的暗室处理，以及在测微光度计上进行的谱线黑度测量这两个工序。该仪器采用光电接收元件，将光信号转变为电信号。当试样从仪器上通过时，由于放大及记录装置的作用，仪器便自动给出分析线的名称（含何种元素）及强度的读数（元素含量）。这就大大加快了分析速度。

光电直读法光谱分析由于分析速度快，最适宜作炉前快速分析，一台仪器能承担原来由数台摄谱仪所承担的分析任务。近年来，还采用真空光电直读光谱分析仪器，在分析合金元素的同时，能对碳、磷、硫三个元素一起进行分析。以往，由于碳、磷、硫的最适用的分析线波长均短于 200nm（纳米，10^{-9} m），而摄谱法由于空气、石英棱镜与透镜以及乳剂中明胶等短波光的吸收，故不能分析。采用了真空技术，就可使光电直读法光谱分析的应用范围更为广泛。

（二）原子吸收光谱分析

通过测量物质被转变为原子蒸气后，基态原子对特定波长谱线的吸收程度而进行定量分析的方法，叫做原子吸收光谱分析法。将金属盐溶液雾化后喷入原子化器（火焰）中，金属元素在高温下解离，一少部分吸收能量成为激发态原子，并瞬间跃迁回基态，而多数则转变为基态原子。原子吸收光谱分析就是测定基态原子对光量子的吸收，亦即使发射某一金属特征谱线的光源光通过喷有雾状金属盐溶液的火焰，以测定被吸收的能量。

原子吸收光谱分析操作过程大致是：准确称量少许试样，经化学处理使之稀释到一定体积，通过喷雾器及燃烧器（原子化器）使欲测元素在火焰中呈原子蒸气状态，用指示仪表测定对一定强度的辐射光的吸收值。其基本分析方法是标准曲线法，亦即预先配制不同浓度的标准溶液，分别测定其吸收值，绘出吸收值-浓度标准曲线。在同样条件下测定分析试液的吸收值，从标准曲线上查出相对应的浓度，然后换算成分析试样的该元素质量百分数。

原子吸收光谱分析主要设备如图 2-5 所示。

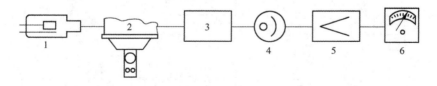

图 2-5　原子吸收光谱分析主要设备示意图

1—辐射源，一般采用空心阴极灯；2—产生原子蒸气的设备（包括喷雾器、膨胀室、燃烧器）；
3—波长选择器，可用紫外线单色光计，或利用摄谱仪改装；4—辐射探测器，一般
采用光电倍增管；5—电子放大器；6—指示仪表

原子吸收光谱分析法的主要优点是灵敏度高，火焰原子化法绝对检出限达 10^{-10} g，无火焰原子化法可达 10^{-14} g；选择性好，干扰成分少；准确度高，一般分析时，火焰原子吸收光谱分析法的相对误差可达 0.1%～0.5%；适用范围广，可用于常量元素分析，也适用于微量元素分析，可测 70 余种金属元素和半导体元素；此外设备简单，成本较低，易于操作。其缺点是分析一个元素就要换一支元素灯；多数非金属元素不能直接测定。

(三) X 射线荧光光谱分析

用 X 射线照射物质时，除发生散射现象和吸收现象外，还能产生次级 X 射线，即荧光 X 射线。荧光 X 射线的波长只取决于物质中原子的种类，根据荧光 X 射线的波长可以确定物质的元素组成，根据该波长的荧光 X 射线的强度可进行定量分析。这种方法称为 X 射线荧光光谱分析法。

X 射线荧光光谱分析基本原理是：用具有一定能量的 X 射线照射被分析试样，能使试样原子激发，即使原子的内层电子由低能阶激发到高能阶去。处于激发状态的原子是极不稳定的，势必在一个极短的时间内释放出多余的能量，使电子跳回到低能阶。这部分释放出来的能量即以荧光 X 射线的形式放出，并且射出的荧光 X 射线的波长与元素的原子序数有关，随着元素的原子序数 Z 的增加，荧光 X 射线的波长变短。其数字关系式如下：

$$\lambda = K(Z-S)^{-2} \tag{2-56}$$

式中　λ——荧光 X 射线波长；

　　　Z——元素的原子序数；

　K、S——常数。

按照上述公式，只要测出荧光 X 射线的波长，就可知道元素的种类进行定性分析，并从谱线的强度可以了解该元素的含量进行定量分析。

用 X 射线照射试样时，试样激发出各种波长的荧光 X 射线，得到的是多种元素的混合 X 射线，为此必须将它们按波长（或按光子能量）分开，分别测量不同波长（或不同光子能量）的 X 射线强度，以进行定性和定量分析。

用于测定荧光 X 射线的波长和强度进行 X 射线荧光分析的仪器称为 X 射线荧光光谱仪。它由 X 射线光源、试样室、分光系统、检测系统组成，如图 2-6 所示。

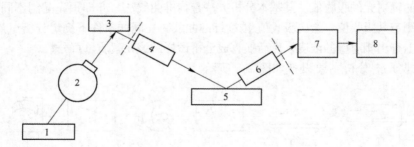

图 2-6　X 射线荧光光谱仪示意图

1—高压电源；2—X 射线管；3—试样室；4、6—平行光管；5—晶体分光器；

7—检测器；8—放大记录仪

X 射线荧光光谱分析的优点是：操作方便、准确度高、分析速度快，既可作常量分析，又可测定纯物质中某些痕量杂质元素。此外，能分析的元素的种类也很多，最新式的 X 射线荧光光谱仪可以测定原子序数在 9 以上的所有元素，包括常见的铝、硅、硫、镁、氯等轻元素。目前，这种光谱仪已成为炉前分析的主要仪器。

二、光电比色分析

光电比色分析是利用物质对光的吸收作用这一原理进行分析的。这种分析方法在分析工作中得到了广泛应用。早期使用目视比色法、光电比色法来测量某物质的含量。近年来由于分析仪器得到改进，逐渐演变为更完善和更精密的分光光度法。

比色分析法是利用所测物质的特征颜色或所测物质与某些试剂反应形成的有色溶液进行分析的，溶液的颜色由于溶液对可见光的选择性吸收而显现出来。例如，溶液若将可见光全部吸收则显黑色；若将其全部反射则显白色；若吸收了蓝、绿、黄波长的光，反射和透射出红、紫色波长的光，则溶液呈紫红色。有色溶液颜色的深浅又与被测物质在有色溶液中的浓度存在一定的关系。应用这种关系，将含有已知量的物质的有色溶液作为标准，与含有未知量的被测物质的有色溶液进行比较，并利用光电效应测出其含量。分光光度法是选择物质吸收光谱曲线上最适宜的波长，以提高分析灵敏度，消除干扰影响。

这种方法灵敏度高、稳定性好、简便快速、操作方便。但也存在准确性不高，经常遇到共存元素的干扰等缺点。

利用光电效应代替肉眼比色测定的仪器，称为光电比色计。光电比色计的类型很多，但基本上可分为单光式（一个光电池）和双光式（两个光电池）两类。目前广泛应用的581-G 型光电比色计和 72 型光电分光光度计均属于单光式，实际上仅利用了可见光部分，即波长为 $4 \times 10^{-4} \sim 7.5 \times 10^{-4}$ mm 的光。近年来采用红外线（即波长大于 7.5×10^{-4} mm 的光）吸收光谱进行分析，从而扩大了比色分析的应用范围，并且提高了准确度和灵敏度。

三、极谱分析

极谱分析的基本操作方法是：将一支玻璃毛细管（直径约 0.05mm）的下端插入欲分析的试样溶液中，并以一定速度从毛细管滴入微汞滴作为阴极（氧化反应时为阳极），而在试样溶液底部贮存一层汞作为阳极（氧化反应时为阴极），以试样溶液作为电解液，慢慢升高电极电压，用电流计测出流经电解液的微电流，所得到的电极电压-电流关系曲线就是"极谱"，也称"极谱波"。

极谱分析法实质是一种在特殊条件下进行电解的分析方法。与一般的电解分析方法不同之处在于应用了微汞滴电极和汞大底极。当电极外加电压慢慢增大到一定值时，金属离子便开始还原，此时的电压称为分解电压。随着外加电压继续逐渐增大，由于汞滴体积很小，电流密度相对很大，汞滴表面附近的金属离子浓度逐渐降低，直至接近或等于零，即产生了浓差极化。如果继续增加外加电压，电流就不再随之增加，此时电流达最大值，称为极限电流。由于极限电流是由残余电流（即溶液中没有金属离子存在时流过电解池的小量电流）、迁移电流（即由于静电引力把金属离子吸引到阴极而还原所引起的）和扩散电流（即由于金属离子从溶液本体自由扩散到电极表面发生还原而产生的）三部分组成的，所以在采取措施消除迁移电流的情况下，从极限电流中减去残余电流就是扩散电流。根据扩散电流的大小和溶液浓度成正比的关系，就可从扩散电流的大小（通常称波高）求出溶液中离子浓度的高低，这就是极谱定量分析的原理。

目前极谱分析应用广泛，这是因为这种分析方法具有很多的优点。例如，所需试样溶液少（一般不超过 5mL）；灵敏度高；分析速度快，在合适的条件下可同时测定几种元素；准确度合乎要求；重复试验结果的重现性好等。但其缺点是必须分离大量干扰元素，以往由于存在铁离子的干扰问题，所以这种方法迟迟未应用于钢铁分析。近十几年来，极谱分析技术有了很大发展，特别是自动记录极谱分析仪和示波极谱分析仪的出现，使操作更加简单，同时也提高了极谱的灵敏度和分辨率，从而为极谱分析法应用于高纯度和超纯物质中极微量杂质的分析开辟了广阔的前景。

四、电子探针 X 射线显微分析

电子探针 X 射线显微分析法简称电子探针。利用直径约为 $1\mu m$ 的电子束激发试样以产生 X 射线，再对所产生的 X 射线进行谱线分析。根据其中各元素标识或特征谱线的强度来确定试样中各元素的含量或试样的化学成分。

这种方法的特点是电子束的直径很小，像探针一样在试样面上扫描，可在试样上任何一个微小区域内（体积约为数立方微米）进行定性和定量分析。用这种分析方法分析时，可以分析一小区域内的化学成分，叫做点分析，分析区域为 $2\sim 5\mu m^3$，也可作线分析，即分析某元素在一条选定的直线上的分布情况，作出浓度-距离曲线；还可以作面分析，即研究某元素在试样面上某范围内的分布情况。这一方法可以分析周期表中从硼到铀的所有元素。

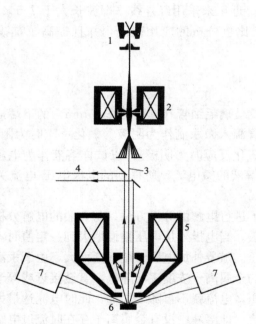

电子探针 X 射线显微分析所用仪器设备的主要部分有电子光学系统和电子束扫描装置、试样室、X 射线谱仪（包括分析晶体及计数管等）、计数记录装置及照明和观察装置等，如图 2-7 所示。从电子枪发出的高速电子经过会聚透镜和物镜的聚焦作用，会聚为直径 $1\mu m$ 以下的电子束。电子束直接进入装有需要分析的试样和标准试样的试样室内，并打到试样所需要分析的位置上。此时会产生 X 射线，所产生的 X 射线射入 X 射线谱仪中即可进行分析。通过 X 射线谱仪和计数记录装置，就能够测得 X 射线谱线的波长和强度。从 X 射线谱线的波长可以得到定性的结果，因为这些谱线是试样各元素的标识谱线，而各元素的标识谱线的波长是固定的，

图 2-7　电子探针 X 射线显微分析法所用仪器设备示意图
1—电子枪；2—会聚透镜；3—电子束；4—照明和观察装置；
5—物镜；6—试样；7—X 射线谱仪（包括分析晶体及计数管等）

它们和各元素的原子序数之间具有莫色莱定律的联系（参看本节 X 射线荧光光谱分析）。从 X 射线谱线的强度可以进行定量分析，方法是将从试样上所测得的 X 射线标识谱线的强度和从已知成分的标准试样上所测得的 X 射线标识谱线的强度相比较，并加以适当校正，便可得到定量的结果。

此法由于分析体积小、速度快、不破坏试样、能直接分析在金相显微镜下所观察到组织的成分等特点，被认为是金相学上一项很重大的发展。这种分析方法虽然历史不长，但

对研究金属和合金中物相和夹杂的成分，元素在合金中的偏析和扩散以及氧化和腐蚀的机理等方面都发挥了很大的作用。

第三节　钢铁材料的火花鉴别

钢的火花鉴别是一种最简便鉴别钢种类（或称钢种）的方法。此法多用于钢材混号、废钢分类以及无其他分析手段时，对钢材的成分进行大致定性或半定量分析。火花鉴别适用于碳钢、合金钢及铸铁，能鉴别出钢中常见的合金元素，但对 S、P、Cu、Al、Ti 等元素则无法看出火花特征。火花鉴别虽然是一种古老的方法，然而由于方法简便易行，火花特征不受热处理工艺影响，所以应用广泛。

一、试验设备与操作注意事项

（一）试验设备

火花鉴别的主要设备是砂轮机。可选用手提式砂轮机，也可用台式砂轮机。手提式砂轮机携带方便，一般用于现场鉴别钢材或钢锭。台式砂轮机可用于车间或试验室鉴别小块试样。

手提式砂轮机的功率为 0.1～0.3kW，台式为 0.5～1.0kW，转速 3000r/min，砂轮片为普通氧化铝质，不宜用碳化硅或白色氧化铝。手提式砂轮直径 ϕ100～150mm，厚度为 15～20mm；台式砂轮直径 ϕ200～250mm，厚度为 20～25mm，粒度 46～60，中等硬度。

（二）标准样块

为了减少客观环境的影响和鉴别时可能发生的错觉或误差，应备有多种钢的标准样块。试验时可将标准样块与被试钢材进行比较。标准样块应选用有一定代表性的钢种，如不同含碳量的碳素钢；含 Mn、Si、V、Mo、Cr、Ni 等合金元素的合金结构钢；各种合金工具钢；高速钢以及不锈钢、耐热钢等等。

（三）操作注意事项

（1）工作场地应有一定亮度，但又不能太亮，也不能太暗。白天可在室内光线不太明亮处，夜晚应在稍暗的灯光下工作。这样能减少火花对眼睛的刺激，又能清晰辨别火花形状与色泽。

（2）试样与砂轮接触应有适当的压力，压力过大砂轮易磨损且火花过密；压力过小，火花的形态又不能完全表现出来。

（3）磨削试样时应使火花束大致向水平方向发射，这有利于观察火花束的各部分。

（4）工作时最好带上护目眼镜，工作量大时还应带上口罩以防飞扬铁末的损害。

二、火花的组成、形状及形成原因

1. 火花的组成和形状

钢样在砂轮上磨削时所发射出的火花束可分为三个部分，即根部火花、中部火花和尾部火花，如图 2-8 所示。火花束是由流线、节点、爆花和尾花等组成。

流线：磨削颗粒在高温下运行的轨迹就是人们看到的流线。流线分为直线型、断续型、波浪型流线。铬钢、钨钢、高合金钢和灰铸铁的火花流线均呈断续型。波浪型流线不常见。

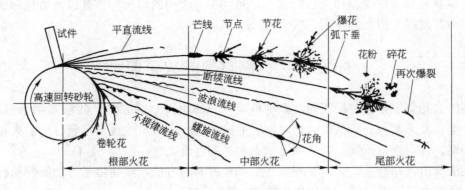

图 2-8　各种火花流线形状

节点：流线上明亮而又较粗的点称为节点和苞花。节点是钢中含 Si 的特征，苞花是钢中含 Ni 的特征。

爆花：它是由铁末颗粒爆裂而产生的。爆花的形式随碳含量、其他元素成分、温度、氧化性以及钢的组织等因素而变化，所以爆花在鉴别钢的火花中占有重要地位。爆花的流线叫做芒线。爆花可以分为一次、二次、三次及多次爆花。

一次爆花：只有一次爆裂的芒线；

二次爆花：在一次爆花的芒线上又一次发生爆裂；

三次和多次爆花：在二次爆花的芒线上再一次出现爆裂叫三次爆花。若在三次爆花的芒线上继续出现爆裂时，就叫做多次爆花。各种爆花的形状如图 2-9 所示。

图 2-9　爆花的各种形式

（一次、二次和三次爆花）

在一次爆花的基础上，若爆花只一根芒线叫二分叉；两根芒线叫做三分叉；三根芒线叫做四分叉；三根芒线以上叫做多分叉。

尾花：尾花是流线末端特征，有狐尾尾花和枪尖尾花两种。狐尾尾花常认为是钢中含钨的特征，其长度随钨量增加而递减。枪尖尾花，形状如枪尖，而与流线脱离。一般认为枪尖是钼元素的火花特征，但许多不含钼的钢有时也有枪尖尾花，而有些含钼钢火花中却看不到枪尖尾花，含碳量少尾花显得比较清楚，若含碳量逐渐增加，虽钼含量适当，枪尖也会逐渐模糊，直至完全消失。钼含量增加到一定量后枪尖也会消失。高钼钢是没有枪尖尾花的。图 2-10 为上述两种尾花的示意图。

2. 火花形成原因

钢样与高速转动的砂轮接触，试样表面由于强烈摩擦而温度升高，同时被砂轮切削下来的钢末以高速度抛射出来。这些高温钢末在空气中运行发生激烈氧化，呈现出一条一条的光亮线条，这就是火花的流线。

钢末在运行时由于温度升高而与空气发生剧烈的氧化作用，于是在钢末表面形成一层

44

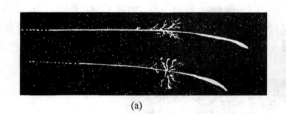 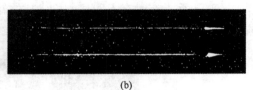

(a)　　　　　　　　　　　　(b)

图 2-10　尾花示意图

（a）狐尾尾花；（b）枪尖尾花

FeO 薄膜（$2Fe+O_2\rightarrow 2FeO$）。高温下钢中的碳很容易与氧结合而生成 CO，FeO 被还原成 Fe（$FeO+C\rightarrow Fe+CO$）。被还原的 Fe 再度与空气氧化，然后又再次被还原。钢末划过空气的过程中，这种反应经过多次重复，于是钢末内聚集了相当多的 CO 气体。当 CO 气体的压力足够大时，CO 将冲破钢末表面氧化膜而迸射出来，于是发生爆裂。爆裂时高温钢末的碎片纷飞，这就形成了爆花现象。

钢末经过一次爆裂后，若碎片中仍有未参加反应的铁和碳元素，碎片在运行中将继续上述反应而再次发生爆裂。这就是形成二次以上爆花的原因。

流线和爆花的色泽与钢的化学成分、导热性等因素有关。火花的色泽（亮度）是标志钢末运行时所具有的温度。温度愈高则火花愈明亮（如亮黄、亮白色），反之火花的色泽深暗（如暗红色）。

三、碳钢火花特征

钢的火花鉴别是以碳钢为基础，再考虑加入合金元素的影响。碳钢火花特征如表 2-2，主要考虑流线长短，粗细及色泽；爆花数量多少等。普通碳素钢爆花的多少和强弱与其碳含量有关。碳含量愈高，爆花就愈多，且表现的形式愈强裂，但含碳量大约超过0.6%后，爆裂强度就逐渐减弱。

表 2-2　碳 钢 火 花 特 征

$w(C)/\%$	流线					爆花				磨砂轮时手的感觉
	颜色	亮度	长度	粗细	数量	形 状	大小	花粉	数量	
0	亮黄	暗	长	粗	少	无	爆花			软
0.05						二根分岔	小	无	少	
0.1						三根分岔		无		
0.2						多根分岔		无		
0.3						二次花多分岔		微		
0.4		亮	长	粗		三次花多分岔		稍多		
0.5							大			
0.6										
0.7										
0.8										
0.8 以上	黄橙	暗	短	细	多	复杂	小	多量	多	硬

图 2-11 为碳含量 w（C）=0.10％左右碳素钢火花示意图，流线粗长而量少，呈圆弧形，尾部下垂，有时有不明显的枪尖。爆花量少，为三、四分岔的一次爆花，爆裂强度较弱，芒线粗而长。火花束的色泽为草黄带红。

图 2-11　w（C）=0.10％碳素钢火花示意图

图 2-12 为碳含量 w（C）=0.20％左右碳素钢火花示意图，流线粗而量较多，略带弧形，有时有不明显的枪尖。爆花量稍有增加，呈多分岔的一次爆花，有时也出现二次爆花。芒线粗长，爆花角度较大。火花束呈草黄带红。

图 2-12　w（C）=0.20％碳素钢火花示意图

图 2-13 为碳含量 w（C）=0.30％左右碳素钢火花示意图，流线粗长且较挺直，尾部稍垂，量多而射力较大。爆花为多分岔二次爆花，数量渐多，芒线粗长。芒线间开始有极少的花粉。火花呈黄而明亮的色泽。

图 2-13　w（C）=0.30％碳素钢火花示意图

图 2-14 为碳含量 w（C）=0.40％左右碳素钢火花示意图，流线较细长，量多而挺直，射力较大，尖部有时有分岔。多分岔二次爆花，芒线粗长，量较多。芒线间有极少量花粉，大型爆花较多。火花束黄而明亮。

图 2-15 为碳含量 w（C）=0.50％左右碳素钢火花示意图，流线与碳含量 w（C）=0.40％的碳素钢近似。多分岔二次爆花，大型爆花很明显，爆裂强而有力。爆花趋向流线尾端，有节点。大型爆花后面有二、三层枝状爆花，爆花量多而拥挤。芒线较细密而长，有少量花粉。火花束黄而明亮。

图 2-16 为碳含量 w（C）=0.60％左右碳素钢火花示意图，流线细长而量多，挺直而强劲，尖端分岔。多为二、三次爆花，量增多而拥挤。大型爆花多，位于流线尾端，爆裂强劲。大型爆花后有强的枝状爆花。芒线细长，有较多的花粉。火花束呈明黄色。

图 2-14　w（C）＝0.40％碳素钢火花示意图

图 2-15　w（C）＝0.50％碳素钢火花示意图

图 2-16　w（C）＝0.60％碳素钢火花示意图

图 2-17 为碳含量 w（C）＝0.70％左右碳素钢火花示意图，流线细且挺直，量多而较短，尾部分岔。爆花较小，为多分岔三次爆花；枝状爆花多，但较小。芒线不甚密，有较多的花粉。爆花的爆裂强度较强劲。火花束呈黄亮色。

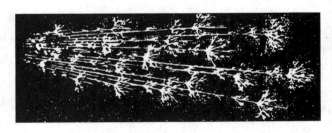

图 2-17　w（C）＝0.70％碳素钢火花示意图

图 2-18 为碳含量 w（C）＝0.80％左右碳素钢火花示意图，流线细，量多，挺直而较短，射力强劲，尾部有分岔。多分岔多次爆花，量多且拥挤，枝花爆花更多。芒线细密，花粉较多。爆花爆裂强度减弱。火花束色泽趋暗，呈橙红色。

碳含量 w（C）超过 0.80％以后，随着含碳量的增加，流线数量增多的趋势减缓，流线逐渐细化，长度逐渐缩短，爆花和花粉缓慢增多，花形逐渐变小，整个火花束的色泽由

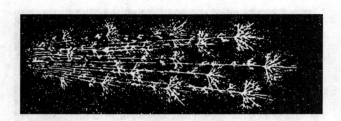

图 2-18　$w(C)=0.80\%$ 碳素钢火花示意图

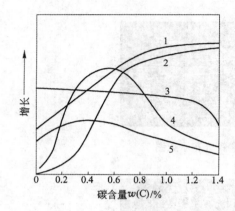

图 2-19　碳素钢不同碳
含量对火花的影响
1—流线数量；2—爆花数量；3—流线长度；
4—爆花大小；5—火花明亮度

橙红变成暗色。碳素钢不同碳含量对火花的影响可参考图 2-19。

四、合金元素对火花特征的影响

钢中加入合金元素后，火花特征将发生变化。部分合金元素在火花中的特征及其对碳钢火花特征的影响见表 2-3。从中可见，Ni、Si、Mo、W 等合金元素抑制爆花爆裂，Mn、V 等合金元素则助长爆花爆裂。

钨：抑制爆花爆裂作用最为强烈。因为钨在钢中的碳化物稳定、熔点高、导热性差等原因而使钢末在运行过程中生成 CO 的反应受到阻碍所致。钨含量 $w(W)$ 达到 1.0% 左右时，爆花显著减少，钨含量 $w(W)>2.5\%$ 时，爆花呈秃尾状。钨使色泽变暗，当 $w(W)$ 超过 5% 时，火花束呈暗红色。

钨抑制爆花爆裂作用的大小，与钢中含碳量有关，低碳钢中 $w(W)=4\%\sim5\%$ 时，钨可完全抑制爆花爆裂。从火花色泽上看，钨钢中含碳量越高，越是呈暗红色火花。

表 2-3　部分合金元素对火花特征的影响

合金元素	对爆裂的影响	流线					爆花			特征	触感抗力
		根部色泽	色泽	长短	粗细	多少	多少	芒线	花粉		
Mn	助长	黄	白亮(低C)黄亮	(低Mn)长(高Mn)短	粗	(低Mn)多(高Mn)少	多整齐	白色细长	(高C)多		
低Cr			白亮(低C)明亮(高C)	(低C)长(高C)短		(低C)多(高C)少	较大		(高C)有		
V			黄亮				多	细			
W	抑制	暗红	橙红	中	细	少	少	红色秃尾	没有	断续流线狐尾	硬
Mo		深橙红		长	细		少	橙红色细	没有	枪尖 $w(Mo)$约 1.0%(低C)	硬

合金元素	对爆裂的影响	流　线					爆　花			特　征	触感抗力
		根部色泽	色泽	长短	粗细	多少	多少	芒线	花粉		
Si	抑制		橙黄（高Si）	短	粗		少	白色短	没有	流线尖端白亮点（低C）钩状尾花（高Si、低C）	不太硬
Ni			黄	短	细		少	黄色细	没有	流线上出现鼓肚（低Ni、低C）	硬
高Cr			黄	短		较少	少				硬

　　钼：钼具有较强烈的抑制爆花爆裂、细化芒线和加深火花色泽的作用。钼钢的火花色泽是不明亮的，当钼含量较高时，火花呈深橙色。钼钢有没有枪尖尾花，与含钼量和含碳量有关，含碳量越低，枪尖越明显。钼钢中 w（C）＝0.50％左右时，就不易出现枪尖。

　　硅：硅也有抑制爆花爆裂作用。当硅含量达 w（Si）＝2％～3％时，这种抑制作用就较明显，它能使爆裂芒线缩短。观察硅钢片（w（Si）＝3.5％～4.5％，w（C）＜0.1％）的火花时，只能在火花束间发现1～2根单芒线爆花，并出现白色明亮的闪点。硅锰弹簧钢的火花呈橙红色，流线粗而短，芒线短粗且少，火花试验时手感抗力较小。

　　镍：镍对爆花有较弱的抑制作用，使花形不整齐和缩小，流线较碳钢细。随镍含量增高，流线的数量减少及长度变短，色泽变暗。

　　铬：铬的影响比较复杂。对于低铬低碳钢，铬有助长火花爆裂、增加流线长度和数量的作用，火花呈亮白色，爆花为一、二次花，花型较大。对于含碳量较高的低铬钢，铬助长爆裂的作用不明显，并阻止枝状爆花的发生，流线粗短而量较少，火花束仍然明亮。由于碳高，爆花有花粉。随铬含量增加，火花的爆裂强度、流线长度、流线数量等均有所减少，色泽也将变暗。铬钢中若含有抑制爆裂和助长爆裂的合金元素存在，则钢的火花现象表现复杂，为判断钢的铬含量，需配合其他试验方法。

　　锰：锰元素有助长爆花爆裂作用。锰钢的火花爆裂强度比碳钢强，爆花位置比碳钢离砂轮远。钢中含锰稍高时，钢的火花比较整齐，色泽也比碳钢黄亮，含碳量较低的锰钢呈白亮色，爆花核心有大而白亮的节点，花型较大，芒线稀少且细长。含碳量较高的锰钢，爆花有较多的花粉。低锰钢的流线粗而长，量较多。高锰钢流线短粗且量少，由于锰是助长爆裂的元素，因此有时可能误认为钢的碳含量高。

　　钒也是助长爆花爆裂的元素。

　　观察火花是鉴别钢种的简便方法。对于碳素钢的鉴别比较容易，但对合金钢，尤其是多种合金元素的合金钢，各合金元素对火花的影响不同，它们互相制约，情况比较复杂。因此要掌握这种方法，唯一的办法就是不断地实践，从实践中找出各元素影响火花的规律。

第三章 钢的宏观检验

宏观检验是指用肉眼或放大镜在材料或零件上检查由于冶炼、轧制及各种加工过程所带来的化学成分及组织等不均匀性或缺陷的一种方法。这种检验方法也称低倍检验。钢的宏观检验是进行试样检验或直接在钢件上进行检验，其特点是检验面积大，易检查出分散缺陷，且设备及操作简易，检验速度快。因此各国标准都规定要使用宏观检验方法来检验钢的宏观缺陷。我国也已制定了六个宏观检验国家标准（参见附录的附表1）。宏观检验包括酸浸试验、断口检验、塔形车削发纹试验以及硫印试验等。

第一节　钢锭（钢坯）的组织及其宏观缺陷

钢在冶炼后，除少数直接铸成铸钢件外，绝大部分都要先铸成钢锭（或钢坯），随后再轧制（或锻造）成各种钢材，如型钢、钢板、钢管、金属制品等。钢材的质量与钢锭（钢坯）的质量有着直接的关系。根据炼钢终脱氧是否完全，浇注后可得到不同的钢锭。钢液在浇注前用锰铁、硅铁和铝等进行充分脱氧，使钢液浇入钢锭模后不发生碳-氧反应，凝固时析出气体很少，钢液表面平静，这种钢称为镇静钢；浇注前只用少量锰脱氧，脱氧不完全，钢液注入钢锭模后，钢液冷却时发生碳-氧反应，析出大量一氧化碳气体引起钢液沸腾，这种钢称为沸腾钢；经连铸机浇注的钢锭称为连续铸锭（连铸坯）。下面简单介绍镇静钢钢锭、沸腾钢钢锭以及连铸坯的组织和缺陷。

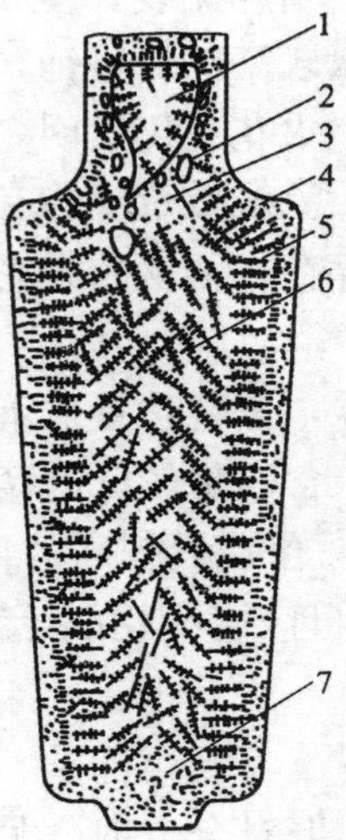

一、镇静钢

图 3-1 为镇静钢钢锭的宏观组织示意图。与纯金属铸锭基本相同，也是由表层细晶粒区、柱状晶区及中心等轴晶粒区三个晶区组成。所不同的是，在镇静钢钢锭下部还有一个由等轴细晶粒组成的致密的沉积锥体，这是镇静钢钢锭的组织特点。

表层由于钢锭模的激冷，过冷度大，形核率高，形成细小等轴的晶粒，它的厚度通常较薄，与钢液的浇注温度有关，浇注温度越高，则等轴细晶区越薄。在表层等轴细晶区形成的同时，模壁温度迅速升高，冷却速度变慢，固液界面处钢液的过冷度大大减小，新晶粒的形成变得困难，只有那些一次晶轴垂直于型壁的晶粒才能得以优先生长，形成了柱状晶粒。由于固液界面前沿的液体中存在着成分过冷，所以，柱状晶往往以枝晶方式长大，形成树枝状晶体。当铸锭中心的钢液经过散热也都降至钢液熔点以

图 3-1　镇静钢钢锭宏观
组织示意图

1—缩孔；2—气泡；3—疏松；4—表面细晶粒区；5—柱状晶粒区；6—中心等轴晶粒区；7—下部锥体

下时，由于过冷度小，加之杂质等多方面的因素作用，会在剩余的整个液体中同时形成较少数目的晶核，这些晶核因是在液体中自由成长，各方向的成长速率差不多一致，故长成等轴晶粒。当它们生长到和柱状晶相遇时，就会阻挡其继续长大，且在全部钢液结晶完毕后，就形成了中心等轴粗晶粒区。中心等轴晶区的凝固时间较长，而等轴晶体的密度较钢液大（约大 4%），因而它将下沉，大量等轴晶的降落现象被称为"结晶雨"，降落到钢模的底层，形成锥形体。

由于凝固过程中所发生的包括液-固相变的一系列物理化学变化，造成了铸锭在宏观范围和微观范围内的不均匀性。依其形态通常可把这种不均匀性分为三类：物理不均匀性，包括缩孔、疏松、气泡、裂纹等；结晶不均匀性，指初生树枝状晶的大小、形状、位向和分布；化学不均匀性，包括枝晶偏析（晶内偏析）和区域偏析。下面简要介绍镇静钢常见的宏观组织缺陷：偏析、缩孔、疏松和气泡。

1. 偏析

钢锭中的偏析是钢锭中各部分化学成分不均匀的现象。按照偏析涉及的范围大小，偏析可分为两种。存在于钢锭中不同区域之间的偏析，称为区域偏析，它可用硫印和酸浸试验方法确定；存在于晶粒范围内的成分不均匀性，称为显微偏析（或枝晶偏析）。这里我们仅介绍钢锭中的区域偏析。

图 3-2 为镇静钢钢锭的纵切面上偏析情况示意图。可以观察到明显的偏析带：锭心上部的倒 V 形偏析带、V 形偏析带以及钢锭下部的锥状偏析带。倒 V 形偏析的形成是由于柱状晶结晶时，杂质元素富集在结晶前沿，而富含杂质的钢液密度较轻，逐渐上浮集中在钢锭上部，在中心等轴晶带开始结晶时，这些杂质大量的固定在柱状晶和中心等轴晶带之间，构成了钢锭上部的倒 V 形偏析带，在钢锭横切面上表现为方形偏析（锭型偏析）和点状偏析特征。V 形偏析是由于保温冒口内钢液向下补缩而形成的，因为保温冒口内钢液杂质富集，因此向下补缩时形成漏斗形偏析，在钢锭的横切面上，表现为中心偏析。倒 V 形偏析和 V 形偏析均属于正偏析，即偏析带杂质的含量高于钢锭平均含量。在中心等轴晶开始结晶时，先长成的晶体因密度较大而下沉，形成了钢锭底部的锥状偏析。由于是最先结晶的，所以杂质含量低于钢液中平均含量，因此这种偏析属于负偏析。但这里含有较多的高熔点氧化物（SiO_2 或 $SiO_2 \cdot FeO$ 等），可能是晶体下沉带来的。

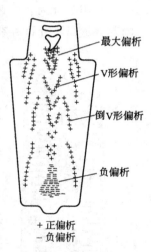

图 3-2 镇静钢钢锭的偏析示意图

（图中标注）最大偏析、V 形偏析、倒 V 形偏析、负偏析、+ 正偏析、- 负偏析

2. 缩孔

和纯金属铸锭一样，钢液在凝固时要发生收缩，故在凝固后的钢锭中会出现缩孔。在钢锭上部安放保温冒，可使缩孔集中在钢锭顶部冒口中，缩孔处是钢锭最后凝固的地方，是偏析、夹杂物和疏松密集的区域，在压力加工前必须把冒口切掉。如果切头时未被除净，遗留下的残余部分，在钢材的低倍检验中称为残余缩孔，它是一种不允许存在的低倍组织缺陷。为了减少缩孔深度，主要是选择合理的锭模锥度和尺寸，采用保温冒并严格控制浇注条件。

3. 疏松

疏松是钢不致密性的表现。由于晶粒以枝晶方式长大，在结晶后期"树枝"相遇时，堵塞了钢液向"树枝"间隙补充的通道，钢液的流动性又较差，因此形成很多细小的孔隙，称为疏松。疏松若集中在最后凝固的中心区域，即缩孔的下部区域，则称为中心疏松。由于钢液中含有较多的气体，在凝固时，由钢中析出后，不能完全上浮，形成细小的孔隙，它们均匀分布于钢锭的各部分，称为一般疏松。不同程度的疏松，对钢的塑性和韧性的影响程度不同。一般情况下，经过压力加工可以得到改善，但若中心疏松严重，在热加工时会引起钢件内部断裂。

4. 气泡（气孔）

镇静钢中的气泡分皮下气泡和内部气泡两种。靠近钢锭表面的气泡称为皮下气泡，它是在钢锭皮下呈分散或成簇分布的细长裂纹或椭圆形气孔，而细长裂纹又多数垂直于钢锭表面。皮下气泡多出现于钢锭尾部，时常成群出现。钢锭模内壁潮湿、钢锭模内壁涂料含水分和保护渣不干燥等原因均能引起皮下气泡。它造成钢材热加工时出现裂纹，因此热加工之前必须将皮下气泡予以清除。位于钢锭内部的气泡称为内部气泡，它呈蜂窝状，内壁较光滑，有些气泡中还伴有微小的可见夹杂物。钢液中含有大量气体，在浇注过程中大量析出，随着结晶的进行，在树枝状晶体之间形成的气泡不能很好上浮而留在钢的空位中，而成为内部气泡。一般情况下内部气泡可在热加工时焊合，但钢材在低倍检验中所发现的内部气泡是不允许存在的宏观组织缺陷，有内部气泡的钢材应予以报废。

二、沸腾钢

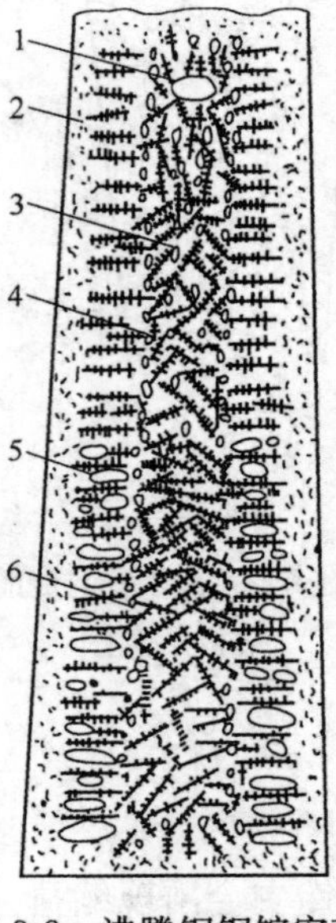

图 3-3　沸腾钢钢锭宏观
组织示意图

1—头部大气泡；2—坚壳
带；3—锭心带；4—中间
致密带；5—蜂窝气泡带；
6—二次气泡带

图 3-3 为沸腾钢钢锭宏观组织示意图。其结晶过程与镇静钢基本相同，但由于钢液沸腾，使其宏观组织具有与镇静钢钢锭不同的特点。从钢锭的纵断面来看，大致可分为坚壳带（外壳致密带）、蜂窝气泡带、中间致密带、二次气泡带和锭心带等五个结构带。

1. 坚壳带

坚壳带是由致密细小的等轴晶粒所组成。钢液注入锭模后，一方面表层由于受到模壁的激冷而生成许多细小的晶核；另一方面发生激烈的碳-氧反应，使钢液沸腾而强烈循环，沸腾着的钢液把附在晶粒之间的气泡带至钢锭上部逸出，所以表层的固体中无气泡，其化学成分也接近钢液的平均成分。

2. 蜂窝气泡带

蜂窝气泡带是由分布在柱状晶带内的长形气泡所构成。坚壳带形成后，激冷的条件消失了，剩余钢液温度较高，故气体析出量减少，开始形成的柱状晶。在柱状晶的树枝晶体之间的液体中，由于受偏析的影响，C 和 FeO 的浓度较高，便在柱状晶间发生 C-O 反应，形成气泡，气泡与柱状晶一起长大，因此气泡呈蜂窝状。蜂窝气泡一般只在钢锭的下半部分存在，这是由于钢锭上部钢液的液压较低，气流较大，气泡容易离开钢液，所以钢锭上部没有蜂窝气泡。

3. 中心坚固带

中心坚固带是由无气泡的柱状晶粒所组成。当浇注完毕后，钢锭头部压盖凝固封顶，钢锭内部形成气泡需要克服的压力突然增大，碳氧反应受到抑制，气泡难以形成，气泡停止生长，从而形成了没有气泡的中心坚固带。

4. 二次气泡带

由于结晶过程中碳氧浓度继续增大，并不断积聚，同时结晶时体积收缩，使形成气泡所需要克服的外压力逐渐降低，C-O 反应重新进行，但此时气体出路已被堵死，这些气体便呈球形留在钢锭内，这就是二次气泡带。

5. 锭心带

锭心带由粗大等轴晶粒所组成。在继续结晶过程中，碳氧浓度高的地方仍有碳氧反应发生，生成许多分散的小气泡，这时锭心温度下降，钢液黏度很大，气泡便留在锭心带，有的可能上浮到钢锭上部汇集成较大的气泡。

上述五个结构带的厚度和分布与钢锭大小及浇注操作条件有关。沸腾钢钢锭中的气泡在热轧开坯过程中都能焊合，不影响钢材的致密度。

沸腾钢最显著的优点是钢材的成材率高。由于钢锭内部有大量的气泡，抵消了因凝固而造成的体积收缩，所以没有或很少有缩孔，故轧成钢坯后的切头率（0～5%）比镇静钢少 10%。另一显著的优点是具有纯净的低碳外层，这层因不含杂质，延展性能良好。宜于轧成薄钢板和用于机器制造中的许多冷冲压件。

与镇静钢相比，沸腾钢钢锭的缺点是区域偏析比较严重。由于钢液凝固时，气泡的形成、上浮和由此产生的钢液运动和沸腾，把坚壳带结晶前沿富集硫、磷和碳的钢液带到钢锭的上部，造成钢锭表层与中间、上部与下部化学成分极不均匀：坚壳带的硫、磷和碳含量偏低，而中间这些元素含量偏高；钢锭中下部的硫、磷和碳含量偏低，而在中上部这些元素含量偏高。为了减轻沸腾钢锭的偏析，冶炼时要采取必要的措施，如尽量降低硫、磷含量，提高钢液的纯洁度；浇铸时要及时"封顶"，以控制沸腾时间等。

三、连铸坯

通常，连铸坯的凝固组织和模铸镇静钢钢锭的凝固组织相比较，二者并无根本的差别，都是由表层激冷层、次层柱状晶区和中心等轴粗晶区三部分组成。各晶区的形成机理也大致相同。但是，由于连铸坯的断面相对小，而且是在较强的冷却条件下凝固的，因而其断面上温度梯度较大，凝固速度较快。温度梯度大有利于柱状晶的生长；而凝固速度快则易于生成枝晶间距小的铸造组织。所以在浇注相同钢种的情况下，连铸坯比钢锭具有较发达的柱状晶组织，并有着较小的树枝晶间距。

连铸坯的内部质量主要取决于其中心致密度，而影响连铸坯中心致密度的缺陷是各种内部裂纹、中心偏析和疏松，以及铸坯内部的宏观非金属夹杂物。

1. 内部裂纹

连铸坯的内部裂纹指的是从铸坯表面以下直至铸坯中心的各种裂纹。其中有中间裂纹、对角线裂纹、矫直弯曲裂纹、中心裂纹以及角部裂纹。如图 3-4 所示。通常认为内部裂纹是在凝固前沿发生的，其先端和凝固界面连接，所以内部裂纹也可称为凝固界面裂纹。内部裂纹大都伴有偏析存在，因而也有人把内部裂纹称为偏析裂纹。内部裂纹发生的一般原因是在冷却、弯曲和矫直过程中，铸坯的内部变形率超过该钢种允许的变形率（通常在 1340℃，把变形率 ε＝0.2％作为铸坯变形时液固界面产生裂纹的极限变形率）。在压缩比够大的情况下，内部裂纹可以在轧制时焊合，对一般用途的钢不会带来危害；但是在压缩比小，或者对铸坯心部质量有严格要求的铸坯，内部裂纹会使轧材性能变坏并降低成材率。

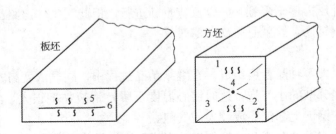

图 3-4　铸坯内裂纹示意图

1—中间裂纹；2—角部裂纹；3—对角裂纹；4，6—中心裂纹；5—矫直弯曲裂纹

（1）中间裂纹。中间裂纹也叫中途裂纹或径向裂纹，多发生在方坯厚度的四分之一处，并垂直于铸坯表面。这种裂纹发生的原因主要是由于在二冷下段，铸坯表面温度回升，使局部位置的张力应变超过该处的极限变形值时形成的。浇注温度高，拉速快、铸坯的柱状晶较发达时，也会助长中间裂纹的发生。

（2）中心线裂纹。这种裂纹出现在铸坯横断面的中心区，并靠近凝固末端，也有人称这种裂纹为断面裂纹。这是连铸坯中较常见的缺陷，致使在轧制时不能焊合，对产品质量会造成一定的危害。其形成原因，一般认为是凝固末期铸坯心部的收缩造成的。二次冷却不当、板坯鼓肚、中心偏析严重都会促使中心裂纹发生。

（3）对角线裂纹和角部裂纹。这类裂纹一般多出现在方坯中，它的形成和方坯的脱方（或称菱变）有关。当方坯四个面冷却不均匀时，冷面附近钢的收缩引起这两面间对角线上的张力应变。当应变值很大时，便引起方坯的歪扭变形，在冷却较快的两个面之间形成锐角，而在两个钝角之间靠近凝固前沿处形成裂纹。

（4）矫直与弯曲裂纹。当连铸坯带有液心进行弯曲或矫直时，或者铸坯已全部凝固，但内部温度在固相线温度附近进行弯曲矫直时，由于此时铸坯液固界面（或铸坯心部）仍处于脆性温度范围，即使受到了很小的拉应力，也会导致晶界开裂。弯曲和矫直裂纹就是在这种情况下产生的。

2. 中心偏析

在连铸坯中心部位，C 和 S、P 等杂质元素往往富集于此，形成偏析带，这就是连铸坯常见的一种缺陷。中心偏析往往伴有中心裂纹和中心疏松，这将进一步降低铸坯的内部致密性和轧材力学性能。产生中心偏析的原因，一是冶金因素，即在连铸坯的凝固条件下，铸坯有着发达的柱状晶，柱状晶的长大使得 C 和 S、P 等杂质元素被带入了铸坯中心；另一个原因是机械因素，即连铸坯的"鼓肚"引起的。当连铸机二冷区辊距较大，连铸坯凝壳较薄，或者是铸坯液心静压力过大时，都会导致铸坯鼓肚变形。而铸坯发生鼓肚时，其中心产生了相当负压的抽力作用，此时固液二相区内被偏析的杂质元素富集的不纯钢液，被吸向心部形成了中心偏析带。浇注温度、拉坯速度、钢的含碳量、连铸坯的断面大小和形状均影响中心偏析程度。

3．中心疏松

在连铸坯纵向中心线上所出现的一些小孔隙，称为中心疏松。它是铸坯最后结晶收缩的产物，中心疏松和中心偏析形成机理大致相同。它和中心偏析有着非常密切的关系，铸坯柱状晶不明显时，其中心疏松较分散，面积大而尺寸小，其中心偏析较轻微；当铸坯中有一定数量的柱状晶时，其中心部位出现微小的缩孔，中心偏析也加剧；当铸坯中柱状晶非常发达时，其中心部位的疏松可发展成中心缩孔，而且中心偏析十分严重。在铸坯加工时，压下量对中心疏松的消除有较大作用，通常在压缩比为 3～5 的情况下，中心疏松可以焊合，采用大压下量轧制时，易于减轻中心疏松的危害。中心疏松严重的铸坯，氢气有可能被中心疏松捕捉，形成非扩散氢的严重偏析，在厚板中氢的偏析会引起裂纹，即所谓"中心偏析性"的超声波探伤缺陷。

4．连铸坯中心线附近的 V 形点状偏析

在连铸坯纵剖面的中心等轴晶带，经常会看到 V 形偏析，有时也把这种偏析叫作点状偏析或半宏观偏析。一般认为，这种偏析是铸坯在凝固收缩过程中，由于重力和对流的作用，固液两相区中的等轴晶粒发生滑移现象引起的。

第二节 酸 浸 试 验

酸浸试验就是将制备好的试样用酸液腐蚀，以显示其宏观组织和缺陷。酸浸试验是宏观检验中最常用的一种方法。在钢材质量检验中，酸浸试验被列为按顺序检验项目的第一位。如果一批钢材在酸浸检验中显示出不允许有的或超过允许程序的缺陷时，则其他检验可以不必进行。现在，酸浸试验的方法及评定仍分别执行 GB/T 226—1991 钢的低倍组织及缺陷酸蚀试验法和 GB/T 1979—2001 结构钢低倍组织缺陷评级图。

酸浸试验可分为热酸浸蚀试验法、冷酸浸蚀试验法和电解酸蚀法三种。生产检验时可从三种酸蚀法中任选一种，应用最多的是热酸浸蚀试验法，仲裁时规定以热酸浸蚀试验法为准。

一、试样制备

1．取样

为了有效地利用酸浸试验来评定钢的质量，应选择具有代表性的试样。试样必须取自最易产生缺陷的部位，这样才不至于漏检。

根据钢的化学成分、锭模设计、冶炼与浇铸条件、加工方法、成品形状和尺寸等的不同，一般宏观缺陷有不同的种类、大小和分布情况。为了用一个或几个酸蚀试样的结果来说明一炉或一批钢的质量，取样就成了一个必须慎重考虑的问题。例如缩孔、疏松、气泡、偏析等宏观缺陷最容易在钢锭的上部以及加工后相当于该部位的钢坯或钢材上出现。一般在用上小下大的钢锭轧制的方钢坯中，相当于小头部位的缺陷最严重，中部次之，大头最轻；在上大下小钢锭的底部，气泡和硅酸盐夹杂也较多；一炉钢水浇铸几个锭盘时，在最初一盘和最后一盘钢锭中发现宏观缺陷较多。

取样部位、试样大小和数量在有关标准中均有规定，也可按技术条件、供需协议的规定取样。

在通常的检验中，最好从钢坯而不是从钢材上取样。因为在钢坯上酸蚀后更容易发现缺陷。如果钢坯上无严重缺陷出现，则钢材可不必再作此项检验。取样方向应根据检验项目确定。一般检验多取横向试样，以便观察整个截面的质量情况；若检查钢中的流线、条带组织等，则可取纵向试样。

可用锯、切、烧割、线切割等方法取样。取样时，不论采取何种方法都应保证检验面组织不因切取操作而产生变化。

2. 检验面的制备

酸蚀试样检验面的光洁度应根据检验目的、技术要求以及所用浸蚀剂而定，以下几点可作参考：（1）检查大型气孔、严重的内裂及疏松、缩孔、大的外来非金属夹杂物等缺陷可使用锯切面；（2）检验气孔、疏松、夹杂物、枝状组织、偏析、流线等可用粗车、细车削面；（3）细加工的车、铣、刨、磨及抛光面一般用于检验钢的脱碳深度、带状组织、磷的偏析和应变线等宏观组织细节，一般用较弱的浸蚀剂在冷状态下浸蚀。

钢的热酸浸蚀试验应在退火、正火或热轧状态下进行。因为这样既可以更好地显示试样的组织和缺陷，又可以避免热酸浸蚀时的开裂。

二、试验方法

1. 热酸浸蚀试验法

酸蚀检验的腐蚀属于电化学腐蚀。钢的化学成分不均匀性和缺陷之所以能用浸蚀来显示，是因为它们以不同的速度与浸蚀剂起反应。表面缺陷、夹杂物、偏析区等被浸蚀剂有选择性地浸蚀，表现出可看得见的浸蚀特征。成功的酸蚀试验决定于四个重要因素：即浸蚀剂成分、浸蚀的温度、浸蚀时间及浸蚀面的光洁度。

对钢而言，最常用的浸蚀剂是 1:1（以容积计）的盐酸（相对密度为 1.19）水溶液。对奥氏体型不锈耐酸、耐热钢可用盐酸-硝酸-水的混合溶液，具体成分见表 3-1。

表 3-1　各钢种试样的酸浸时间

分类	钢　种	酸蚀时间/min	酸 液 成 分
1	易切结构钢	5～10	
2	碳素结构钢，碳素工具钢，硅锰弹簧钢，铁素体型、马氏体型、复相不锈耐酸、耐热钢	5～20	1:1（容积比）工业盐酸水溶液
3	合金结构钢，合金工具钢，轴承钢，高速工具钢	15～40	
4	奥氏体型不锈耐酸、耐热钢	20～40	
		5～25	盐酸 10 份、硝酸 1 份、水 10 份（容积比）
5	碳素结构钢、合金钢、高速工具钢	15～25	盐酸 38 份、硫酸 12 份、水 50 份（容积比）

浸蚀温度对酸蚀结果有重要影响。温度过高，浸蚀过于激烈，试样将被普遍腐蚀，因而减低甚至丧失其对不同组织和缺陷的鉴别能力；温度过低，则反应迟缓，使浸蚀时间过

长。经验证明，最适宜的热酸浸蚀温度为 60～80℃。

浸蚀时间要根据钢种、检验目的和被腐蚀面的光洁度等来确定。通常，碳素钢需要时间较短，合金钢则需较长时间，而高合金钢需要的时间更长一些；较粗糙的浸蚀面浸蚀时间较长，反之较短。各类钢的浸蚀时间可以参考表 3-1，但仍需根据实际经验和具体情况来决定。最好在浸蚀接近终了时，经常将试样取出冲洗，观察其是否达到要求的程度。对浸蚀过浅的试样可以继续浸蚀；若浸蚀过度，则必须将试样面加工掉 1mm 以上，再重新进行浸蚀。

具体操作方法是将已经制好的试样先清除油污，擦洗干净，放入装有浸蚀剂的酸槽内保温。经检查能清晰地显示出宏观组织后，取出试样迅速地浸没在热碱水中，同时用毛刷将试样检验面上的腐蚀产物全部刷掉，但要注意不要划伤和沾污浸蚀面，接着在热水中冲洗，最后用热风迅速吹干。

2. 冷酸浸蚀试验法

冷酸浸蚀试验法是检查钢的宏观组织和缺陷的一种简易方法。冷酸浸蚀是采用室温下的酸溶液浸蚀和擦蚀样面，以显示试样的缺陷。通常，对于不使用热酸浸蚀的钢材或工件（例如工件已加工好，不便切开，又不得损坏工件的表面粗糙度），以及有些组织缺陷用热酸不易显现，有些奥氏体不锈钢用热盐酸不易腐蚀时，均可用冷酸浸蚀法进行试验。进行冷酸浸蚀试验时，对试样浸蚀面的粗糙度要求较高，最好经过研磨和抛光。

常用的冷酸浸蚀溶液成分及适用范围见表 3-2。

表 3-2　冷酸浸蚀溶液成分及适用范围

编号	成　　　分	适 用 范 围
1①	盐酸 500mL、硫酸 35mL、硫酸铜 150g	
2	氯化高铁 200g、硝酸 300mL、水 100mL	钢与合金
3	盐酸 300mL、氯化高铁 500g，加水至 1000mL	
4	10%～20%过硫酸铵水溶液	
5	10%～40%（容积比）硝酸水溶液	碳素结构钢 合金钢
6	氯化高铁饱和水溶液加少量硝酸（每 500mL 溶液加 10mL 硝酸）	
7	硝酸 1 份、盐酸 3 份	
8①	硫酸铜 100g、盐酸和水各 500mL	合金钢
9	硝酸 60mL、盐酸 200mL、氯化高铁 50g、过硫酸铵 30g、水 50mL	精密合金 高温合金
10②	100～350g 工业氯化铜氨，水 1000mL	碳素结构钢 合金钢

①选用第 1、8 号冷蚀液时，可用第 4 号冷蚀液作为冲刷液。

②试验验证时的钢种为 16Mn。

3. 电解酸蚀法

电解酸蚀法，就是用 15%～30%（容积比）工业盐酸水溶液电解试样表面的试验方法。这种方法的优点是，可以用较稀（15%～30%）的盐酸水溶液在室温下进行浸蚀，可以缩短腐蚀时间，大大地改善劳动条件和卫生环境。此外，因电解腐蚀后盐酸的性质改变不大，一般可循环使用，节约酸液。

用电解法显示试样的宏观组织和缺陷比热酸浸蚀法更清晰。

三、常见宏观组织和缺陷

宏观组织及缺陷包括一般疏松、中心疏松、锭型偏析、斑点状偏析、白亮带、中心偏析、帽口偏析、皮下气泡、残余缩孔、翻皮、白点、轴心晶间裂缝、内部气泡、非金属夹杂物（肉眼可见）及夹渣、异金属夹杂等15种。在生产过程中，还会出现过热（晶粒粗大）和过烧组织，以及边缘和中心增碳等缺陷。

在经过酸蚀的试样上，对所观察到的宏观（低倍）组织进行辨认和评定可根据GB/T 1979—2001标准评级图片进行。该标准是指导性的，适用于各类钢。下面简要地叙述一些常见组织和缺陷在酸蚀试样上的特征。

1. 一般疏松

一般疏松在横向酸浸试样上表现为组织不致密，整个截面上出现分散的暗点和空隙。暗点之所以发暗是由于珠光体量明显增加，而暗点上的许多微孔则是因细小的非金属夹杂物和气体的聚集，经酸浸蚀后扩大而形成的。因此可以说，暗点是碳、非金属夹杂物和气体的聚集而产生的。至于空隙，则是非金属夹杂物被酸溶解遗留下来的孔洞。

钢组织疏松对钢的横向力学性能（断面收缩率、断后伸长率和冲击吸收功）影响较大。钢材拉断时，裂断多出现在空隙处。

评级时应考虑分散在试样整个横截面上的暗点和空隙的数量、大小及其分布状态，并考虑树枝状晶的粗细程度而定。当暗点、空隙的数量多，尺寸大，分布集中时，则级别较高，反之则级别较低，如图3-5所示。

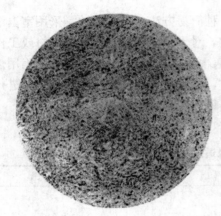

图 3-5　一般疏松

2. 中心疏松

中心疏松在横向酸浸试样上表现为孔隙和暗点都集中分布在中心部位。它是钢锭最后结晶收缩的产物。由于气体、低熔点杂质、偏析组元都在中心部位最后凝固，所以该部位易被腐蚀，酸浸后出现一些空隙和较暗的小点。

轻微中心疏松对钢的力学性能影响不大。但是，严重的中心疏松影响钢的横向塑性和韧性指标，且有时在加工过程中出现内裂，因此严重中心疏松是不允许存在的。

通常，根据中心部位出现的暗点及空隙的多少、大小和密集程度来评定中心疏松的级别。如图3-6所示。

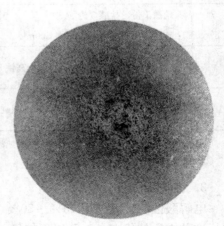

图 3-6　中心疏松

3. 锭型偏析

锭型偏析在横向酸浸试样上表现为腐蚀较深、由暗点和孔隙组成、与原锭型横截面形状相似的框带。由于其形状一般为方形，所以又称方形偏析。锭型偏析是钢锭结晶的产物。在钢锭结晶过程中，柱状晶生长时把低熔点组元、气体和杂质元素推向尚未冷凝的中心液相区，便在柱状晶区与中心等轴晶区交界处形成偏析和杂质集聚框。试验分析证明，锭型偏析框处的碳、硫、磷含量都比基体高，如图 3-7 所示。

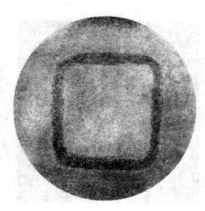

图 3-7　锭型偏析

锭型偏析使钢的横向断面伸长率、断面收缩率以及冲击吸收功降低。

锭型偏析的级别应根据框形区的组织疏松程度和框带的宽度来评定。

4. 斑点状偏析

在横向酸浸试样上出现的形状和大小均不同的各种暗色斑点，这些斑点无论与气泡同时存在或单独存在，均统称为斑点状偏析。当斑点分散分布在整个截面上时称为一般斑点状偏析；当斑点存在于试片边缘时称为边缘斑点状偏析。斑点状偏析是钢锭结晶过程中区域偏析的一种。斑点状偏析处的碳含量比基体高，而硫、磷等元素则比基体稍高。

斑点状偏析对钢的力学性能影响不大。但也应控制斑点状偏析的数量、大小以及不使其集中分布。

评定斑点状偏析的级别时，如果斑点数量多、点子大、分布集中，应评为高级别；如果试样上既有点状偏析，又有气泡，则应分别评定。

5. 白亮带

白亮带在酸浸试片上呈现抗腐蚀能力较强、组织致密的亮白色或浅白色框带。

连铸坯在凝固过程中由于电磁搅拌不当，钢液凝固前沿温度梯度减小，凝固前沿富集溶质的钢液流出而形成白亮带。它是一种负偏析框带，连铸坯成材后仍有可能保留。

需要评定时，可记录白亮带框边距试片表面的最近距离及框带的宽度。

6. 中心偏析

中心偏析在酸浸试片上的中心部位呈现腐蚀较深的暗斑，有时暗斑周围有灰白色带及疏松。

钢液在凝固过程中，由于选分结晶的影响以及连铸坯中心部位冷却较慢，从而在中心部位产生成分偏析。

评级时可根据中心暗斑的面积大小及数量来评定。

7. 帽口偏析

帽口偏析表现在酸浸试片的中心部位呈现发暗的、易被腐蚀的金属区域。

靠近帽口部位由于含碳的保温填料对金属的增碳作用，将引起帽口偏析。

评级时可根据发暗区域的面积大小进行评定（参照 GB/T 1979—2000）标准中附录 A 评级图的中心偏析图片评定。

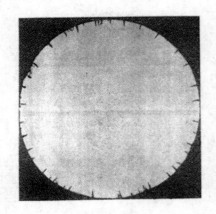

图 3-8 皮下气泡

8. 皮下气泡

皮下气泡在横向酸浸试样上表现为试样皮下有分散或成簇分布的细长裂纹或椭圆形气孔，而细长裂纹又多数垂直于试样表面，如图 3-8 所示。

皮下气泡是由于钢锭模内清理不良和保护渣不干燥等原因引起的，它造成钢材热加工时出现裂纹，因此，热加工用钢材不得有皮下气泡。

皮下气泡的级别应根据细裂纹和椭圆形气孔二者的数量来评定，同时应记载气泡距钢材表皮深度。

9. 残余缩孔

残余缩孔在横向酸浸试样上（多数情况）表现为中心区域有不规则的折皱裂缝或空洞，在其上或附近常伴有严重的疏松、夹杂物（夹渣）或者成分偏析等。残余缩孔是在钢锭冷凝收缩时产生的。钢锭结晶时体积收缩得不到钢液补充，在最后冷凝部分便形成空洞或空腔，如图 3-9 所示。

残余缩孔是切头不足造成的，它严重破坏了钢的连续性，因此这种缺陷是绝对不允许存在的。如果发现钢材有残余缩孔，允许将其头部相应于残余缩孔的部位切除，并重新取样，直至不出现残余缩孔为止。

残余缩孔的级别可根据裂缝或空隙的大小来评定。

10. 翻皮

在横向酸蚀试样上看，翻皮一般表现为颜色和周围不同，且形状不规则的弯曲狭长条带。条带中间及其周围存在着氧化物和硅酸盐夹杂，以及气孔。翻皮的产生，是在浇注过程中钢液表面氧化膜翻入钢液中，凝固前未能浮出所致。

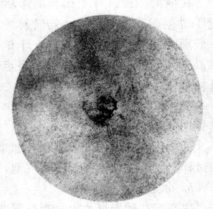

图 3-9 残余缩孔

翻皮中的氧化物和硅酸盐夹杂物破坏了钢的连续性，使钢材局部严重污染。因此不允许存在翻皮这种缺陷。

翻皮的级别应根据其特征，出现部位来评定。此外，也要考虑翻皮的长度，通常距中心越近，级别越高。

11. 白点

白点在酸浸试样上表现为锯齿形的细小发裂，呈放射状、同心圆形或不规则形状分散在中央部位。而在纵向断口上则表现为圆形或椭圆形亮斑或细小裂缝。白点的形成机理是氢和组织应力共同作用的结果，如图 3-10 所示。

白点严重破坏了钢材连续性，有白点的钢材不能使用。一旦发现钢材中有白点，就不允许进行复验。

图 3-10 白点

白点级别可根据裂缝长短及其条数来评定。

12. 轴心晶间裂纹

轴心晶间裂纹，在横向酸浸试样的轴心区域呈三岔或多岔的、曲折、细小，由坯料轴心向各方取向的蜘蛛网形的条纹。而在纵向断口上则呈分层状。此种缺陷一般出现于高合金不锈耐热钢（如 Cr5Mo、1Cr13、Cr25……）中。有时高合金结构钢如 18Cr2Ni4WA 钢也常出现。可能与钢锭冷却时的收缩应力有关。

轴心晶间裂纹破坏了金属的连续性，这种裂纹属于不允许存在的缺陷。

轴心晶间裂纹的级别随裂纹的数量与尺寸（长度及其宽度）的增大而升高。由于组织的不均匀性也可能产生"蜘蛛网"的金属酸蚀痕，这不能作为判废的标志。在这种情况下，建议在热处理后（对试样进行正火或退火），重新进行检验。

13. 内部气泡

内部气泡在酸浸试样上呈长度不等的直线裂缝或弯曲的裂缝，其内壁较为光滑，有些裂缝还伴有微小的可见夹杂物。钢液中含有大量气体，在浇注过程中大量析出，随着结晶的进行，在树枝状晶体之间形成的气泡不能很好上浮而留在钢的空位中。如图 3-11 所示。

这种缺陷是不允许存在的，一旦发现钢材中有内部气泡即将其报废。

14. 异金属夹杂物

异金属夹杂物，即不同于基体金属的其他金属夹杂物，这是由于浇注过程中将其他金属溶入钢锭中，或者合金料未完全溶化所致。

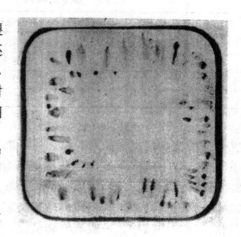

图 3-11　内部气泡

异金属夹杂物的成分与基体成分不同，因此破坏了钢组织的完整性，这是属于不允许存在的缺陷。

15. 非金属夹杂物（肉眼可见）及夹渣

非金属夹杂物在酸浸试样上表现为不同形状和不同颜色的颗粒。它是没有来得及上浮而被凝固在钢锭中的熔渣，或剥落到钢液中的炉衬和浇注系统内壁的耐火材料。

非金属夹杂物破坏了金属的连续性，在热加工、热处理时可能形成裂纹，在钢材使用中可能成为疲劳破坏的根源。

评定非金属夹杂物时应以肉眼可见的杂质为限。如果试样上出现空洞或空隙，但又看不到夹杂物，可按疏松评定。对要求高的钢种，应进行高倍补充检验。

此外还有内裂、中心增碳、表面裂纹、脱碳以及高速钢碳化物剥落等宏观组织缺陷，这里不再赘述，请参阅有关文献。

评定上述各类缺陷时，以 GB/T 1979—2001 标准附录 A 中所列图片为准。评定时各类缺陷以目视可见为限，为了确定缺陷的类别，允许使用不大于 10 倍的放大镜，根据缺陷轻重程度按照所述的评定原则与评级图进行比较，分别评定级别。当其轻重程度介于相邻两级之间时，可评半级。对于不要求评定级别的缺陷，只判定缺陷类别。在进行比较评定其他尺寸的钢材（坯）的缺陷级别时，根据各缺陷评级图，按缺陷存在的严重程度缩小或放大。

钢材低倍组织缺陷允许与否及合格级别应在相应的产品标准中规定。

通常，对各类钢材的酸浸试验所显示的宏观组织缺陷的级别要求是不尽相同的。例如，用于工程结构的碳素结构钢（GB/T 700—1988）和低合金高强度结构钢（GB/T 1591—1994）标准中不做酸浸试验；GB/T 699—1999（优质碳素结构钢）标准规定，钢材的横截面酸浸低倍组织试片上不得有肉眼可见的缩孔、气泡、裂纹、夹杂、翻皮和白点。供切削加工用的钢材允许有不超过表面缺陷允许深度的皮下夹杂等缺陷。对于一般疏松、中心疏松、锭型偏析等其合格级别优质钢不大于 3 级，高级优质钢不大于 2.5 级，特级优质钢不大于 2 级。

表3-3 合金结构钢（GB/T 3077—1999）低倍组织合格级别

钢　类	中心疏松	一般疏松	锭型偏析	一般点状偏析	边缘点状偏析
	级　别，不大于				
优质钢	3	3	3	1	1
高级优质钢	2	2	2	不允许有	不允许有
特级优质钢	1	1	1	不允许有	不允许有

GB/T 3077—1999（合金结构钢）标准规定，不得有肉眼可见的缩孔、气泡、裂纹、夹杂、翻皮、白点、晶间裂纹。供切削加工用的钢材允许有不超过表面缺陷允许深度的皮下夹杂、皮下气泡等缺陷。酸浸低倍组织级别应符合表3-3 的规定。其中 38MoCrAl 或 38CrMoAlA 钢的一般点状偏析和边缘点状偏析不得超过 2.5 级和 1.5 级。又如 GB/T 9943—1988（高速工具钢棒）标准规定，不得有肉眼可见的缩孔、气泡、翻皮、内裂和夹杂物。对中心疏松、一般疏松和偏析，直径或边长小于和等于 120mm 的钢棒其合格级别不大于 1 级。GB/T 1299—2000（合金工具钢）标准规定，不得有肉眼可见的缩孔、夹杂、分层、裂纹、气泡及白点，中心疏松和锭型偏析按标准中第 3 级别图评定，并应符合表 3-4 的规定。

表3-4 合金工具钢（GB/T 1299—2000）低倍组织合格级别

钢材直径/mm	低合金钢		高合金钢	
	中心疏松	锭型偏析	中心疏松	锭型偏析
≤50	≤4.0	≤6.0	≤3.0	≤6.0
>50～75	≤4.5	≤6.0	≤3.5	≤6.0
>75～100	≤4.5	≤6.0	≤4.0	≤6.0
>100～125	≤5.0	≤6.0	≤4.5	≤6.0
>125～155	≤5.0	≤6.0	≤5.0	≤6.0
>155	供需双方协议			

第三节　断　口　检　验

断口检验是检查钢材宏观缺陷的重要方法之一。断口检验就是在断口试样上刻槽，然后借外力使之折断，检验断面的情况，以判定断口的缺陷。

目前，我国共有两个断口检验方法标准，即 GB/T 1814—1979 钢材断口检验方法标准，简称钢材断口标准；GB/T 2971—1982 碳素钢、低合金钢断口检验方法标准，简称碳素钢断口标准。钢材断口标准适用于优质碳素结构钢、合金结构钢、铬滚珠轴承钢、合金工具钢、高速钢以及弹簧钢等，断口在淬火或调质状态下折断。碳素钢断口标准适用于碳素结构钢和低合金结构钢轧制的钢板、条钢、型钢，断口在轧制状态下折断。这两个标准不能互相代替，应根据所检验的钢种和技术条件，执行相应的断口标准。

一、取样和试样制备

对于在使用过程中破损的工件和生产制造过程中由于某种原因而导致破损的工件的断口，以及作拉力、冲击等试验的试样破断后的断口，不再需任何制备加工就可直接进行观察和检验。对于专为进行断口检验的钢坯和钢材，取样的部位、方法和要求基本上和酸蚀试样相同，有时甚至可以用酸蚀后的试样来作。钢材断口试样，以 40mm 圆或方为界，大于 40mm 的圆钢或方钢，检验纵向断口，取横向试样；小于或等于 40mm 的圆钢或方钢，检验横向断口，取纵向试样。纵向断口试样长为 100～140mm，在试样一边或两边刻槽。横向试样厚度为 15～25mm，沿横截面的中心线刻槽，一般采用 V 形槽。为了真实地显示缺陷，应使试样脆断，尽可能用冲击方式一次折断，严禁反复冲压。

试样折断后，首先应采取妥善措施防止断口表面损伤和沾污，然后用肉眼或借助 10 倍以下放大镜将断口分类，判断断口缺陷。

二、钢材断口组织及断口评定

评定断口分类方法很多，归纳起来可按以下三个方面分类：(1) 按断裂性质可分为脆性断口、韧性断口、疲劳断口，以及由介质和热的影响而断裂的断口（如应力腐蚀开裂的断口，氢脆断口、腐蚀疲劳断口、高温蠕变断口等）；(2) 按断裂途径可分为穿晶断口、晶界断口、混合断口等；(3) 按断口形貌和材料冶金缺陷性质分类有纤维状、结晶状、瓷状（干纤维）、台状、撕痕状、层状、缩孔残余、白点、气泡、内裂、非金属夹杂物（肉眼可见）和夹渣、异金属夹杂物、黑脆、石状、萘状等断口。

GB/T 1814—1979 钢材断口检验方法标准中把纤维状断口、结晶状断口、瓷状断口看作正常断口；台状断口、撕痕状断口看作允许缺陷断口；层状、缩孔残余、白点、气泡、内裂、非金属夹杂物（肉眼可见）和夹渣、异金属夹杂物、黑脆、石状、萘状等断口则属报废缺陷断口。

1. 纤维状断口

断口表面呈暗灰色绒毯状，无光泽，无结晶颗粒。断口边缘常有显著的塑性变形。

这种断口常出现在调质后的钢材（坯）上，属于钢材的正常断口，它表示钢材有良好的韧性，如图 3-12 所示。

2. 结晶状断口

断口齐平，呈亮灰色，有强烈的金属光泽和明显的结晶颗粒。

这种断口常出现在热轧或退火的钢材（坯）上，这是一种正常断口。

3. 瓷状断口

这是一种具有绸缎光泽、很致密、类似细瓷碎片的亮灰色断口。

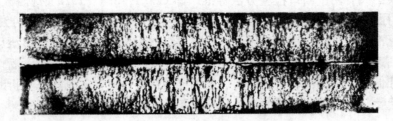

图 3-12　纤维状断口

这种断口常出现在用过共析钢和某些合金钢轧制的、淬火及低温回火后的钢材（坯）上，这是一种正常断口。

4. 台状断口

台状断口的宏观特征是宽窄不同的平台状组织，颜色比金属基体稍浅，多分布在偏析区内，如图 3-13 所示。

图 3-13　台状断口

这种缺陷一般出现在树枝晶发达的钢锭头部和中部，属允许缺陷。这种缺陷是钢沿其粗大树枝晶断裂的结果。

大量生产检验和试验研究结果表明，台状断口对纵向机械性能无影响，对横向机械性能的强度指标也无影响，但对塑性、韧性指标都有一定影响。这种影响随着台状严重程度的增加而增加，绝大多数都能满足技术条件的要求，只有个别大规格的钢材才偶尔出现不合格现象。

5. 撕痕状断口

撕痕状断口特征是在纵向断口上呈现出比基体颜色较浅，灰白色而致密的光滑条带。其分布无一定规律，可在柱状晶区，也可在等轴晶区，如图 3-14 所示。

图 3-14　撕痕状断口

出现撕痕状断口的主要原因是钢中残余铝过多，造成氮化铝沿铸造晶界析出而形成脆性薄膜，此薄膜断裂便产生痕状缺陷。

轻微的撕痕状缺陷对钢的纵、横向力学性能的影响均不明显，但严重时，纵向韧性指标降低，更主要的是横向塑性与韧性指标显著下降。所以，除了严重的撕痕状缺陷之外，一般的或较重的缺陷均不影响钢材的使用。此类缺陷属于允许缺陷。

6. 层状断口

层状断口的宏观特征是在纵向断口的热加工方向出现无金属光泽、凹凸不平、层次起伏的条带，条带中伴有白亮的或灰色的线条。

这种断口缺陷显著影响钢材的横向塑性和冲击吸收功指标。

7. 缩孔残余断口

缩孔残余断口的特征是在纵向断口的轴心区出现非结晶的条带或在疏松区以非金属夹杂物或夹渣形态出现，沿条带往往出现氧化色。

缩孔残余断口一般都出现在钢锭头部的轴心区，主要是钢锭补缩不足或切头不够等原因造成的。这种缺陷破坏金属的连续性，属于不允许存在的缺陷。

8. 白点断口

在断口上白点多呈圆形或椭圆形银灰色斑点，斑点内的组织为颗粒状，个别斑点呈鸭嘴形裂口，一般多分布在偏析区内，淬火断口最为敏感。

白点主要是钢中含氢量过多和内应力共同作用造成的。这种缺陷破坏金属的连续性，属于不允许存在的缺陷。

9. 气泡断口

气泡断口的特征是在纵向断口上沿热加工方向出现内壁光滑的非结晶细长条带，多分布在皮下，有时也出现在内部。

气泡主要是钢液气体过多，浇注系统潮湿，钢锭模有锈等原因造成的。这种缺陷破坏钢的连续性，属于不允许存在的缺陷。

10. 内裂断口

内裂分为"锻裂"和"冷裂"两种。锻裂的特征是出现光滑的平面或裂缝，这是热加工过程中滑动摩擦造成的。冷裂的特征是出现与基体有明显分界的、颜色稍浅的平面与裂缝。经过热处理或酸洗的试样可能有氧化色。

锻裂是热加工温度过低，内外温差和热加工压力过大，变形不合理等原因造成的。冷裂是锻轧冷却太快、组织应力与热应力迭加造成的。

内裂严重破坏金属的连续性，属于不允许存在的缺陷。

11. 非金属夹杂物（肉眼可见）和夹渣断口

这类断口在纵向断口上呈颜色不同的（灰白、浅黄、黄绿色等）、非结晶的细条带或块状。其分布无一定规律，整个断口均可见到。如果夹杂物很细小，难以辨别，可将断口在空气炉中加热到300℃左右，冷却后再检查，若是非金属夹杂，其颜色不变，而基体金属则变为蓝色或其他颜色，借此加以分辨。

这种缺陷是在浇注过程中随钢液带入的渣子、耐火材料和夹杂物等造成的，属于破坏金属连续性的缺陷。

12. 异金属夹杂物断口

异金属夹杂物在纵向断口上呈条带状，与基体金属有明显的边界，其变形能力、金属光泽和组织结构均与基体不同，条带边界有时出现氧化现象。

这种缺陷是掉入的外部金属、合金粉末熔化造成的，它破坏金属组织的均匀度或连续性，属于不允许存在的缺陷。

13. 黑脆断口

断口上局部或全部为灰黑色，严重时可看到石墨碳颗粒，一般多在钢材的中心区，但有时也会出现在边缘地带。

这种缺陷多出现在退火后的共析和过共析工具钢、含硅弹簧钢以及含钼为 $w(Mo) = 0.5\%$ 左右的珠光体热强钢的断口上。它是在一定条件下，钢中渗碳体分解为石墨的结果。

黑脆破坏了钢的化学成分和组织的均匀度，使淬火硬度降低，力学性能恶化，用热处理和热加工方法均不能消除黑脆断口，所以这种缺陷是不允许存在的。

14. 石状断口

石状缺陷，在试样断口上呈无金属光泽、颜色浅灰、有棱角、碎石状粗晶粒组织。多出现在钢材外层和棱角处，严重时可遍及整个断口表面，如图 3-15 所示。

图 3-15 石状断口

这种缺陷是由于严重过热或过烧造成的，它使钢的塑性降低，特别是大大降低钢的冲击吸收功，不能用热处理消除，属于不允许存在的缺陷。

15. 萘状断口

在试样断口上呈弱金属光泽的亮点或小平面，用掠射光线照射时，由于各个晶面位向不同，这些亮点或小平面闪耀着萘晶体般的光泽。

一般认为合金钢中的这种缺陷是过热使晶粒粗化而造成的。但高速钢重复加热淬火造成的萘状断口不是过热断口，因而有人认为萘状断口的形成不是加热时晶粒长大引起的，而是重复淬火使奥氏体粗化、晶粒合并引起的。这种缺陷通常降低钢的冲击吸收功，可用热处理重结晶方法予以消除。

在评定断口时，必须根据上述断口特征将断口准确分类。属正常断口就记下断口名称；属允许缺陷断口，则需评定级别；属报废缺陷只需记下断口名称。

通常，不同种类的钢种断口检验是否合格其要求是不同的。原国家标准中规定，优质碳素结构钢、合金结构钢和合金工具钢均要求进行断口检验，新标准中均取消了断口检验，而不锈钢棒的新标准增加了断口检验项目。GB/T 1222—1984 弹簧钢标准中的技术要求规定经热处理后交货的硅锰弹簧钢应检查断口，其钢材断口上不得有肉眼可见的石墨碳。GB/T 18254—2002 高碳铬轴承钢标准中的技术要求规定要检验退火断口和淬火断口。直径不大于 30mm 的热轧球化和软化退火钢材及冷拉钢材应进行退火断口检验，退火断口必须晶粒细致、无缩孔、裂纹和过热现象。根据需方要求，钢材应进行淬火断口检验，淬火断口试样厚度为 10mm，试样经正火、退火、淬火后试验，淬火试片硬度应不低于 60HRC，用目视观察淬火断口表面，出现下列任何一种缺陷均应判不合格：（1）出现多于一处长度为 1.6～3.2mm 的非金属夹杂物；（2）出现一处长度大于 3.2mm 的非金属夹杂物；（3）出现疏松、缩孔及内裂。GB/T 1220—1992 不锈钢棒标准中的技术要求规定钢棒的横截面酸浸低倍或断口试片上不得有肉眼可见的缩孔、气泡、裂纹、夹杂、翻皮及白点。对切削加工用的钢棒允许有不超过表面缺陷允许深度的皮下夹杂等缺陷。

三、碳素钢和低合金钢断口组织及断口评定

GB/T 2971—1982 碳素钢、低合金钢断口检验方法标准适用于碳素结构钢和低合金钢结构钢轧制的钢板、条钢、型钢等。标准中的断口组织和断口缺陷包括纤维状断口、结晶状断口、发纹断口、裂缝（分层）断口、异金属夹杂物断口、非金属夹杂物断口、气泡断口、缩孔残余断口等。其中纤维状断口和结晶状断口是根据断口的宏观特征而命名的；而裂缝断口、气泡断口、夹杂物断口及缩孔残余断口等则是根据断口的缺陷外观形貌或形成原因而命名的。

1. 纤维状断口

断口呈暗灰色，无光泽，无结晶颗粒，断口边缘一般有明显的塑性变形，形成剪切唇。

GB/T 1814—1979 钢材断口标准规定，纤维状断口是在调质处理后折断的，断口边缘的塑性变形较大，断口组织较为致密。这种断口属于正常断口。

2. 结晶状断口

断口表面齐平，呈亮灰色，有强烈的金属光泽和明显的结晶颗粒。

结晶状断口是在热轧或退火后折断的，属于正常断口。

3. 发纹断口

在断口上出现长度不等的裂口，其颜色与基体基本相同，有时出现银白色，裂缝壁不平滑，多分布于断口中心部位。这种断口缺陷只在一定条件下才出现在冲击吸收功较大的碳素钢断口上。

发纹断口外观特征并不是一般概念中的发纹，既不是塔形车削发纹，也不是裂纹，更不是微裂，而是一种较大的"裂口"，其长度有时很大，甚至贯穿于整个断口。

发纹缺陷，是由于钢中硫的偏析，在局部集中成条带状的结果，发纹未破坏金属基体的连续性。因此，钢中发纹断口是允许存在的。

4. 裂缝（分层）断口

在断口面上出现无规律的、长度不等的裂缝，缝壁较光滑，其颜色与基体不同。

GB/T 1814—1979 钢材断口标准中未规定裂缝这一缺陷。但根据这种缺陷的外观特征和产生的原因取名为裂缝。分层产生的原因和外观形貌特征与裂缝相同，故在 GB/T 2971—1982 碳素钢断口标准中将裂缝和分层归于同一类缺陷。

裂缝和分层是钢中存在较多夹杂物和夹渣等而形成的，这是钢中固有的缺陷，它破坏了金属基体的连续性。

5. 异金属夹杂断口

在断口上与金属基体颜色和组织状态不同，分布无一定规律，但与基体有明显的界面。

GB/T 1814—1979 钢材断口规定，对检查的断口试样在折断前应进行淬火或调质处理，通常异金属与基体化学成分不同，热处理后组织发生了变化，所以异金属夹杂物与基体组织的区别更为明显。异金属夹杂物破坏了金属组织的均匀性和连续性，故为不允许的冶金缺陷。

6. 非金属夹杂及夹渣断口

在断口上出现肉眼可见的灰白、浅黄或黄绿色的非结晶的细条带或块状。分布无规律，整个断口均可见到。非金属夹杂物破坏了金属基体的连续性，在断口上出现肉眼可见的非金属夹杂属于不允许的冶金缺陷。

7. 气泡断口

在纵向断口上呈内壁光滑，非结晶的细长条状，或出现光滑的凹坑。这种条带或凹坑多分布于皮下，有时出现在内部。

产生气泡的原因是脱氧不良。此外钢锭模模壁潮湿、有锈、涂料不均及保护渣不干燥也会产生气泡。气泡破坏了金属基体的连续性。

8. 缩孔残余断口

在断口上出现非结晶条带或疏松带，有时也存在肉眼可见的非金属夹杂物或夹渣。淬火后的试样，沿条带往往有氧化色。一般出现在钢材的轴心部位。

钢锭开坯时必须将缩孔残余部分完全切除，如果切除不干净，钢材端部就会出现缩孔残余的缺陷。缩孔残余破坏了金属基体的连续性，是不允许存在的缺陷。

碳素结构钢和低合金结构钢轧制的钢板、条钢、型钢的断口组织和断口评定请参阅GB/T 2971—82 碳素钢、低合金钢断口检验方法标准，标准中的断口组织和断口缺陷包括纤维状断口、结晶状断口、发纹断口、裂缝（分层）断口、异金属夹杂物断口、非金属夹杂物断口、气泡断口、缩孔残余断口等，在此不再赘述。

第四节　钢材塔形发纹酸浸检验方法

发纹是钢中夹杂或气孔、疏松等在加工过程中沿锻轧方向被延伸所形成的细小纹缕，是钢中宏观缺陷的一种。发纹的存在，严重地影响钢的力学性能，特别是疲劳强度等。因此，对制造重要机件所用的钢材，如优质或高级优质合金结构钢，对发纹的数量、大小和分布状态都有严格的限制。如单条发纹最长应不大于 6～8mm，总长应不大于 20～30mm，每阶条数不大于 3～4 条等。钢材塔形发纹酸浸检验就是为了判断发纹存在情况而设计的。这是检查钢的冶金质量的有效方法。从 1996 年 3 月起执行新的国家标准。即GB/T 15711—1995 钢材塔形发纹酸浸检验方法。原冶金行业标准 YB 47—64 塔形车削发纹检验法作废。

一、试样制备

根据 GB/T 15711—1995 标准规定，试验采用塔形试样。试验用的钢材（钢坯），其直径不得小于 16mm 或不得大于 150mm（小于 16mm 或大于 150mm 的钢材不进行塔形检验，除用户有特殊要求）。试样自交货状态的钢材（钢坯）上截取。试验时每批钢材中取三个试样，一般在钢材的头、中、尾部各取一个试样。取样数量及部位也可按产品标准或专门协议规定。

方钢或圆钢试样的检验面为三个平行于钢材（或钢坯）轴线的同心圆柱面（图3-16）；扁钢试样的检验面为平行钢材（或钢坯）轴线的纵截面（图3-17）。塔形试样尺寸如表3-5所示。

图 3-16　方钢或圆钢塔形试样

D—钢材直径或边长

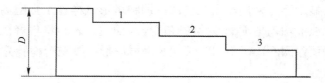

图 3-17　扁钢塔形试样

D—扁钢厚度

表 3-5　塔形试样尺寸

阶梯序号	各阶梯尺寸/mm	长度/mm
1	0.90D	50
2	0.75D	50
3	0.60D	50

试样加工过程中应采用合理的切削工艺，防止产生过热现象，检验面应光滑，表面粗糙度值 R_a 为 1.6μm。

二、发纹的显示

试样表面发纹的显示可按照 GB/T 226—1991 钢的低倍组织及缺陷酸蚀检验法标准的规定进行。塔形试样的浸蚀程度对显示发纹的效果有很大影响。因此，对流线较重的低碳钢、低合金钢的浸蚀不能太深，否则会使流线加重而发纹难以分辨。某些高合金钢，将其深腐蚀，易于暴露真发纹。但无论哪一种钢号，过深腐蚀将导致无法检验发纹。通常塔形试样的浸蚀应较浅。

三、发纹的检验和结果评定

检验时一般用肉眼观察并检验试样每个阶梯的整个表面上发纹的数量、长度和分布，必要时可用不大于 10 倍的放大镜进行检验。目前对发纹的识别还存在不少分歧，比较一致的看法是发纹经酸蚀后在腐蚀面上呈窄而深的缝，而那些较宽的并带有缓坡、底部不平坦且深度很浅的凹槽则不应认为是发纹。但应注意，不要把偏析带、流线或发裂（白点）

等与发纹混淆。

发纹的检验项目包括塔形试样每一阶梯上发纹的条数，每一阶梯上发纹的总长度（毫米）；每个试样上发纹的总条数，每个试样上发纹的总长度（毫米）；每个试样上发纹的最大长度（毫米）等。

发纹的起算长度，按相应的产品标准或专门协议规定。在试样检验面的同一条直线上如有两条发纹，其间距离小于起算长度时，则以一条发纹计算，此时发纹长度包括间距长度。

钢对发纹的合格界限按相应的产品标准或专门协议规定。

发纹检验项目中只规定了有关发纹长度的技术条件，但发纹的宽度却并未提及。事实上，用较小的钢锭制成的钢材，其中发纹粗而短；用较大钢锭制成的钢材则其中发纹细而长。当总延伸率超过一定量时，将不易呈现细到如此程度的发纹，它对钢材性能危害如何，尚无一致意见，有待进一步研究。

钢材塔形发纹显示还可采用磁力探伤法，即将塔形试样置于强磁场内，使其磁化，然后将含有磁粉的悬浊液均匀地喷洒或涂敷在试样表面上，磁粉将集聚在缺陷处，可显示发纹。具体试验方法请参阅 GB/T 10121—1988 钢材塔形发纹磁粉检验方法标准。

第五节 硫 印 试 验

硫印试验是用来直接检验硫并间接检验其他元素在钢中偏析或分布的一种方法。

硫印试验所用试样的取样部位和方向，可根据检验目的来确定。试样的截取、制备和要求等都与酸蚀试样基本相同。试样表面粗糙度 R_a 值不得大于 $1.6 \mu m$。一般来说表面粗糙度 R_a 值越小效果越好。试样表面应尽可能大些，并在试验前仔细地清理，不应有油污及锈迹。

硫印法的过程大致如下：试样经车削磨光后，先用四氯化碳、汽油或酒精将硫印面擦拭干净，不得留有油污、锈斑和脏物等。将尺寸合适、反差较大的印相纸药面向下泡在硫酸水溶液（100mL 水中加 2～5mL 浓硫酸，还可以用 5％～15％的硫酸水溶液）中，浸泡 1～3min，并且不断摇动，以防止气泡附着在印相纸上，而使酸液浸渍不均匀。相纸取出后，垂直抖几下，使纸上多余液体滴掉，以使相纸上液膜均匀。然后将药面对准试样面，从一边缓慢地敷盖在试样面上。为了保证不让气体残留在相纸与试面之间，可用橡皮辊在相纸上滚压几次，或用棉花轻轻擦拭几次，将气泡赶出。但需特别注意，不要使相纸发生滑动，否则会使所得结果模糊不清。经过 1～3min 后，取下相纸，于清水中清洗 3～5min，同时检查其结果是否合乎要求，然后放入定影液中定影大约 15min，使未作用的溴化银溶掉，再于流动的清水中冲洗 30min，最后上光干燥。如果所得硫印照片不够理想，可将原试样面重新制备（去除 0.5mm 以上），再进行硫印试验。

硫印试验不需要在暗室中操作，一般在光线不强的室内即可进行。

硫印试验的原理是：在试验过程中，相纸上的硫酸与试样面上的硫化物发生作用，产生硫化氢气体；硫化氢又与印相纸上的溴化银发生作用，生成硫化银，沉积在印相纸相应的位置上，形成黑色或深褐色斑点。

其反应大致为：

$$MnS + H_2SO_4 = MnSO_4 + H_2S \uparrow \tag{3-1}$$

$$FeS + H_2SO_4 = FeSO_4 + H_2S\uparrow \tag{3-2}$$

$$H_2S + 2AgBr = Ag_2S\downarrow + 2HBr \tag{3-3}$$

硫印纸上有深褐色斑点的地方，即是钢中硫化物存在的部位。斑点越大，色泽越深，则表示硫化物颗粒越大，含硫量也越高。若斑点既小又稀少，色泽较浅，则表示硫的偏析较轻。评级时，一般根据印相纸上的深褐色斑点的颜色深浅、大小、多少及分布情况，参照 GB/T 1979—2001 结构钢低倍缺陷评级图中一般疏松级别图进行评定。

硫印试验执行国家标准 GB/T 4236—1984 钢的硫印检验方法。本标准适用于含碳量低于 0.1% 的合金钢和非合金钢；对含碳量高于 0.1% 的钢也可进行试验，但须采用非常稀的硫酸溶液，仅以硫印试验结果来估计钢的硫含量是不恰当的。钢的化学成分、试样的表面状况均影响硫印试验结果。

第四章 金相检验

金相检验是指在金相显微镜下观察、辨认和分析金属材料的微观组织状态和分布情况，借以判断和评定金属材料质量的一种检验方法。它的目的，一方面是常规检验，根据已有知识，判断或确定金属材料的质量和生产工艺及过程是否完善，如有缺陷时，借以发现产生缺陷的原因；另一方面则是更深入地了解金属材料微观组织和各种性能的内在联系，以及各种微观组织形成的规律等，为研制新材料和新工艺提供依据。

金相检验所使用的仪器最常见的是光学显微镜。为了研究和解决检验中所遇到的难题，也使用电子显微镜等近代研制的仪器。

第一节 金相试样的制备

金相检验是在经过仔细研磨、抛光，并通常经过浸蚀后的金相试样（也叫显微检验试样或称高倍检验试样）上进行的。金相试样的制备是金相检验中一个极其重要的工序，包括取样和镶样、研磨（粗磨、细磨、抛光）和金相组织显示（浸蚀）等。

一、取样和镶样

取样的部位应根据研究和检验的目的，按有关国家标准和行业标准的规定在钢的相应部位上截取，以使所取的试样具有代表性。例如，若研究钢锭中硫的分布，就必须解剖钢锭，在钢锭头、中、尾部从表层到中心取样，一般取 9 个试样。又如，检验钢材表面的脱碳情况，必须取带有表面层的钢材试样。

金相试样的检验面根据检验项目的要求来决定。通常检验脱碳层深度、横向组织分布、网状碳化物、碳素工具钢和弹簧钢中的石墨，可在钢材加工方向的横截面上取样；而带状组织、带状碳化物、碳化物液析、碳化物不均匀度、非金属夹杂物的类型、形状、材料的变形程度、晶粒拉长的程度则在钢材加工方向的纵截面上取样。

试样从钢材或零件上切取时，应保证不使被检验面组织因切取操作而产生任何变化。为了达到这一目的，应尽可能采用机械切割，如锯、车、刨等方法。过硬的材料，可考虑采用水冷砂轮切片机或电火花等方法切取，但必须采取冷却措施，尽量减少因切割时温度升高对组织的影响。

试样规格，各厂的规定都不一致，但必须保证检验面积不小于 $4cm^2$，厚度为 $1.5\sim2.0cm$。如果试样尺寸较小（如金属丝、薄片等材料），用于直接磨制很困难，需使用试样夹或用电木粉、低熔点合金或环氧树脂等镶制成标准试样，然后试样与镶嵌块一起研磨。

二、试样的研磨

金相试样一般是用人工研磨，通过粗磨、细磨和抛光这三道工序来完成。

粗磨是将取好的试样在砂轮机上（或用粗砂纸）进行第一道磨制。这一道工序的目的是为了将试样修整成平面，并磨成合适的外形，以便于下道工序的进行。例如，要观察边缘的试样，要保持好的边缘；不观察边缘的试样应将棱角、尖角、飞边等全部磨掉，以免在下道工序进行时将砂纸或抛光布撕破，或试样飞出造成伤害事故。磨制时用力要均匀且不宜过大，并随时浸入水中冷却，以避免受热引起组织变化。

细磨的目的是为了消除试片经粗磨后所留下的痕迹，为下一道工序（抛光）做好准备。细磨的方法有两种：一种是在金相砂纸上由粗号到细号依次进行研磨，直到把粗磨所产生的磨痕全部消除为止。磨制时，可将砂纸置于玻璃板上，手指紧握试样，并使磨面朝下，均匀用力向前进行研磨。回程时，提起试样，使其不与砂纸接触，以保证磨面平整而不产生弧度。更换下一号砂纸时，须将试样研磨方向调转 90°，即与上一道磨痕方向垂直，直到将上一号砂纸的磨痕磨掉为止。另一种细磨的方法是采用预磨机（将水砂纸贴在旋转的圆盘上或金刚砂蜡盘）进行机械研磨。其研磨原则与手工研磨一样，每次研磨都要将方向调转 90°，并使试样对砂纸的压力不要过大，以防止出现粗大的划痕。

抛光的目的是消除试样磨面上经细磨后所留下的微细磨痕，以获得光亮的镜面。金相抛光可分为机械抛光、化学抛光和电解抛光三种。

（1）机械抛光　机械抛光是在专用的抛光机上进行。抛光机主要由电动机和抛光盘（$\phi 200 \sim 300mm$）组成，抛光盘转速为 $300 \sim 500r/min$。抛光盘上铺以细帆布、呢绒、丝绸等。抛光时在抛光盘上不断滴注抛光液。抛光液是将 Al_2O_3、MgO 或 Cr_2O_3 等细粉末（粒度约为 $0.3 \sim 1\mu m$）溶于水中的悬浮液。抛光前要将细磨后的试样用水冲洗干净，以避免将不同粗细的砂粒带进抛光盘，影响试样制备。抛光时，手握试样务求平稳，施力均匀，压力不宜过大，并从边缘到中心不断地作径向往复移动，待试样表面磨痕全部消失且呈光亮的镜面时，抛光始可告毕。非金属夹杂物试样抛光时，应将试样在抛光盘上不断地转动，这样可以随时改变磨面的抛光方向，防止非金属夹杂物磨拖产生拖洞，拖洞的产生是单向抛光的结果。

（2）化学抛光　它是依靠化学溶液对试样表面的电化学溶解，而获得抛光表面的抛光方法。化学抛光操作简单，就是将试样浸在抛光液中，或用棉花浸蘸抛光液后，在试样磨面上来回擦拭。化学抛光兼有抛光和浸蚀作用，可直接显露金相组织，供显微镜观察。普通钢铁材料可采用以下抛光液配方：草酸 6g、过氧化氢（双氧水）100mL、蒸馏水 100mL、氟氢酸 40 滴。

温度对化学抛光影响很大，提高温度，加速化学抛光的速度，但抛光速度太快也不易控制，抛光速度太慢，生产效率低。所以，某种化学抛光剂对某一种钢都有一定的最佳温度，温度控制得当，能提高化学抛光的效果。

钢中含碳量对抛光时间亦有影响，含碳量越高，所需时间越短，含碳量越低，所需抛光时间越长，这是由于随碳含量的增加，钢中碳化物也相应增加，单位面积内的微电池也愈多，反应速度就愈快。

（3）电解抛光　利用阳极腐蚀法使试样表面变得平滑光亮。电解抛光的装置如图 4-1 所示。将试样浸入电解液中作为阳极，用铅板或不锈钢板作为阴极，试样与阴极之间保持一定距离（$20 \sim 30mm$），接通直流电源。当电流密度足够大时，试样磨面即由于电化学作用而发生选择性溶解，从而获得光滑平整的表面。

电解抛光的理论很多，较合理的理论为"薄膜理论"。其实质是电解抛光时，靠近阳

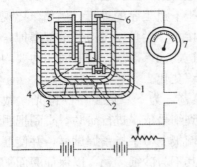

图 4-1　电解抛光装置

1—试样；2—电解液；3—冷却水；4—阴极；
5—温度计；6—搅拌器；7—电流计

极的电解液层在试样表面形成一层厚度不均的薄膜，由于试样表面凸凹不平，凸出部分的薄膜对电解液的扩散剧烈，所以其厚度比凹陷部分薄一些，膜愈薄，电阻愈小，电流密度显著增加。磨面上各处电流密度相差很大，凸出部分电流密度最大，金属被迅速溶入电解液中，凸出部分逐渐平坦，最后形成光滑平面。电解抛光用电解液种类很多，实验中使用较多、抛光效果较好的是高氯酸电解液，其配方是（体积浓度）高氯酸 10％、乙醇 20％、正丁醇 70％。

电解抛光的速度快，表面光洁且不产生塑性变形，从而能更确切地显示真实的显微组织，但工艺规程不易掌握。

三、金相组织显示（浸蚀）

经一般抛光的试样，若直接置于显微镜下观察，只能看到一片亮光（具有特殊颜色的非金属夹杂物和石墨除外），其显微组织并未显露，因此需要进行金相组织显示（浸蚀）。

金相组织显示就是将钢的晶界、相界或组织显示出来，以便于在显微镜下观察。显示组织的方法可分为化学和物理两大类，化学浸蚀法是最常用的方法；物理法比较重要的有热染、高温挥发、阴极真空电子发射及磁场法等。下面仅介绍化学浸蚀法。

化学浸蚀是利用化学浸蚀剂，通过化学或电化学作用显示金属的组织。

纯金属和单相合金的浸蚀是一个化学溶解过程。由于晶界上原子排列的规律性差，具有较高的自由能，所以晶界处较易浸蚀而呈凹陷。若浸蚀较浅，由于垂直光线在晶界处的散射作用，在显微镜下可显示出纯金属或固溶体的多边形二维晶粒。若浸蚀较深，则在显微镜下可显示出明暗不一的晶粒，这是由于各晶粒位向不同，溶解速度各异，浸蚀后的显微平面和原磨面的角度不同，在垂直光线照射下，反射光线方向各异，显示出明暗不一。

二相合金和多相合金的浸蚀主要是一个电化学腐蚀过程。各组成相的电极电位不同，在浸蚀剂（即电解液）中，形成许多微电池，产生微电池效应。负电位较高的一相成为阳极，被迅速溶入电解液中逐渐凹下去，而正电位较高的另一相成为阴极保持原光滑平面，在显微镜下就可清楚地显示出各种不同的相。

浸蚀的步骤是：将已抛光的试样，用水冲去抛光粉，用酒精洗去残余，然后用棉花球蘸取浸蚀剂，在试样磨面涂抹一定时间，浸蚀时间的长短与钢的组织状态、浸蚀剂的种类有关。然后用水冲洗干净，再用酒精擦去余液，将试样置于热风机下吹干，即可用于显微分析。经浸蚀后的试样表面不能用手摸或与其他物体碰擦，并应保存于干燥皿内，以防生锈和污染。

钢铁材料的化学浸蚀剂见附录表 3。最常用的是 1％～5％硝酸酒精溶液和 4％苦味酸酒精溶液。

第二节 金相显微镜

观察显微组织用的主要设备是金相显微镜，其类型可分为台式、立式和卧式等。金相显微镜一般是利用灯光作照明源，借助透镜、棱镜等作用，使光线投射到试样表面上，靠试样表面微区不同的反射能力，使光线不同程度地进入物镜，经放大后呈现出反映金属组织形貌的图像，然后通过目镜直接观察或利用照相装置摄取照片。金相显微镜是进行金相检验必不可少的工具。借助它可以对钢中肉眼不能直接看到的显微组织进行观察和分析，以检查和评定钢的质量。下面对金相显微镜的基本原理、构造及使用作以简单介绍。

一、金相显微镜的基本原理

金相显微镜的放大原理如图 4-2 所示。若将试样置于物镜下方的焦距 F_1 处，物镜将试样上被观察区域的 $W_0 S_0$ 形成放大的倒立实像 $W_1 S_1$，再经目镜放大形成仍然倒立的虚像 $W_2 S_2$，其位置恰好落在明视距离之内。所以人眼看到的放大虚像 $W_2 S_2$ 是经过物镜和目镜两次放大的结果，故总的放大倍数 M，应为物镜放大倍数（M_1）和目镜放大倍数（M_2）的乘积：

$$M = M_1 \times M_2 = \frac{l}{f_1} \cdot \frac{d}{f_2} \qquad (4\text{-}1)$$

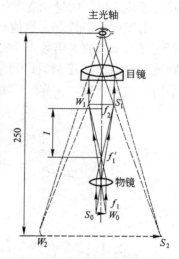

图 4-2 金相显微镜放大原理图

式中 d——明视距离（250mm）；

     f_2——目镜的焦距；

     f_1——物镜的焦距；

     l——显微镜的光学镜筒长度。

由式（4-1）可知，物镜及目镜的放大倍数都与它们的焦距有关，焦距越短，则显微镜的放大倍数越高。l 越长则放大倍数也越高。使用显微镜有一调焦操作，显微镜的设计都是使最后的放大虚像成像于 250mm 的明视距离处。调焦的目的就是改变物镜与试样上被观察物的距离，使成像刚好落在人眼睛的明视距离处。

二、显微镜的鉴别率、景深和像差

1. 显微镜的鉴别率（即分辨本领）

人的正常眼睛在 250mm 明视距离处，能清晰分辨两点间最小距离为 0.15～0.30mm，即只有距离大于 0.15mm 的两点才能为人眼所分清，若两点间的距离小于这一数值，看起来就成一个点了，所以说人眼的鉴别率为 0.15～0.30mm。若观察试样上最细微的组织，则需借助显微镜将其放大至大于 0.15mm，人的眼睛才能看清。所以，显微镜的鉴别率是指它能清晰地分辨试样上两点间最小距离 d 的能力。d 值越小，鉴别率越高，鉴别率 d 可以用下式求出

$$d = \lambda / 2N \cdot A \qquad (4\text{-}2)$$

式中 λ——入射光线的波长；

$N \cdot A$——物镜的数值孔径。

由于物镜处于前级放大，所以鉴别率主要是由物镜的鉴别率决定的。由式（4-2）可知，显微镜的鉴别率取决于使用光线的波长和物镜的数值孔径，和目镜无关。为此，可以改变入射光的波长或通过改变 $N \cdot A$ 来调节鉴别率。物镜的数值孔径 $N \cdot A$ 表示物镜的聚光能力，每个物镜都有一个设计额定的 $N \cdot A$ 值，刻在物镜体上。

2. 景深

景深，即垂直鉴别率。反映显微镜对于高低不同的物体能清晰成像的能力。计算表明物镜的景深与其放大倍数 M 和数值孔径 $N \cdot A$ 成反比。若景深太小，则试样表面高低不同的浮雕难以同时呈现清晰的图像。

由于放大倍数 M、数值孔径 $N \cdot A$，鉴别率 d 之间有一定的关系。为此选用物镜时必须使显微镜的放大倍数 M 在 $(500 \sim 1000) N \cdot A$ 之间。若 $M < 500 N \cdot A$，则未能充分发挥物镜的鉴别率；若 $M > 1000 N \cdot A$，则形成"虚伪放大"，细微部分将分辨不清。因此对于同一放大倍数，应首先选定物镜，然后根据放大倍数再选用目镜为宜。

3. 像差

普通单片透镜容易产生映像的畸变和视场物像不够清晰的现象称为像差。像差又可分为色像差和球面像差。

产生色像差是由于照明白色光是由各种波长不同的单色光组成，而不同波长的光线通过透镜时的折射率不同，结果使各种波长的光聚焦在不同的点上，使成像模糊不清，而且在视场边缘上可以看到一个彩色环。如图 4-3（a）所示。因此，在使用显微镜时，可使用滤色片（黄色或绿色）消除像差。

球面像差的产生是由于单片球面透镜的中心和边缘厚薄不同，使光线经折射后不能

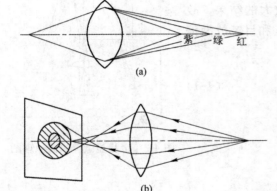

图 4-3 色像差与球面像差示意图
(a) 色像差；(b) 球面像差

聚焦到一点造成的，如图 4-3（b）所示。使用透镜面积越大，球差越严重，若只使用透镜中心部分，则球差较小，但降低了鉴别率。

消除或减轻像差的办法是采用复合透镜。

三、金相显微镜的构造

金相显微镜虽有台式、立式和卧式之分，但基本构造大体相同，现以教学常用的 4X 型小型金相显微镜为例来介绍显微镜的构造。4X 型金相显微镜的主要结构如图 4-4 所示。

1. 照明系统

照明系统如图 4-5 所示。由灯泡 1 发出一束光线，经聚光镜组 2 → 反光镜 7 → 孔径光栏 8 → 聚光镜组 3 → 物镜 6 → 试样表面，光线经试样表面反射后，经物镜组 6 → 补助透镜 5 → 半反射镜 4 → 补助透镜 10 → 棱镜 11、12 → 场镜 13 → 接目镜 14，最后进入观察者眼内。

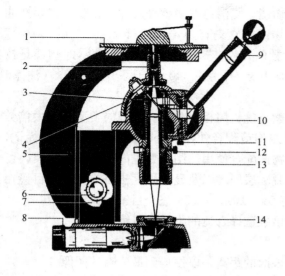
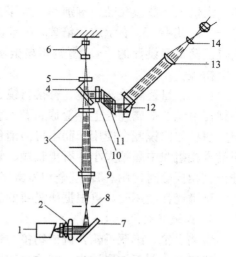

图 4-4　4X型金相显微镜构造图
1—载物台；2—物镜；3—半反光镜；4—物镜转换器；
5—传动箱；6—微调焦手轮；7—粗调焦手轮；8—偏心
轮圈；9—目镜；10—目镜管；11—固定螺钉；12—调
节螺钉；13—视场光栏；14—孔径光栏

图 4-5　显微镜照明及光学系统示意图
1—灯泡；2—聚光镜组（一）；3—聚光镜组（二）；
4—半反射镜；5—补助透镜（一）；6—物镜组；7—反
光镜；8—孔径光栏；9—视场光栏；10—补助透镜
（二）；11、12—棱镜；13—场镜；14—接目镜

其中孔径光栏可以控制入射光束的粗细。当孔径光栏缩小时，进入物镜的光束变细，球面像差降低，成像较清晰。但同时由于进入物镜的光束变细，使实际使用的数值孔径值下降，鉴别率降纸。反之，当孔径光栏张大时，鉴别率提高，但球面像差等增加，将使成像质量降低。为此，孔径光栏在使用时必须做适当的调节，以观察成像清晰时为适度。

视场光栏用来调节观察视场的大小。适当调节视场光栏可以减少镜筒内光线反射的炫光，提高成像的衬度，而对物镜的鉴别率没有影响。

在进行金相摄影时，往往使用滤色片，可以增加金相照片上组织的衬度，得到较短波长的单色光，提高鉴别率。配合消色差物镜，可有效地消除色像差。

2. 光学系统

光学系统主要由物镜和目镜组成。物镜和目镜的主要性能指标如表 4-1 所示。

表 4-1　物镜和目镜的主要性能指标

物　镜（消色差）			
光学系统	放大倍数	数值孔径（$N \cdot A$）	焦距/mm	工作距离/mm
干燥系统	10	0.25	19.96	7.31
干燥系统	40	0.65	4.12	0.5
油浸系统	100	1.25	1.93	0.18

目　镜（惠更斯）		
放大倍数	焦距/mm	视场直径/mm
5	50	20
10	20	14
12.5	25	13

物镜：物镜有消色差物镜、平面消色差物镜、复消色差物镜等几种。物镜的主要性能有放大倍数、数值孔径、鉴别率、景深等。物镜上常刻有如 45x/0.65，"∞" 或 "0/∞" 等符号。其中 45x 表示放大倍数，0.65 表示数值孔径，"∞" 或 "0/∞" 表示此物镜是按无限镜筒长度设计的。4X 型金相显微镜备有 10x（干系）、40x（干系）及 100x（油系）三个物镜。

目镜：目镜有普通目镜、补偿目镜、测微目镜、照相目镜等。目镜的类型、放大倍数等刻在目镜的金属外壳上。普通目镜与消色差物镜配合使用。补偿目镜带 "K" 字标记，与复消色差物镜配合使用，而不可与消色差物镜配合使用。测微目镜内附有细微标尺，可测量金相组织中晶粒大小、石墨长短、表面脱碳层厚度以及显微硬度压痕等。照相目镜在进行金相摄影时使用。4X 型金相显微镜备有 5x、10x、12.5x 三个目镜。

显微镜在使用时，可根据所需要的放大倍数选择合适的物镜和目镜。

3. 机械系统

粗调手轮、细调手轮：调节物镜与试样表面的距离，以便得到最清晰的图像。

载物台：用于放置试样。载物台和下面托盘之间有导架，以便用手使载物台在水平各方向上进行一定范围的移动，来改变试样的观察部位。

物镜转换器：转换器呈球面形，上有三个螺孔，供安装不同放大倍数的物镜用。旋转转换器可使物镜镜头进入光路，并与不同的目镜组合使用，获得各种不同的放大倍数。

目镜筒：目镜筒呈 45°倾斜式，安装在附有棱镜的半球形座上。目镜筒还可转向 90°呈水平位置，以配合照相装置进行显微照相。

底座：为整个显微镜的支撑部件，并可安装金相摄影装置。

四、显微镜的使用

显微镜为精密的光学仪器，使用时必须小心谨慎、十分爱护，自觉遵守实验室的规章制度和操作程序。在操作之前应先了解有关显微镜的基本原理、构造以及各主要附件的作用和所在位置等。在使用过程中不允许有剧烈振动，调焦时用力不得过猛；不许任意折换显微镜上的零件。也不能用手摸或用纸、布擦镜头，万一遇有油污，可用二甲苯滴在擦镜头纸上拭擦镜头。

使用步骤：先按要求放大倍数选配物镜和目镜，放置试样，将照明灯泡插头插入低压变压器插座孔中（不可将插头直接插入 220V 电源插座孔中）接通电源，以眼睛对着目镜转动粗调手轮，使物镜接近试样，在发现视场由浅暗而渐趋明亮乃至出现模糊映像时，再转动微调焦手轮至清晰为止。

观察时不要闭合一眼，以免目眩。观察结束后应立即切断电源，把镜头和附件放回原处。

五、测微目镜的校正（测微尺的使用）

在检验脱碳层深度、晶粒度评级及夹杂物定量分析等工作时，需要对组织组成物的尺寸进行定量测量，这就需用测微目镜。使用时需要对测微目镜进行校正。

测微目镜是在普通目镜光阑上（即初像焦面上）装一按 0.1mm 或 0.5mm 等分度的测微玻璃片。物镜测微计（尺）是刻有按 0.01mm 分度的玻璃尺（或抛光的金属尺），尺的刻度全长为 1mm。校正方法如下：将物镜测微计作为被观察物体置于试样台上，刻度面朝物镜，使用测微目镜观察，调好后，将物镜测微计上的若干刻度 n 与测微目镜上若干刻度 m 相对齐，如图 4-6 所示。因为已知物镜测微计每小格为 0.01mm，所以测微目镜中每小格所量度的实际长度为

图 4-6　测微目镜刻度的校正

$$a = \frac{n}{m} \times 0.01 (\text{mm}) \qquad (4\text{-}3)$$

在图 4-6 中，物镜测微计上 10 格与测微目镜上的 50 格对齐，所以测微目镜内每小格所量度的实际长度为

$$a = \frac{10}{50} \times 0.01 = 0.002 (\text{mm}) \qquad (4\text{-}4)$$

对组织组成物进行测量时，调好焦距后，使测微目镜刻度与组织组成物图像重合，前面已校好的测微目镜每小格的实际长度，即可应用它作为尺寸来量度被测物的大小了。设测得夹杂物的长度为 N 格，则这个夹杂物的实际长度为 $a \times N$（mm）。

应该注意的是，所测得的结果仅对校正时用的物镜才是正确的，若改用别的物镜，又需重新作校正。

第三节　金相摄影与暗室操作

金相摄影就是真实的记录金属材料内各种显微组织和缺陷情况，以便指导生产和科研。因此，每个从事金相检验的从业人员都应该掌握金相显微摄影技术及暗室操作技术。

一、金相摄影装置

金相摄影是在金相摄影装置上进行的，其照相原理和普通摄影（人像或景物）基本相同。目前制造的金相显微镜都有摄影的装置，一般的小型台式金相显微镜，都备有专用的摄影装置。而立式和卧式金相显微镜在设备制造方面都比较完善，其摄影装置和它的主体组合在一起。不管是配备的还是设备本身所有的摄影装置，都由暗箱、投影屏、暗盒和快门组成。

这里，简单介绍国产 XJG-04 型金相显微镜的摄影装置。XJG-04 型金相显微镜的左下部为摄影部分及显微镜主体与摄影的连接部分（连接筒）。摄影部分主要有一个可伸缩的暗箱，供装暗盒摄影用，为了获得较佳的摄影质量，在其末端备有多倍器，曝光时间共分八档，可以试摄确定正确的曝光时间，连接筒内装有照相目镜和快门，试样上组织形貌经物镜放大后所形成的影像，再经照相目镜放大后投射到暗箱中暗盒内的底片上。在使用快门时，先拨动变速指针，指至所选择的曝光时间，把弹簧板扭扳到底，然后掀动顶针开关，快门即可按选定的速度曝光；倘若要曝光时间长，可使用"B"门。

金相显微镜已备有成像放大光学系统和强光源等照明系统，因此在摄影时只要制备好金相试样，正确选择物镜和摄影目镜即可进行照相操作。

二、底片的选择

摄影底片是由保护膜、感光乳剂膜、结合膜、片基、防光晕膜等层次依次构成。感光乳剂膜是摄影底片的最核心部分，它是由银盐、明胶和化学色素组成，它担负着感光的作用。银盐即碘化银、溴化银和氯化银，它们感光后经化学药剂还原成黑色金属银粒；明胶是一种动物胶，起固定作用，并使银盐颗粒均匀分布；明胶和银盐组成均匀的感光剂，它仅仅局限对短波的紫色光和蓝色光区感光，而对绿、黄、橙红、红诸色均不感光，加入化学色素后，对光谱的诸色（可见光区）均能感光，可以满足人们所需光谱中的各种颜色。

感光底片的性能可用五个指标来表示，即感色性、感光速度、分辨率、伸缩性和反差性等。

（1）感色性　底片对各种光波的敏感程度和敏感范围称为感色性。根据感光范围不同，底片可分为无色片（盲色片），它仅能使光波长为 3300～4800Å 范围的紫蓝色光感光，无色片感光速度慢，但银盐颗粒度细，制作幻灯、文件较好；半色片（又称分色片），它对波长为 3300～6000Å 范围的黄、绿、紫、蓝色光感光，适合于翻版、图纸等摄影；全色片，感光范围为 3300～7000Å 波长的红、黄、绿、紫、蓝等光线，适合一般金相摄影及人物风景等照相。

（2）感光速度　感光速度是表示底片感光快慢（对光照感光的灵敏程度）的特性。一般银盐较粗的感光速度快，同一类底片可有不同的感光速度，如全色片速度最快和最慢可相差 20 倍。国产普通全色片的感光标准用"GB"表示，相当于德国工业标准感光测定制（D1N 制）。金相摄影选用的感光速度以 GB17°～GB19°为宜（数值越大，感光速度越快），此类范围的感光片，银盐细、鉴别能力高、影像清晰、反差和宽容度也适中。

（3）分辨率　分辨率称鉴别能力，它表示对被摄物体影像的微细部分在感光片上清晰的分辨程度。底片乳胶中的银盐颗粒越细，其分辨率越好，显微组织中细微部分才能记录下来，而颗粒越粗，分辨率越低。

（4）伸缩性　伸缩性也称宽容度，伸缩性是指底片对于被摄影物像的强光部分和阴暗部分的层次均能清楚地记录的性能。底片乳剂膜的性质和伸缩性大小有关，银盐细，感光速度慢，伸缩性小，反差强；若银盐粗，感光速度快，伸缩性大，反差弱。伸缩性大的底片，即使曝光过度和不足，也能将强光部分记录下来，同时还能将阴暗部分的微小细节记录下来。伸缩性小的底片，在摄影时必须十分正确的掌握曝光时间，否则曝光过度或不足都要影响摄影的结果。

（5）反差性　反差是指底片感光显影后，底板上的明亮部分和最暗部分强弱差别。反差大的底片黑白分明，但层次不清；反差小的底片，其明暗淡薄，映像色调不鲜明，好的金相组织底片要求有适当的反差性。

综合以上的五个特性可知，"GB"数值大的底片，感光速度快、伸缩性大，但银盐颗粒粗，分辨率低、反差小。而"GB"数值小的底片，银盐颗粒细，感光速度慢，分辨率高，反差大，伸缩性小。各特性间互相制约，相互配合，应根据所拍项目组织的特点、操作者熟练程度及可能条件来选取底片。

三、显微摄影技术要点

显微组织摄影是在金相显微镜中的摄影装置上进行的，要获得一张清晰的底片，摄影操作时需要注意以下几点：

1. 对试样的要求

对于照相用的金相试样，要比普通观察的试样要求严格得多。试样要特别精制，被照区域无划痕、无麻点、无水迹、无污无锈，腐蚀深浅程度合适，显微组织清晰。

2. 目镜和物镜的选择

金相摄影时，应根据所需的放大倍数选择合适的物镜和目镜。

由于放大倍数 M、数值孔径 $N \cdot A$、鉴别率 d 之间有一定的关系，为此选择物镜时必须使显微镜的放大倍数 M 在 $(500 \sim 1000) N \cdot A$ 之间。若 $M < 500 N \cdot A$，则未能充分发挥物镜的鉴别率；若 $M > 1000 N \cdot A$，则形成"虚伪放大"，细微部分将分辨不清。

物镜选定之后，再根据放大倍数选用合适的目镜，显微摄影装置中都附有专为摄影而备的照相目镜。

3. 底片的曝光

仪器调好后，将装有底片的暗盒抽板拉出，便可进行曝光。曝光是使胶片上的银盐受光化作用后产生潜影。正确的曝光时间是获得优良照片的关键。曝光时间长短与视域亮度、组织类型、明暗程度、反差大小及滤光片颜色诸多因素有关。曝光时间是由摄影装置上的快门控制，光圈一定时，进入镜头的光量与快门的开启时间成正比。当显微镜设有自动曝光装置时，根据映像的亮度曝光时间自然就可以解决了。如果没有，可采用试拍法或用曝光表测出映像的亮度以确定曝光时间。

试拍法：仪器调整与正式的拍摄相同，将装好底片的暗盒抽板拉出 1/5 的部位，进行第一次曝光，再拉出 2/5 的部位进行第二次的曝光，又拉出 3/5 的部位进行第三次曝光……。这样，1/5 部位曝光的时间为三次总和，依此类推，底片冲洗出来后便可看出不同曝光时间的效果，以选定一个最适合的曝光时间。

四、暗室操作技术

摄影后底片的处理直至获得正片均需要在暗室内进行，暗室是冲洗底片、胶卷、印相、放大的场所，暗室操作包括底片的显影、定影、漂洗、晾干及印相、放大等工作。

1. 显影

底片经摄影曝光后，感光乳剂膜上已有潜影，显影的目的是使潜影转变成可见的影像。显影过程一般可用下式表示：

曝过光的卤化银＋显影剂→金属银↓＋显影剂的氧化物＋可溶溴化物

即受光化作用后的银盐与显影剂发生化学反应，将以感光的银盐还原为细小的黑色银粒，感光量多的部分，黑色银粒积集的也愈多；感光少的部分，积集的黑色银粒也愈少；未感光的银盐部分，没有黑色银粒析出。通过这样的化学还原反应，能使潜影变成可见的深浅不一的影像。

（1）显影液　显影液的组成包括显影剂、促进剂、保护剂和抑制剂。

显影剂：显影剂是起还原作用的，使潜影的银盐颗粒还原为黑色银粒。常用的显影剂有米吐尔和海得尔等，米吐尔的化学名称是对甲氨基酚硫酸盐，还原能力强，显像速度快，但密度增加慢，故底片影像柔和而浅淡；海得尔还原能较弱，显影较慢，但使密度增加。两者配合使用，使影像既柔和又能层次分明。其配合比例是控制显影液硬性或软性的重要方法。

促进剂：在显影过程中不断产生酸性物，如 HBr，会使溶液酸度增加，加入苛性钠、碳酸钠、硼砂等，用以中和掉所产生的酸性物，加速显影剂的还原作用。

保护剂：其作用是保护显影液不受氧化，延长使用时间。常用的有亚硫酸钠或重亚硫酸钠等。

抑制剂：为了抑制已感光的银盐的还原作用及防止未感光部分的银盐离解，在显影液中加入适量的溴化钾或溴化钠，可起到使显影速度减慢和减少雾翳作用。

显影液按成分及配比不同，可以分为硬性、中性、软性及微粒四种。金相摄影常用显影液有 D-72 和 D-76 两种。D-72 是中性显影液，适合于正确曝光的硬软片及相纸。D-76 为微粒型显影液，适合于供放大用的底片，或配合底片提高鉴别能力。配制显影液时，应按配方次序逐一溶解药品，待前一种药品完全溶解后再加第二种，不得颠倒。一般是先加显影剂，再加保护剂，再加促进剂，最后加入抑制剂，否则会造成溶液变色或沉淀析出。若用蒸馏水或开水配制，则可延长使用及保存时间，在使用时还可通过加水改变显影液浓度的方法改变底片的反差性。

（2）显影操作　整个操作过程均在暗室中进行。先将底片用清水润湿，药面朝上投入显影液中，轻轻摇动显影盘，使新鲜的显影液不断与感光药面接触，保持各处显影速度均匀，必要时可在离安全灯（深绿色）1m 处察看底片，以确定显影情况。

显影温度以 17～20℃为宜，一般不得超过 24℃。显影时间应根据底片说明书的要求和显影液所规定的处理时间进行选择。新配制的显影液宜采用下限时间，而旧显影液宜采用上限时间。

显影完毕后应立即放入水中漂洗或放入 2％醋酸水溶液中停影 5～30s，以洗去残留显影液或中和残留显影液的碱性，防止将显影液带入定影液中，之后立即进行定影。

2. 定影

感光底片显影后，只有已感光的卤化银被还原为金属银形成影像，尚有大部分未感光的卤化银残留在乳剂中。定影的目的就是将未经感光的卤化银变为可溶解于水的盐类而除去，但必须保证已成像的金属银不受损坏。

（1）定影液　定影液的成分由定影剂、保护剂、中和剂和坚膜剂组成。

定影剂：常用硫代硫酸钠（$Na_2S_2O_3 \cdot 5H_2O$），俗称大苏打，它能使卤化银转化为可溶性银盐，溶于水中而被除去。

保护剂：常用的保护剂是亚硫酸钠（Na_2SO_3），又名硫养，目的是防止定影液中的酸类使 $Na_2S_2O_3$ 分解析出硫的沉淀，以及防止定影液被底片带入的显影液在空气中氧化变成棕色。保护剂又称防硫剂。

中和剂：常用醋酸（CH_3COOH）溶液（浓度为 28％）或硼酸（H_3BO_3），其作用是防止底片上残存的碱性物质在定影时继续起显影作用，并可防止矾类与硫酸钠结合成白色沉淀物，减小底片污痕，延长定影液的使用寿命。中和剂又称防污剂。

坚膜剂：常用硫酸铝钾（$Al_2(SO_4)_3 \cdot K_2SO_4 \cdot 24H_2O$），又称铝矾、铝甲矾、明矾

等。它在 pH＝4～6 范围内坚膜性最好。感光片在显影、定影过程中往往因温度、酸类或碱类的作用发生松软、脱落等现象，加入矾类可以起到坚膜作用。

金相摄影常用的定影液为酸性坚膜定影液 F-1 和 F-5。在配制定影液时，一般是先溶解定影剂，最后加坚膜剂。但在加入中和剂时，一定要先把它稀释后再加入，防止 $Na_2S_2O_3$ 的分解和定影液变黄。具体操作时，照配方顺序最为可靠。

（2）定影操作　将显影后的底片漂洗停影后即刻使乳胶面朝上全部浸入显影液中。同时定影数张时，勿使重叠。

定影液温度一般 17～24℃为宜，不应超过 24℃。定影时间 15min 即已足够。

定影后的底片可用清水冲洗 20～30min，或在水中换水漂洗 1h 左右即可。然后取出用夹子夹好置于无尘的地方凉干，不宜在日光下曝晒或用火炉烘烤，以免底片变形，胶膜熔化。

3. 印相与放大

经冲洗后的底片称为负片，负片上所呈现出的影像，其色调与原来的金相组织的色调恰恰相反，为了达到与原组织颜色相适应的目的，再用印相纸（放大纸）通过光化作用使底片上的影像复制过来，这一过程称为正片，即为印相（洗印）。

印相同底片的曝光冲洗原理完全相同。其操作也是经过印相曝光、显影、停影、定影、水洗等处理工序。

（1）相纸选择　印相纸上也有一层感光乳剂，其主要成分为氯化银，感光速度慢，便于控制。相纸按表面性质可分为大光面纸、半光面纸、绒面纸和绸纹纸等种类。金相摄影采用大光面纸，纸面平滑，便于鉴别显微组织最细微的部分。相纸按感光速度又可分为印相纸和放大纸。前者感光速度较慢，适合于印相；后者感光速度较快，适于放大。

相纸按反差性能分为六个级别：0、1、2、3、4、5，其中 0 号性质最软，反差小，层次好，但灰度大，5 号为特硬性相纸，反差大，而映像层次差，较适合于图表的翻版。金相摄影常用 1～4 号相纸。3 号相纸适合印制酸浸、断口等照片，此外也可以用 2 号相纸。4 号特硬相纸适合显微组织、夹杂物等的印相，也可选用 3 号相纸。通常相纸的选择应根据底片的反差来决定，通过软硬相纸的调配可弥补底片的部分缺点。

（2）印相操作　印相是在暗室红灯下进行的。其中包括：相纸曝光→显影→停影→定影→水洗→烘干（上光）→正片。

相纸曝光：使相纸与底片紧密相叠合，药面相对，并使底片在下置于曝光箱的毛玻璃上进行曝光。曝光时间应根据光源强度、底片密度、相纸感光速度等来确定，一般通过多次试验确定。

显影：常用相纸显影液为 D-72，它比底片显影液浓度低一倍。将已感光的相纸放入显影液内，药面向下，用竹夹使其轻轻漂动，经 1～3min 后，相纸上的映像呈现合适的黑度即可取出投入停影液中。

停影：停影液是 2％醋酸水溶液。相纸显影后应立即放在停影液中漂洗数秒，使残余显影液停止作用，并使碱性得到中和。也可把显影后的相纸立即用清水漂洗，除去残留显影液。

定影：当相纸在停影液中数秒钟后，即可将相纸投入定影液中进行定影。定影时间一般为 15min 为宜。若定影时间短，相片不能持久保存而发黄，若停留的时间太长，相片即会失去新鲜的色调。在定影期间，还要将相片经常翻动，以避免相纸堆积重叠，造成定影不均而影响照片质量。

水洗：相纸水洗的时间应比底片水洗的时间长，一般在活动水中冲洗1～2h，若在静止水中冲洗时，要求每隔15min更换一次清水，以保证硫代硫酸钠的残液完全去除。水洗时间不足，会引起照片搁置时间不久便会发黄失去光泽。

上光（烘干）：相片的上光（烘干）是在专用设备即上光机上进行的。上光机是一个电热（电阻丝）烘干设备，上面放有一块镀铬的金属板，其表面光滑无痕如镜面。上光时，将相片的药面朝下铺贴在上光板上，随后将上光布（绷带）盖好，用橡皮滚进行滚压，使水被挤出，气体排除，通电加热数分钟，照片烘干后便会自动脱落，即可得到平滑光亮的照片。

（3）放大 通常用135mm的相机所拍摄的金相照片，或由小底片制得大相片时需经适当放大才能使最细微的组织为人眼所鉴别。这一操作可在放大机上进行。其方法是将底片置于放大机的底片夹内，药面朝下，光源照射使底片影像经镜头放大后，再投射到放大纸上曝光，曝光时间应根据试验确定。可根据底片的反差性好坏来确定放大纸的号数。放大纸感光后，再经显影、定影、水洗和烘干（上光），即可得到放大后的相片。

以上简单介绍了使用黑白感光材料（胶片、胶卷、相纸）进行金相摄影和暗室操作的要点。黑白感光材料是以黑白衬度的变化来表示和区别显微组织中相的形态及分布。但是，在研究某些多相复杂合金时，往往采用物理方法或特殊的化学方法显示合金的组织，使组织中的相具有不同的颜色，以便于借助色彩的不同区别各组成相；或者为定量图像分析提供组织灰度可以分辨的图像等，都需要应用彩色金相技术和彩色金相摄影。关于彩色金相摄影技术请参看有关书刊和文献，这里不再赘述。

第四节 脱碳层深度测定

钢在加热和保温过程中，由于周围气氛（如氧、水蒸气和二氧化碳）对其表面所产生的化学作用，以及其表面碳的扩散作用，而使其表层碳含量降低的现象称为脱碳。脱碳的过程是钢中的碳在高温下与氢或氧作用生成甲烷或一氧化碳，其脱碳反应可用下列反应式表示：

$$C + 2H_2 \rightarrow CH_4 \qquad (4\text{-}5)$$

$$C + O_2 \rightarrow CO_2 \qquad (4\text{-}6)$$

$$C + CO_2 \rightarrow CO \qquad (4\text{-}7)$$

脱碳时，一方面是氧向钢内扩散，另一方面是钢中的碳向外扩散，两者结合成一氧化碳使钢的表层碳含量减少。

脱碳是钢材的一种表面缺陷，对于大多数工业用钢，特别是含碳较高的工具钢、铬滚珠轴承钢、弹簧钢以及某些重要用途的中碳结构钢，对脱碳层深度均严格加以限制。各种钢的技术标准均要求检验脱碳情况，并对允许的脱碳层深度作出明确规定。

测定脱碳层深度的方法纳入GB/T 224—1987的有金相法、硬度法、碳含量测定法三种，各有其独具的用途和局限性。碳含量测定法（剥层化学分析法）能得到很高的测量精度，但费时且成本高，通常只用于研究工作。硬度法是测量截面上显微硬度的变化，从试样边缘到硬度达到平稳值或技术条件规定的硬度值为止的深度为脱碳层深度。此法结果比较可靠，是常用的检验手段。金相法设备简单，方法简便，也是常规脱碳检验中的重要手段，但测量误差较大，数值常偏低，为保证测量精度，操作者应在每个试样上至少进行五次以上的测量，取它们的平均值作为脱碳层深度。下面主要介绍金相检验法。

脱碳层分为全脱碳层和部分脱碳层两种，总脱碳层为二者深度之和，即从产品表面到碳含量等于基体碳含量的那一点的距离。基体是指钢材及零件未脱碳部位。根据钢种技术条件的要求，有的测量总脱碳层，有的测量全脱碳层，但大多是测量总脱碳层。无特别声明时，应测量总脱碳层。

使用金相法时，脱碳层判定的根据：

（1）全脱碳层　系指组织状态完全（或近似于完全）是铁素体这一层金属，全脱碳层容易测量，一般从表面量至出现珠光体组织为止；

（2）部分脱碳层　指的是全脱碳层以后到钢的含碳量未减少处的深度，例如，亚共析钢是指在全脱碳层以后到铁素体相对量不再变化为止，过共析钢是指在全脱碳层之后至碳化物相对量不再变化为止；

（3）总脱碳层　从表面量至与原组织有明显差别处为止。

应指出的是，金相法只适用于具有退火组织（或铁素体-珠光体）的钢种。对于那些经淬火、回火、轧制或锻制的产品，由于不是平衡组织，使用金相法测量可能不够准确，甚至不能采用。

脱碳层深度的测定方法在我国国家标准 GB/T 224—1987《钢的脱碳层深度测定法》中已有规定。下面就金相法测定脱碳层深度提出几点注意事项。

（1）试样的抛光面应为横截面，并必须垂直于钢材表面。因为只有这样才能比较充分地观察和找到脱碳层最严重的部位而加以测定，同时不至于使测得的脱碳层厚度较实际偏高。

（2）取样时要注意到容易发生脱碳的部位。检验时应沿试样脱碳的边缘逐一观察，应尽可能地做到观察可能发生脱碳的全周边。

（3）GB/T 224—1987 方法标准中规定，对每一试样，在最深均匀脱碳区的一个显微镜视场内，随机进行最少五次测量，取平均值作为总脱碳层深度。对高碳铬轴承钢、工具钢仍然将最大的总脱碳层深度作为该钢材的总脱碳层深度。

（4）小试样（直径不大于 25mm 的圆钢，或边长不大于 20mm 的方钢）要检测整个周边；对于大试样（直径大于 25mm 的圆钢或边长大于 20mm 的方钢），为保证取样具有代表性，可截取试样同一截面的几个部分，以保证检测周长不小于 35mm。

（5）试样的腐蚀，可以较检验一般金相组织时深一些。

（6）测定脱碳层，一般是在 100 倍金相显微镜下进行的，必要时也可选用其他倍数。但须注意的是，目镜测微尺的刻度必须用物镜测微计（尺）校正。脱碳层深度单位以毫米计算。

弹簧钢、高碳铬轴承钢、工具钢的质量技术标准中对于脱碳层深度的要求较为严格。

对于弹簧钢，按照 GB/T 1222—1984 标准中的基本质量技术要求规定：钢材的总脱碳层（铁素体＋过渡层）深度，每边不得大于表 4-2 的规定（扁钢脱碳层在宽面检查）或双方协议。

表 4-2　弹簧钢钢材总脱碳层深度技术要求

钢　种	公称直径或厚度/mm	总脱碳层深度不大于直径或厚度的比例/%		
		热 轧 材		冷拉钢材
		圆钢	方扁钢	
硅弹簧钢	≤8	2.5	2.8	2.0
	>8～30	2.0	2.3	1.5
	>30	1.5	1.8	—
其他钢	≤8	2.0	2.3	1.5
	>8	1.5	1.8	1.0

对于高碳铬轴承钢，按照 GB/T 18254—2002 标准中的基本质量技术要求规定：热轧（锻）圆钢表面每边总脱碳层深度应符合表 4-3 的规定。

表 4-3　高碳铬轴承钢热轧（锻）圆钢总脱碳层深度技术要求

热轧（锻）圆钢直径/mm	每边总脱碳层深度/mm	热轧（锻）圆钢直径/mm	每边总脱碳层深度/mm
5.0～9.5	≤0.15	51～75	≤0.80
10～15	≤0.20	76～100	≤1.10
16～30	≤0.40	101～150	≤1.20
31～50	≤0.60	>150	双方协议

冷拉（轧）圆钢表面每边总脱碳层深度不得超过公称直径的 1%。

高碳铬轴承钢管脱碳层规定如下：冷轧（拉）钢管内表面和外表面每边总脱碳层深度均不得大于 0.30mm；热轧钢管内表面和外表面每边总脱碳层深度不得大于 0.50mm；热轧剥皮钢管内表面和外表面每边总脱碳层深度分别不得大于 0.50mm 和 0.20mm。经剥皮、磨光或机械加工的钢材，表面不得有脱碳。

对于碳素工具钢，按照 GB/T 1298—1986 标准中的基本质量技术要求规定：钢材应检验脱碳层深度，热轧和锻制钢材一边总脱碳层深度应不大于（$0.25+1.5\%D$）mm，（D 为钢材截面公称尺寸）；扁钢和截面尺寸大于 100mm 的钢材，总脱碳层深度由供需双方协议规定，扁钢的脱碳层深度在宽面上检查；冷拉钢材截面尺寸不大于 16mm 时，一边总脱碳层深度应不大于 $1.5\%D$，截面尺寸大于 16mm 时，一边总脱碳层深度应不大于 $1.3\%D$；供高频淬火用的冷拉钢材，一边总脱碳层深度应不大于 $1\%D$；银亮钢不允许有脱碳。

第五节　晶　粒　度　检　验

晶粒度是晶粒大小的量度，它是金属材料的重要显微组织参量。钢中晶粒度的检验，是借助金相显微镜来测定钢中的实际晶粒度和奥氏体晶粒度。

实际晶粒度，就是从出厂钢材上截取试样所测得的晶粒大小。而奥氏体晶粒度则是将钢加热到一定温度并保温足够时间后，钢中奥氏体晶粒大小。下面介绍奥氏体晶粒的显示和晶粒度的测定方法。

一、奥氏体晶粒的显示方法

奥氏体是钢在高温时的一种组织，冷却到室温后，奥氏体组织发生了转变，如何在室温下使原奥氏体晶粒显示出来，国家标准 GB 6394—86《金属平均晶粒度测定法》规定可使用渗碳法、氧化法、网状铁素体法、网状珠光体（屈氏体）法、网状渗碳体法以及晶粒边界腐蚀法等。

1. 渗碳法

渗碳法适用于测定渗碳钢的奥氏体晶粒度。具体步骤是，首先将试样装入盛有渗碳剂的容器中，送入炉中加热到 930±10℃并保温 6h，使试样上有 1mm 以上的渗碳层，并使其表层具有过共析成分。然后进行缓冷，缓冷到足以在渗碳层的过共析区的奥氏体晶界上析出渗碳体网。试样冷却后经磨制和腐蚀，显示出过共析区奥氏体晶粒形貌。

供进行晶粒度检验的试样，通常从 3％～4％硝酸酒精溶液、5％苦味酸酒精溶液、沸腾的碱性苦味酸钠溶液（2g 苦味酸、25g 氢氧化钠、100mL 水）这三种腐蚀剂中选用一种进行浸蚀。

图 4-7 为 45 钢采用渗碳法（4％硝酸酒精溶液浸蚀）所显示奥氏体晶粒形态。

2. 氧化法

氧化法是利用氧原子在高温下向晶内扩散而晶界优先氧化的特点来显示奥氏体晶粒大小。氧化法又分气氛氧化法和溶盐氧化浸蚀法，一般采用气氛氧化法。试样经抛光后，将抛光面朝上置于空气加热炉中加热（对于 w (C) ≤0.35％的碳钢和合金钢，加热温度为 900℃±10℃；w (C) >0.35％时，加热温度为 860℃±10℃），保温 1h，然后水冷。根据氧化情况，可将试样适当倾斜 10°～15°进行研磨和抛光，使试样检验面部分区域保留氧化层，直接在显微镜下测定奥氏体晶粒度。为了显示清晰，可用 15％盐酸酒精溶液进行浸蚀。

图 4-8 为 40Cr 钢采用氧化法所显示的奥氏体晶粒形态。

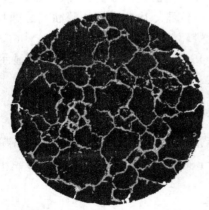

图 4-7　45 钢采用渗碳法显示
的奥氏体晶粒形态

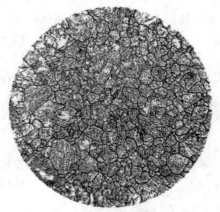

图 4-8　40Cr 钢采用氧化法显示
的奥氏体晶粒形态

此外，也可将抛光的试样在真空中加热并保温，然后置于空气中冷却或缓冷，使晶界氧化，同样进行上述处理后测定奥氏体晶粒大小。这种方法称为真空法。

3. 网状铁素体法

网状铁素体法适用于碳质量分数为 0.25%～0.60%的碳素钢和碳质量分数为0.25%～0.50%的合金钢。若无特殊规定，加热温度的选择同氧化法，至少保温 30min，然后空冷或水冷。经磨制和浸蚀，便显示出沿原奥氏体晶界分布的铁素体网。

对于碳质量分数较高的碳素钢试样和碳质量分数超过 0.40%的合金钢试样，需要调整冷却方式，以便在奥氏体晶界上析出清晰的铁素体网。此时建议将试样在淬火温度下保持至少 30min，后使温度降至 730℃±10℃，停留 10min，随后淬油或淬水。试样再经磨制和浸蚀，便可显示出沿原奥氏体晶界分布的铁素体网。

通常，可用下列腐蚀剂之一种进行浸蚀：3%～4%硝酸酒精溶液和 5%苦味酸酒精溶液。

4. 网状渗碳体法

适用过共析钢（碳质量分数一般高于 1.0%）。如果无特殊规定，试样均在 820℃±10℃下加热，并至少保温 30min，然后随炉缓慢冷却到低于下限临界温度，以便在奥氏体晶界上析出渗碳体网。试样经磨制和浸蚀后，便显示出沿晶界析出渗碳体网的原奥氏体晶粒形貌。此时，同样可用上述浸蚀剂之一种进行浸蚀。

5. 网状珠光体（屈氏体）法

对于使用其他方法不易显示的共析钢，可选用适当尺寸的棒状试样进行局部淬火，即将加热后的试样一端淬入冷水中冷却，另一端暴露于空气中，因此，这就存在着一个不完全淬硬的小区域。在此区域内原奥氏体晶界将有少量细珠光体（团状屈氏体）呈网状显示出原奥氏体晶粒形貌。这一方法可用于比共析成分稍高或稍低的某些钢种。浸蚀试样的腐蚀剂与上述相同。

6. 晶粒边界腐蚀法

对于直接淬火硬化钢，可采用此法显示原奥氏体晶粒。如果无特殊规定，其加热温度和保温时间同氧化法。加热保温后，以能够产生完全淬硬的冷却速度进行淬火，获得马氏体组织。试样经磨制和浸蚀后，便可显示出完全淬硬为马氏体的原奥氏体晶粒形貌。为了清晰显示晶粒边界，浸蚀前可将试样在 550℃±10℃下回火 1h。常用的浸蚀剂是饱和苦味酸水溶液加少量环氧乙烷聚合物。

图 4-9 为 45 钢采用晶粒边界腐蚀法所显示的奥氏体晶粒形态。

二、晶粒度的测定

在国家标准 GB 6394—86 中规定测量晶粒度的方法有比较法、面积法和截点法等，生产检验中常用比较法。

1. 比较法

比较法是在 100 倍显微镜下与标准评级图对比来评定晶粒度的。标准图是按单位面积内的平均晶粒数来分级的，晶粒度级别指数 G 和平均晶粒数 N 的关系为

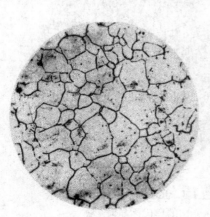

图 4-9　45 钢采用晶粒边界腐蚀法显示的奥氏体晶粒形态

$$N = 2^{G+3} \tag{4-8}$$

式中　N——放大 100 倍时每 1mm^2 面积内的晶粒数，晶粒越细，N 越大，则 G 越大。

在 GB 6394—86 中备有四个系列的标准评级图，包括 Ⅰ. 无孪晶晶粒（浅腐蚀），Ⅱ. 有孪晶晶粒（浅腐蚀），Ⅲ. 有孪晶晶粒（深反差腐蚀），Ⅳ. 钢中奥氏体晶粒（渗碳法）。图 4-10 是系列 Ⅰ 的标准评级图（0 级、9 级和 10 级未画出）。实际评定时应选用与被测晶粒形貌相似的标准评级图，否则将引入视觉误差。当晶粒尺寸过细或过粗，在 100 倍下超过了标准评级图片所包括的范围，可改用在其他放大倍数下参照同样标准评定，再利用表 4-4 查出材料的实际晶粒度。

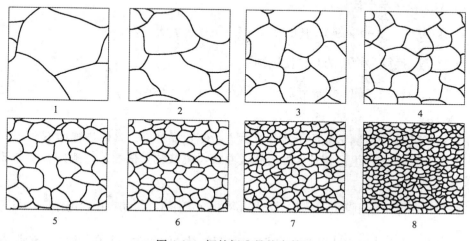

图 4-10　钢的标准晶粒度等级

表 4-4　不同放大倍数下晶粒度的关系表

图像的放大倍数	与标准评级图编号相同图像的晶粒度级别									
	No. 1	No. 2	No. 3	No. 4	No. 5	No. 6	No. 7	No. 8	No. 9	No. 10
25	−3	−2	−1	0	1	2	3	4	5	6
50	−1	0	1	2	3	4	5	6	7	8
100	1	2	3	4	5	6	7	8	9	10
200	3	4	5	6	7	8	9	10	11	12
400	5	6	7	8	9	10	11	12	13	14
800	7	8	9	10	11	12	13	14	15	16

评级时，一般在放大 100 倍的显微镜下，在每个试样检验面上选择三个或三个以上具有代表性的视场，对照标准评级图进行评定。

若具有代表性的视场中，晶粒大小均匀，则用一个级别来表示该种晶粒。若试样中发现明显的晶粒不均匀现象，则应当计算不同级别晶粒在视场中各占面积的百分比，若占优势的晶粒不低于视场面积的 90％ 时，则只记录一种晶粒的级别指数，否则应同时记录两种晶粒度及它们所占的面积，如 6 级 70％～4 级 30％。

比较法简单直观，适用于评定等轴晶粒的完全再结晶或铸态的材料。比较法精度较低，为了提高精度可把标准评级图画在透明纸上，再覆在毛玻璃上与实际组织进行比较。

2. 面积法

面积法是通过统计给定面积内晶粒数来测定晶粒度的，其具体步骤如下：

（1）在透明纸上画一个给定面积（5000mm²）的圆（直径79.8mm）或矩形（50×100mm），把它覆在毛玻璃上，调节显微镜的放大倍数，使至少有 50 个晶粒在给定面积内出现；

（2）数出完全位于该面积内的晶粒数 n_1 和边界线上的晶粒数 n_2，算出 $n_1 + \frac{1}{2}n_2$（位于边界上的晶粒按半个计算）；

（3）求 $N_A = f(n_1 + \frac{n_2}{2})$，其中 $f = \frac{M^2}{5000}$（M 为放大倍数）；

（4）将 N_A 换算为相应的晶粒度级别：

$$G = \lg\frac{N_A}{\lg 2} - 3 \text{ 或 } G = -3 + 3 \cdot 32\lg N_A$$

3. 截点法

统计在给定长度的测试线段上的晶界截点数测定晶粒度。具体步骤如下：

（1）采用一根或一组已知长度的直线或曲线，调节放大倍数，使测试线能与 50～150 个晶粒相交截；

（2）数出和测试线相交的晶界数 P，与晶界相交记作 1，与晶界相切记作 $\frac{1}{2}$，与三个晶粒的交会点相交记作 $1\frac{1}{2}$（或数出与测试线相交的晶粒数 N，线的端点在晶粒内部记作 $\frac{1}{2}$）；

（3）求出 P_L 或 N_L

$$P_L = \frac{P}{L_T/M} \qquad N_L = \frac{N}{L_T/M}$$

式中　M——放大倍数；

L_T——测试线段长度，mm。

（4）求出晶粒的平均截距

$$\overline{L_3} = \frac{1}{N_L} = \frac{1}{P_L}$$

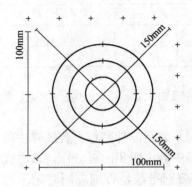

图 4-11　GB 6394—86 推荐
的 500mm 长测量线

（5）按下式换算相应的晶粒度级别：

$$G = -3.2877 - 6.643\lg\overline{L_3}$$

截点法是常用的方法，速度快，精度高，一般进行五次测量可以得到满意的精度，所以在有争议时截点法是仲裁方法。GB 6394—86 标准中推荐采用如图 4-11 所示的 500mm 长的测量线，其中三个同心圆的直径分别为（79.58、53.05、26.53）mm，周长总和为 500mm。四条直线总长也是 500mm。

表 4-5 为晶粒度级别与其他晶粒大小表示方法的对照表。

表 4-5　晶粒度级别对照表

晶粒度级别	放大 100 倍时 645mm² 面积内的晶粒数目			实际每平方毫米面积中平均含有晶粒数	平均每个晶粒所占面积 /mm²	计算的晶粒平均直径 /mm	弦的平均长度/mm
	最多	最少	平均				
−3	0.09	0.05	0.06	1	1	1.000	0.886
−2	0.19	0.09	0.12	2	0.5	0.707	0.627
−1	0.37	0.17	0.25	4	0.25	0.500	0.444
0	0.75	0.37	0.50	8	0.125	0.353	0.313
1	1.50	0.75	1	16	0.0625	0.250	0.222
2	3	1.50	2	32	0.0312	0.177	0.157
3	6	3	4	64	0.0156	0.125	0.111
4	12	6	8	128	0.0078	0.088	0.0783
5	24	12	16	256	0.0039	0.062	0.0553
6	48	24	32	512	0.00195	0.044	0.0391
7	96	48	64	1024	0.00098	0.031	0.0267
8	192	96	128	2048	0.00049	0.022	0.0196
9	384	192	256	4096	0.000244	0.0156	0.0138
10	768	384	512	8192	0.000122	0.0110	0.0098
11	1536	768	1024	16384	0.000061	0.0078	0.0069
12	3072	1536	2048	32768	0.000030	0.0055	0.0049

第六节　钢中非金属夹杂物的检验

一、钢中非金属夹杂物的种类和特征

非金属夹杂物显著影响钢的使用性能，同时对钢的切削性能及表面粗糙度也有重要影响。分析夹杂物的类型、数量、大小、形状和分布是冶金质量检验及失效分析的重要方面。

钢中非金属夹杂物依其来源可分为两大类：

（1）外来夹杂物：这类夹杂物是由耐火材料、炉渣等在冶炼、出钢、浇注过程中进入钢液中来不及上浮而滞留在钢中造成的，外来夹杂物尺寸比较大，故又称粗夹杂，外形不规则，分布也没有规律；

（2）内生夹杂物：溶解在钢液中的氧、硫、氮等杂质元素在降温和凝固时，由于溶解度降低，它们与其他元素化合并以化合物形式从液相或固溶体中析出，最后包含在钢锭中，这类化合物称为内生夹杂物，内生夹杂物的颗粒一般比较细小，故又称为细夹杂。通常钢中非金属夹杂物主要是内生夹杂物。

内生夹杂物是不可避免的，正确的操作只能减少其数量或改变其成分、大小及分布情况；至于外来夹杂物，只要操作正确、仔细，则是可以避免的。

钢中常见的非金属夹杂物，依其性质、形态和变形特征等又可分为以下几种。

（1）氧化物：常见的氧化物有 FeO、MnO、SiO_2、Al_2O_3、Cr_2O_3 等。多数氧化物的塑性极低，脆性大、易断裂，属脆性夹杂物，经轧、锻后沿加工方向排列成串或点链状分布，在明场下呈灰色。抛光性差、易剥落，如图 4-12 所示。

（2）硫化物：如 MnS、FeS 等，塑性较好，属塑性夹杂物。经轧、锻加工后沿加工方向变形，呈纺锤形或线段状。在明场下呈浅灰色。抛光性好，不易剥落，如图 4-13 所示。

图 4-12　氧化物形态　　　　　　　图 4-13　硫化物形态

（3）硅酸盐：硅酸盐夹杂有易变形的（如 $2MnO \cdot SiO_2$），也有不易变形的。易变形的硅酸盐夹杂与硫化物相似，沿加工方向延伸变形呈线段状，明场下呈灰色或暗灰色；不易变形的硅酸盐与氧化物相似，沿加工方向呈颗粒状分布，明场下也呈暗灰色。在定量评级时，脆性硅酸盐按氧化物评级，而塑性硅酸盐按硫化物评级。

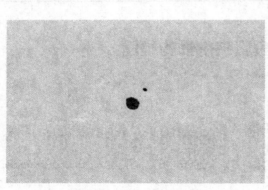

图 4-14　点状夹杂物形态

（4）点状不变形夹杂物：简称点状夹杂，铬轴承钢中的点状夹杂物主要是由镁尖晶石和含钙的铝酸盐或含铝、钙、锰的硅酸盐所组成。这种不变形夹杂物经加工后不变形，以点（球）状形式存在，如图 4-14 所示。

（5）氮化物：通常遇到的氮化物夹杂有 AlN、TiN、VN、ZrN 等，它们的形状一般比较规则，多呈正方形、长方形、三角形等。压力加工不变形。在明场下呈浅黄色、金黄色或玫瑰色。

非金属夹杂物的存在破坏了金属基体的连续性，它们在钢中的形态、数量、大小和分布都不同程度地影响着钢的各种性能。例如，非金属夹杂物导致应力集中，引起疲劳断裂；数量多且分布又不均匀的夹杂物会明显地降低钢的塑性、韧性、焊接性以及耐腐蚀性；钢内呈网络状存在的硫化物会造成热脆性。因此，夹杂物的数量和分布通常被认为是评定钢质量的一个重要指标，并被列为优质钢和高级优质钢出厂的常规检验项目之一。

二、夹杂的金相鉴定方法

用金相法鉴定夹杂物是根据夹杂物的形貌、分布及其在明场、暗场和偏光下的光学特征，与已知的夹杂物特征对照以确定其类型。必要时可测定夹杂物的显微硬度或经受化学试剂浸蚀的能力。

金相法鉴定夹杂物的步骤如下：

（1）制备试样　通常应截取纵向试样，因为易变形夹杂物总是沿钢材变形方向伸长的，即使脆性夹杂物也是沿变形方向排列分布，所以纵剖面试样具有代表性，磨抛时，硬基体上的夹杂物一般不易拖尾、剥落，因此，试样最好先进行淬火处理，增加基体硬度，并使硬度均匀一致，这样才有利于夹杂物的检验和评定；

（2）明场观察　抛光试样，不需浸蚀，就可在显微镜下进行观察，记录夹杂物数量、大小、形状及分布、反光色及形变能力，不透明的夹杂物呈浅灰色或其他淡色，透明夹杂物颜色较暗；

（3）暗场观察　记录夹杂物的固有色彩和透明度，是定性分析的重要依据之一，透明夹杂物在暗场下是发亮的，不透明夹杂物在暗场下呈暗黑色，有时可看见一亮边，暗场对透明度鉴别的灵敏度比偏振光大；

（4）偏光观察　主要鉴别夹杂物是各向同性（载物台转动 360°时，夹杂物颜色无变化）还是各向异性（载物台转动 360°时，夹杂物出现四次明暗交替变化），偏光还可观察夹杂物透明度和固有色彩，可代替暗场观察，但灵敏度不如暗场高。

此外，还可采用化学浸蚀和显微硬度测定。常规金相检验不能确定夹杂物的成分和晶体结构。目前电子显微技术已广泛地用于夹杂物的鉴定，经深腐蚀的金相试样在扫描电子显微镜下可直接观察夹杂物的形态，同时用电子探针可直接确定微区的化学成分及复杂夹杂物的各组成相。

表 4-6 为常见夹杂物的光学特征。

表 4-6　常见夹杂物的光学特征

夹杂物类型	明　　　场	偏　　光	暗　　场
硫化物	在铸钢中呈球状或网状分布，在轧材中呈纺锤分布。一般为塑性夹杂，淡灰色	不透明，各向同性	不透明
氧化物	不变形，呈球状孤立存在，灰褐色	不透明，各向同性	周围有亮圈
硅酸盐	在铸钢中呈球形或块状分布，在轧材中呈链状分布，褐色	透明，呈黄色或红褐色，各向异性	透　　明
氮化物	规则的几何形状，呈方块、三角形等，橘红色	不透明，各向同性	不透明

三、夹杂物的评级

夹杂物试样不经腐蚀，一般在明场下放大 100 倍，80mm 直径的视场下进行检验。从试样中心到边缘全面观察，选取夹杂物污染最严重的视场，与其钢种的相应标准评级图加以对比来评定。评定夹杂物级别时，一般不计较其组成、性能以及可能来源，只注意它们的数量、形状、大小及分布情况。

对钢中非金属夹杂物进行显微评定时，应采用新颁布的 GB/T 10561—1989 标准代替过去的 YB 25—77 钢中非金属夹杂物的显微评定法。通常，仍采用与标准评级图谱进行比较的方法来对钢中的非金属夹杂物进行显微评定。

标准评级图谱分为 JK 标准评级图（评级图Ⅰ）和 ASTM 标准评级图（评级图Ⅱ）两种。如图 4-15 和图 4-16 所示，此评级图是正式评级图片经缩小之后的复制件。

JK 标准评级图（评级图Ⅰ）根据夹杂物的形态及其分布分为四个基本类型，A 类

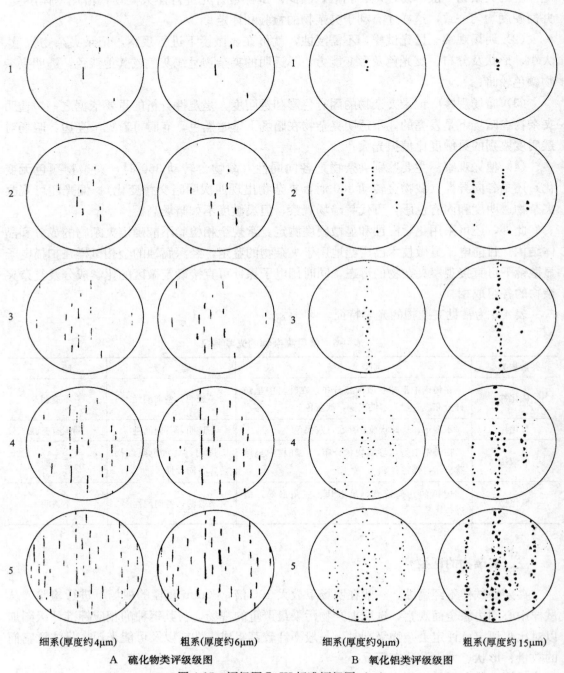

细系(厚度约4μm)　　　粗系(厚度约6μm)　　　细系(厚度约9μm)　　　粗系(厚度约15μm)

A　硫化物类评级级图　　　　　　　B　氧化铝类评级级图

图 4-15　评级图Ⅰ-JK 标准评级图（一）

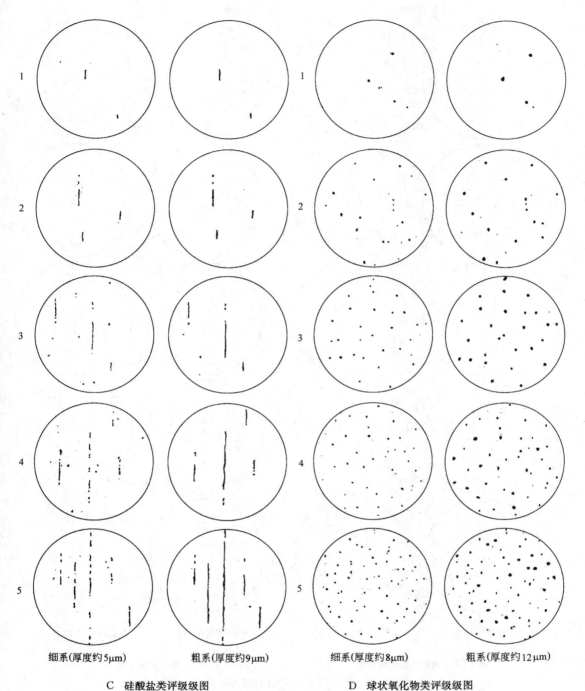

细系(厚度约5μm)　　　　粗系(厚度约9μm)　　　　细系(厚度约8μm)　　　　粗系(厚度约12μm)

C 硅酸盐类评级级图　　　　　　　　　　D 球状氧化物类评级级图

图 4-15 评级图Ⅰ-JK 标准评级图（二）

硫化物类型、B 类氧化铝类型、C 类硅酸盐类型和 D 类球状氧化物类型。每类夹杂物
按其厚度或直径的不同，又分为粗系和细系两个系列，每个系列由表示夹杂物含量递
增的五级（1 级至 5 级）图片组成。评定夹杂物级别时，允许评半级，如 0.5 级、1.5
级等。

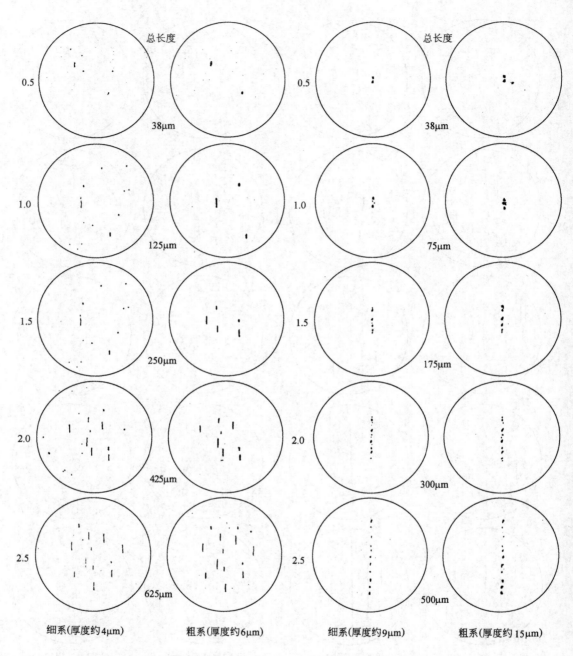

A 硫化物类评级级图   B 氧化铝类评级级图

图 4-16 评级图Ⅱ-ASTM 标准评级图（一）

    ASTM 标准评级图（评级图Ⅱ）该图中夹杂物的分类、系列的划分均与 JK 标准评级图相同，但评级图由 0.5 级到 2.5 级五个级别组成，适用于评定高纯洁度钢的夹杂物。

    必须指出，这两种评级图不能在同一试验中同时使用。应根据产品技术条件的规定来选用标准评级图。

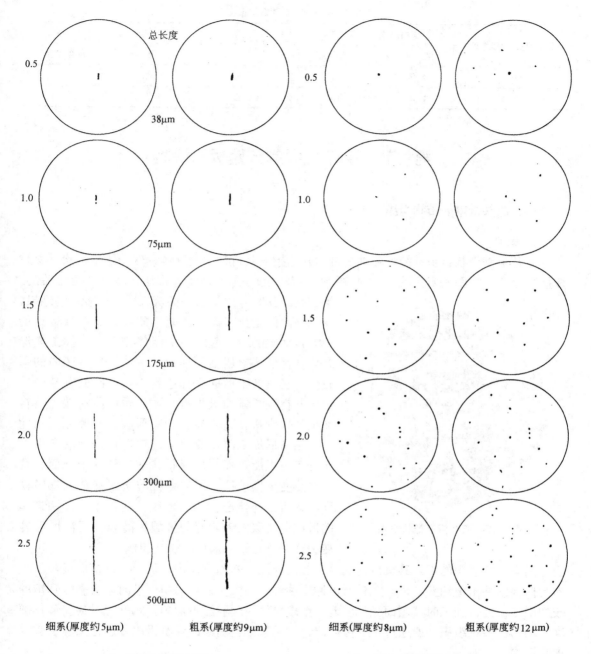

总长度

0.5   38μm

1.0   75μm

1.5   175μm

2.0   300μm

2.5   500μm

细系(厚度约5μm)   粗系(厚度约9μm)   细系(厚度约8μm)   粗系(厚度约12μm)

C　硅酸盐类评级级图　　　　　　　D　球状氧化物类评级级图

图4-16　评级图Ⅱ-ASTM标准评级图（二）

　　按 GB/T 18254—2002 标准规定，高碳铬轴承钢应具有高的纯洁度，即非金属夹杂含量应尽量少。生产厂应对每炉钢进行非金属夹杂物检验，并按 GB/T 18254—2002 标准附录 A 第 4 级别图（相当于 GB/T 10561—1999 标准中 ASTM 标准评级图）进行评级。模注钢所有试样三分之二和每个钢锭至少一个试样以及所有试样的平均值不应超过表 4-7 规定的级别；连铸钢所有试样三分之二和所有试样的平均值不应超过表 4-7 规定级别。

表 4-7 非金属夹杂物合格级别

非金属夹杂物类型	合格级别（不大于）		非金属夹杂物类型	合格级别（不大于）	
	细 系	粗 系		细 系	粗 系
A	2.5	1.5	C	0.5	0.5
B	2.0	1.0	D	1.0	1.0

第七节　钢中化学成分偏析的检验

一、亚共析钢的带状组织

1. 概述

亚共析钢带状组织（简称亚共析带状）是指亚共析钢中铁素体和珠光体呈带状（交替成层）分布，如图 4-17 所示。亚共析钢的带状组织是与钢锭结晶时的偏析密切相关的。

图 4-17　亚共析钢带状组织

钢锭在结晶时，由于晶内偏析（枝晶偏析）的结果，在晶枝之间富集了磷、硫等杂质，尤其在富集磷的地方，对碳的溶解起明显的阻碍作用。热加工变形之后，富磷区被压延而伸长成带状，带状区内的碳较低，在热加工后的冷却过程中，这些低碳带中析出先共析铁素体而成为带状，随后形成的珠光体自然也就呈带状。这是带状组织形成的一个原因。此外，热变形加工时，硫化物夹杂呈长条状沿变形方向分布也可能是促使形成带状的另外一个原因。凡是在热变形中被拉长了的各种非金属夹杂物都对铁素体的析出起核心作用，形成带状铁素体，铁素体的形成促使碳向未转变的区域扩散至共析浓度后转变为珠光体，结果形成了带状组织。

具有带状组织的钢，其机械性能具有各向异性，断面收缩率较低，并以横向最甚。纵向与横向的冲击值约差一倍，尤其对可冲压性影响很大。带状组织严重时，会影响到钢的被切削加工性，加工时其表面光洁度差，渗碳时易引起渗层不均匀，热处理时易变形且硬度不均匀。带状组织一般通过正火可以改善。元素偏析引起的带状组织要进行高温扩散退火来消除。

2. 评级原则

亚共析钢带状组织可在 100 倍（允许用 95～110 倍）的金相显微镜下，其标准视场直径为 80mm，采用与相应标准评级图比较的方法进行评定。在评级时，要根据带状铁素体数量增加，并考虑带状贯穿视场的程度、连续性和变形铁素体晶粒多少的原则确定。

根据 GB/T 13299—1991 钢的显微组织评定方法规定，标准评级图由 3 个系列（A、B、C 系列）各 6 个级别组成。A 系列是指定作为含碳量小于或等于 0.15% 钢的带状组织评级；B 系列是指定作为含碳量 0.16%～0.30% 钢的带状组织评级；C 系列是指定作为含碳量 0.31%～0.50%钢的带状组织评级。

二、工具钢的碳化物不均匀度

1. 概述

高速工具钢和高碳高铬钢属于莱氏体钢，它们的铸态组织中存在着大量的骨骼状莱氏体，它在铸锭中呈网状分布。经热加工破碎，在显微组织中碳化物呈不同程度的聚集或条带，这就是碳化物不均匀度。

钢材中的碳化物不均匀度取决于冶炼和热加工工艺，热处理不能纠正这种缺陷。热加工可以改变共晶碳化物的形状和分布，使大块的共晶碳化物破碎成小粒，并趋于均匀分布。在一定范围内，随锻造比的增加，共晶碳化物的破碎程度和分布的均匀程度也增加。锻造方式也有影响，反复镦拔就有利于改善碳化物的不均匀程度。

碳化物不均匀分布，对钢的力学性能有很大影响，尤其是钢的横向力学性能明显降低，并显著增加工件淬火时的变形与开裂倾向。高速钢中碳化物不均匀分布将使钢的硬度和红硬性均下降，并易使刀具崩刃、断齿等。

2. 评级原则

碳化物不均匀度可在 100 倍的金相显微镜下评定。例如高速工具钢（GB/T 9943—1988）及合金工具钢（GB/T 1299—2000）的碳化物不均匀度，可将其技术条件的附图加以比较来评定。图 4-18 为钨系高速工具钢碳化物不均匀度 5 级评级图。评级时应考虑到

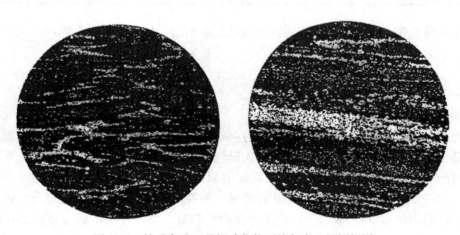

图 4-18　钨系高速工具钢碳化物不均匀度 5 级评级图

碳化物不均匀的各种表现形式和特征，可以参照下面两种情况进行评级：

（1）在碳化物仍呈网状分布时，主要应按网的破碎和变形程度以及在网的结点处碳化物堆积的程度来进行评定；

（2）在碳化物网破碎、碳化物沿热加工方向延伸呈条状分布时，主要应按条状的宽度和碳化物聚集程度来进行评定。

例如，根据经验参照上述两种情况，对高速钢碳化物不均匀度做如下说明。

1 级　碳化物均匀分布。

2 级　碳化物呈微细带状。

3 级　带系——细带，宽约 2mm；

网系——细带中局部有不明显分叉。

4 级　带系——明显集中带，带宽约 4mm；
　　　　网系——均匀，有明显细微分叉。

5 级　带系——明显集中带，带宽约 7.5mm；
　　　　网系——网状残余。

6 级　带系——有明显集中带，带宽约 11mm；
　　　　网系——破碎网及少量堆积。

7 级　带系——有明显集中带，带宽约 15mm；
　　　　网系——拉长变形网及明显堆积。

8 级　带系——有明显集中带，带宽约 19mm；
　　　　网系——封闭完整网及明显堆积。

高速钢钢材应按 GB/T 9943—1988 标准所附第一、二级别图检验共晶碳化物不均匀度，其合格级别应符合表 4-8 的规定。

表 4-8　高速钢钢材共晶碳化物不均匀度合格级别

直径或边长/mm	共晶碳化物不均匀度（级）	直径或边长/mm	共晶碳化物不均匀度（级）
≤40	≤3	>80～100	≤6
>40～60	≤4	>100～120	≤7
>60～80	≤5		

钨系钢号按第一级别图，钨钼系钢号按第二级别图。且不得有不变形或少变形的共晶碳化物。

三、网状碳化物

1. 概述

碳素工具钢、合金工具钢、轴承钢等过共析钢，经锻轧热加工后，在冷却过程中会沿奥氏体晶界析出网络状的过剩碳化物（二次碳化物），称网状碳化物，如图 4-19 所示。网状碳化物的形成与热加工工艺规范以及钢锭中原始碳化物的偏析程度密切相关。热加工时，停锻或停轧温度愈高及随后冷却速度愈慢，钢锭原始碳化物偏析程度愈大（热加工前未充分扩散均匀化），则形成网状碳化物的程度愈严重。此外，钢的碳含量愈高，网状也较严重。

网状碳化物会增加钢的脆性，降低冲击韧性和强度以及耐磨性。

2. 评级原则

网状碳化物级别的评定是在 500 倍金相显微镜下进行的。评级时主要考虑分叉交角大小、成线和成网程度。网状碳化物的级别，应从各钢种技术条件的附图加以比较来评定，同时还应根据经验做必要的文字说明。例如，评定碳素工具钢（按 GB/T 1298—1986）、合金工具钢（按 GB/T 1299—2000）和铬轴承钢（按 GB/T 18254—2002）的网状碳化物级别时一般作如下说明。

A　碳素工具钢

1 级　碳化物分布基本均匀，局部有条状和链状碳化物。

2级 断续的碳化物链构成半网。

3级 断续的碳化物链构成不完全封闭的网状。

4级 碳化物多呈链状，并构成全封闭的网状，碳化物的连续性较3级明显。

碳素工具钢退火钢材应检验网状碳化物，其合格级别应符合表4-9的规定。

表4-9 碳素工具钢退火钢材网状碳化物合格级别

钢材截面尺寸/mm	网状碳化物合格级别	钢材截面尺寸/mm	网状碳化物合格级别
≤60 >60～100	≤2 ≤3	>100	双方协议

T7、T8和热压力加工用钢材，不检验网状碳化物。

B 合金工具钢

1级 出现不均匀分布的点状碳化物和个别短线状碳化物。

2级 部分碳化物出现半网状趋势。

3级 出现由碳化物线段和点构成的网。

4级 出现条状碳化物围成的全封闭的网。

图4-19和图4-20分别为碳素工具钢和合金工具钢网状碳化物4级评级图。

图4-19 碳素工具钢网状碳化物
4级评级图

图4-20 合金工具钢网状碳化物
4级评级图

C 铬轴承钢

1级 碳化物呈点状分布，可有少量短线。

2级 碳化物连成少量的直线和不明显的交角。

3级 断续的碳化物形成半网。

4级 碳化物呈封闭的不连续网。

5级 碳化物呈明显的网。

供冷切削加工和冷压力加工用的高碳铬轴承钢退火钢材碳化物网状，按GB/T 18254—2002标准中的第7级别图评定，直径不大于60mm的退火圆钢、盘条、所有尺寸的退火钢管的碳化物网状不得大于2.5级；直径大于60～120mm的退火钢材的碳化物网状不得大于 3 级；直径大于 120mm 的退火钢材的碳化物网状由供需双方协议规定。

四、球化组织

1. 概述

球化组织主要是指碳素工具钢、合金工具钢、铬轴承钢经过球化退火所形成的球状珠光体组织，即在铁素体基体上分布呈颗粒状渗碳体的珠光体。

经过球化退火使钢形成球状珠光体的目的是降低硬度，改善切削加工性能，并为淬火做好组织准备。如果球化得不良，仍存在片状珠光体，则不但钢的硬度高、加工困难，而且成品工件热处理也易开裂和出现软点等缺陷。因此，必须检验钢的球化组织。

2. 评级原则

球化组织级别的评定是在 500 倍金相显微镜下进行的。评级依据的原则是：（1）球状珠光体颗粒大小和分布均匀程度；（2）珠光体组织中片状珠光体的比例；（3）片状珠光体的粗细程度。

关于球化组织级别，应将各钢种技术条件的附图加以比较来评定，同时还应根据检验经验做必要的文字说明。例如，评定碳素工具钢（按 GB/T 1298—1986）和合金工具钢（按 GB/T 1299—2000）的球化组织级别时做如下说明。

A　碳素工具钢球化组织

1 级　均匀的细球状珠光体，约占 25％的细片状珠光体。

2 级　均匀的细球状珠光体，少量点状碳化物，约占 10％的细片状珠光体。

3 级　中等均匀的球状珠光体。

4 级　粗球状珠光体，约占 15％的粗片状珠光体。

5 级　粗球状珠光体，约占 30％的粗片状珠光体。

6 级　粗球状珠光体，约占 90％的粗片状珠光体。

截面尺寸不大于 60mm 的工具钢的退火钢材应检验珠光体球化组织，T7、T8、T8Mn、T9 等钢号的合格级别为 1～5 级；T10、T11、T12、T13 等钢号的合格级别为 2～4 级。截面尺寸大于 60mm 的退火钢材，根据需方要求可检验珠光体球化组织，合格级别由供需双方协议规定。热压力加工用钢不检验珠光体球化组织。

B　合金工具钢球化组织

1 级　细球状珠光体，约占 16％的细片状珠光体。

2 级　细球状珠光体，少量点状碳化物堆积。

3 级　中等均匀的球状珠光体。

4 级　粗球状珠光体（碳化物球最大直径约为 5μm）。

5 级　球状珠光体，约占 8％的粗片状珠光体。

6 级　球状珠光体，较多的粗片状珠光体。

退火状态交货的 9SiCr、Cr2、CrWMn、9CrWMn、Cr06、W 和 9Cr2 等钢应检验珠光体组织。按 GB/T1299—2000 标准中所附第 1 级别图评定，合格级别为 1～5 级。经供需双方协议，制造螺纹刀具用的 9SiCr 退火钢材，其珠光体组织合格级别为 2～4 级。压力加工用钢不检验珠光体组织。

图 4-21、图 4-22 分别为碳素工具钢和合金工具钢的球化组织 3 级评级图。

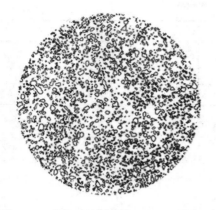

图 4-21　碳素工具钢球化组织 3 级评级图　　　　图 4-22　合金工具钢球化组织 3 级评级图

五、带状碳化物

1. 概述

带状碳化物或碳化物带状，简称带状，它是碳化物分布不均匀的一种表现。只有高碳铬轴承钢才检验带状碳化物。高碳铬轴承钢中的带状碳化物是在钢锭浇注、凝固过程中形成的结晶偏析，在热加工时延伸成碳化物的富集带。

带状碳化物的存在将使钢淬火后，硬度不均匀、耐磨性不一致、疲劳强度下降，碳化物集中处易剥落，从而影响零件的使用寿命。

2. 评级原则

按照 GB/T18254—2002 标准规定，高碳铬轴承钢带状碳化物级别在淬火后的纵向试样上评定。试样经抛光后深腐蚀，采用放大 100 倍和 500 倍相结合的方式，与标准中附录 A 第 8 级别图相比较的方法进行评级。评级时以碳化物颗粒的聚集程度、大小、形状、带的宽度和长度等为主要评定依据（可考虑半级评定）。根据经验退火状态下带状碳化物级别特征如下：

1 级　碳化物颗粒细小、分散，带状不够明显。

2 级　碳化物颗粒细小、较分散，形成宽约 1.5～2.0mm 较明显的带贯穿视场。

（2.5）级　碳化物颗粒较小、集中，形成宽约 2.5～3.0mm 明显的带贯穿视场。

3 级　碳化物颗粒粗大、集中，形成宽约 4.5～5.0mm 明显的带。

（3.5）级　碳化物颗粒粗大、密集，形成宽约 7～7.5mm 明显的带。

4 级　碳化物颗粒粗大、很密集，形成宽约 8～8.5mm 明显的带。

高碳铬轴承钢钢材的碳化物带状按标准中的第 8 级别图评定，其合格级别应符合表4-10。

表 4-10　高碳铬轴承钢钢材碳化物带状合格级别

钢 材 规 格 范 围	合格级别（不大于）
钢管、冷拉（轧）材 ≤30mm 热轧退火材	2.0
＞30～60mm　热轧退火材	2.5

钢 材 规 格 范 围	合格级别（不大于）
>60mm 热轧（锻）退火材 ≤80mm 热轧不退火材	3.0
>80～150mm 热轧（锻）不退火材	3.5

图 4-23 为 GCr15 钢带状碳化物。

六、碳化物液析

1. 概述

某些高碳合金钢，由于选择结晶的结果，使最后凝固部分的碳浓度能达到共晶成分或过共晶成分，这时从液体中结晶出的共晶碳化物或从液体中直接析出的一次碳化物称为液析。经热加工后，碳化物沿变形方向分布，如图 4-24 所示。这也是属于碳化物不均匀度的一类缺陷。

图 4-23　GCr15 带状碳化物
4 级评级图

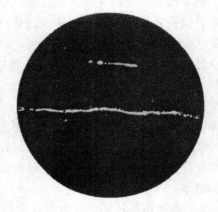

图 4-24　高碳合金钢碳化物液析
5 级评级图

碳化物液析对铬轴承钢极为有害，它将大大降低钢的力学性能，特别影响钢件的表面粗糙度，碳化物液析具有高的硬度和脆性，使轴承零件在热处理时容易引起淬火裂纹；碳化物液析的剥落将成为零件磨损的起源，使轴承的耐磨性和疲劳强度显著降低。

2. 评级原则

按照 GB/T18254—2002 标准规定，高碳铬轴承钢碳化物液析级别在淬火的纵向试样上评定。试样经 4% 硝酸酒精溶液浸蚀，在 100 倍的金相显微镜下与标准中附录第 9 级别图相比较的方法进行评级。其依据是碳化物液析的颗粒大小、长度、数量多少和分布状态等，可考虑半级评定。

高碳铬轴承钢钢材碳化物液析按标准中第 9 级别图评定，其合格级别应符合表 4-11 规定。

表 4-11　高碳铬轴承钢钢材碳化物液析合格级别

钢 材 规 格 范 围	合格级别（不大于）
钢管、冷拉材 ≤30mm 热轧退火材	0.5
>30～60mm　热轧退火材	1.0
>60mm　热轧（锻）退火材 ≤60mm　热轧不退火材	2.0
>60mm　热轧（锻）不退火材	2.5

此外，合金工具钢中的 CrWMn、CrMn 钢等，其碳化物液析也均较严重，所以这些钢种的轧材的使用范围受到限制。但目前国家的有关标准对液析检查未作规定，一般可参照高碳铬轴承钢的检验标准进行检查。

七、石墨碳

1. 概述

在一定条件下，某些钢中的固溶碳和化合碳能以游离状态析出。硅弹簧钢，由于含硅较多，含碳量也较高，硅能促进和加速石墨化，因此在长时间退火后易出现石墨碳；高碳工具钢，由于碳含量高，若反复热加工和热处理，也会出现石墨碳。石墨碳破坏了钢的化学成分和组织的均匀度，使淬火钢硬度降低，力学性能恶化，用热处理和热加工方法均不能消除。

钢中的石墨碳在光学显微镜下多以点状片状、片状和团絮状出现，呈灰黑色。在宏观断口检验时称为黑脆。为了正确鉴别，一般可采用如下两种方法：一是在光学显微镜下放大500 倍，观看组织颜色和形状，确认存在石墨碳之后再进行评定；二是使试样用 2％硝酸酒精溶液轻腐蚀，若是石墨，其周围的碳化物将减少，而严重时其周围将形成铁素体块。

2. 评级原则

钢中石墨碳的面积含量采用与 GB/T13302—1991 钢中石墨碳显微评定方法标准中的标准评级图比较的方法进行评定。将未经浸蚀的试样检验面置于放大 250 倍，实际视场直径为 0.32mm 的金相显微镜下进行全面观察，选择石墨碳面积含量最多的视场与标准评级图比较，按其石墨碳总量相近的级别评定。

根据钢中石墨碳的常见形态，标准评级图分两类：团絮状类和条片状类，其中团絮状类石墨碳按直径不同分为粗系（石墨碳直径>6μm）和细系（石墨碳直径≤6μm）两个系列。各系列标准评级图均由石墨碳面积含量递增的 4 张图片（0.5 级、1.0 级、1.5 级、2.0 级）组成。各级别石墨碳的面积百分含量见表 4-12。

表 4-12　不同级别石墨碳面积百分含量

含量/%　　级别 类　别	0.5	1.0	1.5	2.0
团絮状	0.135	0.270	0.540	1.080
条片状	0.101	0.202	0.404	0.808

图 4-25（a）、（b）分别为团絮状粗系列和条片状石墨碳 1.5 级标准评级图。

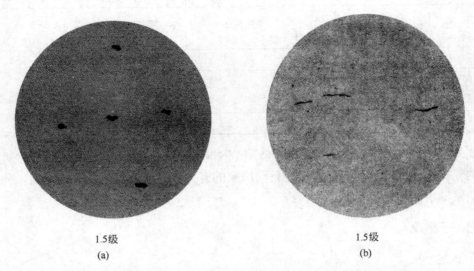

1.5级

(a)

1.5级

(b)

图 4-25　团絮状粗系列（a）和条片状（b）石墨碳 1.5 级标准评级图

八、α-相

1. 概述

在奥氏体型不锈钢和铁素体-奥氏体型双相不锈钢中，由于各种元素的相互作用，其组织中总有一定数量的 α-相。α-相即不锈钢中的铁素体相。影响 α-相的主要原因是钢的化学成分（成分控制不当或加入了扩大铁素体相区的元素），其次是钢的加热温度和冷却速度。

α-相对钢的性能有很大影响，特别是影响钢的热加工性。在高温下，α-相和 γ-相的变形能力各异。进行热穿管的钢材，当 α-相含量较多时，内孔会出现皱皮，影响钢管内壁的质量。因此，用于穿管的奥氏体型不锈钢或铁素体-奥氏体型不锈钢，对于 α-相的含量有一定的限制。若将奥氏体型不锈钢用做抗磁材料，则更不希望钢的组织中有一定含量的 α-相。

2. 试样制备和 α-相的显示

测定 α-相可采用金相法和磁性称量法。金相法只能测出试样磨面上 α-相的面积百分数，而磁性称量法却能测出试样整个体积中 α-相的含量。在冶金工厂，金相法以其便捷而获得广泛的应用。下面对 GB/T13305—1991 奥氏体不锈钢中 α-相面积含量金相测定法和 GB/T6401—1986 铁素体奥氏体型双相不锈钢中的 α-相面积含量金相测定法作以简介。

测定 α-相用的试样，其截取部位和数量根据相应产品标准或技术条件确定。试样的检验面应通过钢材轴线的纵截面。圆钢和方钢、钢板、钢带和扁钢及管材的取样示意图分别如图 4-26、图 4-27 及图 4-28 所示。试样尺寸一般为 20mm×20mm，保证检验面不得小于 $10mm^2$。

试样在磨制时必须完全去除塑性变形区和热影响区，可用机械抛光或电解抛光。

用于测定奥氏体型不锈钢中 α-相的腐蚀剂有以下三种：（1）硫酸铜盐酸水溶液；硫

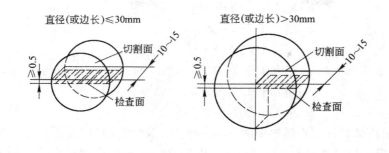

图 4-26　圆钢和方钢取样示意图

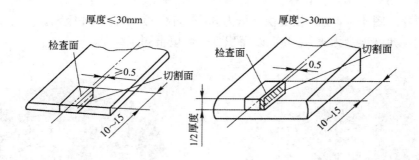

图 4-27　钢板、钢带和扁钢取样示意图

酸铜（$CuSO_4 \cdot 5H_2O$）4g、盐酸 20mL、水 20mL；（2）热的（60～90℃）或煮沸的碱性铁氰化钾溶液：铁氰化钾［$K_3Fe(CN)_6$］：10～15g，氢氧化钾（钠）10～30g（7～20g），水约 100mL，新配制的溶液，浸蚀数分钟。奥氏体不受浸蚀保持白亮色，α-相染成红至棕褐色；（3）电解腐蚀液：草酸 10g、水 100mL。腐蚀时，电压为 3～12V，时间为 15～45s。

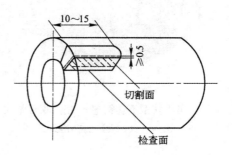

图 4-28　管材取样示意图

用于测定铁素体-奥氏体型不锈钢中α-相的腐蚀剂有以下两种：（1）热的（60～90℃）或煮沸的碱性铁氰化钾溶液：铁氰化钾 10～15g、氢氧化钾（氢氧化钠）10～30g（7～20g）、水 100mL，新配制的溶液，浸蚀数分钟，奥氏体保持白色，α-相染成红棕色；（2）氯化铁盐酸酒精水溶液：氯化铁 5g、盐酸 100mL、酒精 100mL、水 100mL，试样在室温下腐蚀后加热到 500～600℃，腐蚀面呈黄色，α-相染成红棕色。

3. α-相的测定和评级

奥氏体型不锈钢中α-相的测定和评级。将腐蚀好的试样在光学显微镜下放大 300 倍，实际视场直径为 0.267mm，以检验面上α-相含量最多处与标准评级图进行比较评定。α-相评级图分为四级共 6 张，图 4-29 为α-相面积含量大于 8%～12%（2.0 级）的标准评级图。其各级的α-相面积百分含量规定如下：

0.5 级	α-相小于或等于 2%
1.0 级	α-相大于 2%～5%
1.5 级	α-相大于 5%～8%
2.0 级	α-相大于 9%～12%
3.0 级	α-相大于 12%～20%
4.0 级	α-相大于 20%～35%

铁素体-奥氏体型双相不锈钢中的 α-相的测定。将腐蚀好的试样在光学显微镜下放大 500 倍，放大后图像的视场直径为 80mm，以检验面上 α-相含量最多处与标准评级图进行比较评定。α-相评级图分为带系、网系两种，无论是带系还是网系评级图，均按 α-相面积百分含量（35%、40%、45%、50%、55%、60%、65%、70%、75%）评定，分级图共有 9 张图片。图 4-30 为 α-相面积含量为 35%（网系）的标准评级图。

测定时，允许误差为±2.5%，以面积百分数填报测定结果。

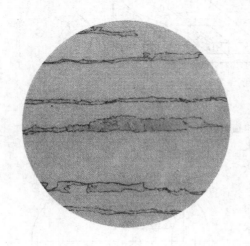 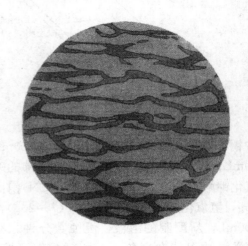

图 4-29　奥氏体型不锈钢中 α-相面积含量大于　　图 4-30　铁素体-奥氏体型双相不锈钢中 α-相面积
　　　　8%～12%（2.0 级）的标准评级图　　　　　　　　　含量为 35%（网系）的标准评级图

第五章　力学性能检验

金属的力学性能（或叫机械性能）是金属材料抵抗外力作用的能力。钢的力学性能检验，就是利用一定外力或能量作用于钢的试样上，以测定钢的这种能力。根据试验方法的不同，可测得多种力学性能指标。钢的常用力学性能指标包括硬度（布氏硬度、洛氏硬度、维氏硬度、肖氏硬度等）、抗拉强度、屈服点、断后伸长率、断面收缩率、冲击吸收功等。本章仅选择几种比较重要和常用的力学性能试验方法作简要介绍。

第一节　硬　度　试　验

硬度是表示材料表面一个小区域内抵抗弹性变形、塑性变形或破断的一种能力。测定金属材料的硬度就能够给出其软硬程度的数量概念，因此硬度也是衡量金属软硬程度的判据。实际上，硬度不是一个单纯的物理或力学量，它是代表着弹性、塑性、塑性形变强化率、强度和韧性等一系列不同的物理量组合的一种综合性能指标。

硬度试验在生产和科学研究中应用极为普遍。它之所以被广泛用来检验和评价金属材料的性能，是由其许多特点决定的。首先，硬度试验设备简单，操作迅速方便，硬度是金属力学性能中最易测量的一种性能；其次，硬度和其他力学性能一样，也决定于金属材料的成分、组织与结构。它与其他力学性能之间存在一定的关系，因此可通过测定金属的硬度间接地获得其他力学性能的数值；最后，硬度试验压痕小，一般不损坏零件，可以直接在成品或半成品上测定，且不受被测物体大小、脆韧的限制。这是其他力学性能试验方法所不可及的优点。

硬度试验方法很多，在已经标准化的金属硬度试验方法中，按试验力状态可分为静态力硬度试验和动态力硬度试验方法两大类。属于静态力硬度试验方法的国家标准有：GB/T 231.1—2002金属布氏硬度试验第1部分：试验方法；GB/T 230.1—2004 金属洛氏硬度试验第1部分：试验方法；GB/T 4340.1—1999 金属维氏硬度试验第1部分：试验方法；GB/T 18449.1—2001 金属努氏硬度试验第1部分：试验方法。属于动态力硬度试验方法的国家标准有：GB/T 17394—1998 金属里氏硬度试验方法；GB/T 4341—2001 金属肖氏硬度试验方法。

一、布氏硬度

布氏硬度试验是用一定的静力负荷 F、将直径为 D 的硬质合金球压入被测材料的表面，保持一定的时间后卸除负荷，测量试样表面的压痕直径 d，如图 5-1 所示。

布氏硬度有两种表示方法：一种是用压痕直径 d 表示，单位为毫米；另一种是计算单位面积上承受的压力，即计算试样上硬质合金球压痕的球冠面积 S 上承受的平均压力

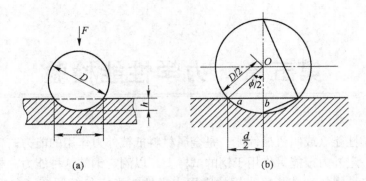

(a)   (b)

图 5-1 布氏硬度试验原理

(a) 原理图；(b) h 和 d 的关系

$$HB = \frac{0.102F}{S} = \frac{0.102F}{\pi Dh} \tag{5-1}$$

式中 HB——布氏硬度值；

  F——负荷，N；

  S——压痕面积，mm^2；

  D——硬质合金球直径，mm；

  h——压痕深度，mm。

在实际试验中，压痕深度 h 的测量比较困难，而测量压痕直径 d 比较方便，因此将式（5-1）中的 h 换算成 d。由图 5-1 中直角三角形 Oab 的关系可求出

$$h = \frac{D}{2} - \frac{\sqrt{D^2 - d^2}}{2} \tag{5-2}$$

所以 HB 值的计算公式变为

$$HB = \frac{0.204F}{\pi D(D - \sqrt{D^2 - d^2})} \tag{5-3}$$

式中，F、D 已知，只有 d 是变量，因而用目测显微镜测出压痕直径 d 即可计算出硬度值 HB。实际测量时，可根据测出的 d 值从表中直接查出 HB 值。

从式（5-3）可知，布氏硬度单位为 kgf/mm^2，但习惯上只写明硬度的数值而不标出单位。一般硬度符号 HB 前面的数值为硬度值，符号后面的数值依次表示球体直径、负荷大小及负荷保持时间（保持时间为 10～15s 时不标注）。例如，120HB10/1000/30 表示用直径为 10mm 的硬质合金球，在 1000kgf（9807N）负荷作用下保持 30s，测得的布氏硬度值为 120。500HB5/750 表示用直径为 5mm 的硬质合金球，在 750kgf（7355N）负荷作用下保持 10～15s，测得的布氏硬度值为 500。

在进行布氏硬度试验时，应根据被测金属材料的种类和试样厚度，选用不同大小的压头直径 D、施加负荷 F 和负荷保持时间。按 GB/T231.1—2002 规定，压头直径有 10mm、5mm、2.5mm 和 1mm 四种；负荷与压头直径平方的比值（$0.102F/D^2$）有 30、15、10、5、2.5 和 1 六种，见表 5-1；负荷的保持时间为：黑色金属 10～15s，有色金属 30s，布氏硬度值低于 35 时为 60s。

表 5-1　不同材料的试验力——压头直径平方的比率

材　料	布氏硬度	$0.102F/D^2$	材　料	布氏硬度	$0.102F/D^2$
钢、镍合金、钛合金		30	轻金属及其合金	<35	2.5
铸铁[①]	<140	10		35~80	5
	≥140	30			10
铜及铜合金	<35	5			15
	35~200	10		>80	10
	>200	30			15
			铅、锡		1

①对于铸铁的试验，压头直径一般为 2.5mm、5mm 和 10mm。

布氏硬度试验法的优点是测定的数据准确、稳定。其缺点是压痕较大，不宜测成品或薄片金属的硬度。此外，由于操作较缓慢，对大量逐件检验的产品不适用。

布氏硬度试验应在布氏硬度试验机上进行。常见的布氏硬度试验机有油压式和机械式两大类。机械式布氏硬度试验机如图 5-2 所示。试验时，（1）首先选定压头，装入主轴衬套中，然后选定负荷，加上相应的砝码，确定加载时间（把圆盘上的时间定位器的红色指示点转到持续时间相符的位置上）；（2）接通电源，使指示灯燃亮；（3）将试样置于工作台上，顺时针转动手轮，使压头压向试样表面，直至手轮对下面螺母不作相对运动为止；（4）按动试验力按钮，启动电动机即施加试验力，当红色指示灯闪亮时，迅速拧紧紧压螺钉，使圆盘转动，达到所要求的持续时间后，转动即自行停止；（5）逆时针转动手轮，降下工作台，取下试样，用目测显微镜测出压痕直径 d，根据此值从表中即可查出 HB 值。

二、洛氏硬度

洛氏硬度试验法是目前工厂生产检验中应用最广泛的硬度试验方法。洛氏硬度试验的原理是用一个顶角为 120°的金刚石圆锥体或直径为 1.588mm（1/16 英寸）的淬火钢球为压头，在规定的载荷作用下压入被测金属表面，然后根据压痕深度来确定试件的硬度值。

图 5-3 表示金刚石圆锥压头的洛氏硬度试验原理。试验时，先加初载荷 98.07N（10kgf），使压头紧密接触试件表面，此时压入深度为 h_1，然后加主载

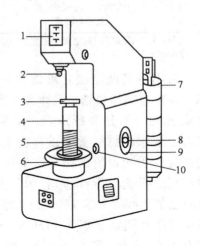

图 5-2　HB-3000 型布氏硬度
试验机外形

1—指示灯；2—压头；3—工作台；4—立柱；
5—丝杠；6—手轮；7—试验力砝码；
8—压紧螺钉；9—时间定位器；
10—试验力按钮

荷，继续压入金属中，待总载荷（初载荷＋主载荷）全部加上并稳定后，将主载荷去除，由于被测试件金属弹性变形的恢复，压头压入深度是 h_3，压头在主载荷作用下压入金属中的塑性变形深度就是 h（$h = h_3 - h_1$），并以此来衡量被测金属的硬度。显然，h 越大，金属的硬度越低；反之，硬度越高。考虑到数值越大硬度越高的习惯，故采用一个常数

K 减去 h 来表示硬度高低，并用每 $0.002mm$ 的压痕深度为一个硬度单位，由此获得的硬度值称为洛氏硬度，用 HR 表示。即

$$HR = \frac{K - h}{0.002} \qquad (5\text{-}4)$$

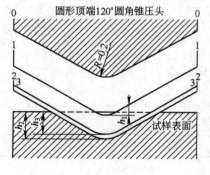

图 5-3　洛氏硬度试验原理示意图

式中，K 为常数，用金刚石圆锥压头时，$K=0.2mm$；用淬火钢球压头时，$K=0.26mm$。由此获得的洛氏硬度值 HR 只表示硬度高低而没有单位，试验时，可由硬度计的指示器上直接读出。

根据金属材料软硬程度不一，可选用不同的压头和载荷配合使用，测得的硬度值分别用不同的符号来表示。三种常用的洛氏硬度符号、试验条件和应用列于表 5-2。

表 5-2　常用洛氏硬度标尺的试验条件和应用

标尺符号	所用压头	总载荷② /kgf	测量范围① （HR）	应 用 范 围
HRA	金刚石圆锥	60	20～88	碳化物、硬质合金、淬火工具钢、浅层表面硬化钢
HRB	1/16″（ϕ1.588mm）钢球	100	20～100	软钢、铜合金、铝合金、可锻铸铁
HRC	金刚石圆锥	150	20～70	淬火钢、调质钢、深层表面硬化钢

①HRA、HRC 所用刻度盘满刻度为 100，HRB 为 130。
②1kgf=9.806N。

常用洛氏硬度试验机如图 5-4 所示。其主要部件包括：机体和工作台、加载机构、千分表指示盘。试验时，将符合要求的试样置于试样台上，顺时针旋转手轮，使试样与压头缓慢接触，直至表盘小指针指到"0"为止，此时已加预载荷 98N（10kgf）。然后将表盘大指针调整至零点（HRA、HRC 零点为 0，HRB 零点为 30）。按下按钮，平稳地加上主载荷。表盘中大指针反向旋转若干格后停止，持续几秒（视材料软硬程度而定），之后再顺时针旋转摇柄，直到自锁时，即卸去主载荷。此时大指针退回若干格，最后由表盘上可直接读出洛氏硬度值（HRA、HRC 读外圈黑刻度，HRB 读内圈黑刻度）。

上述洛氏硬度试验法应在试样的平面上进行，若在曲率半径较小的柱

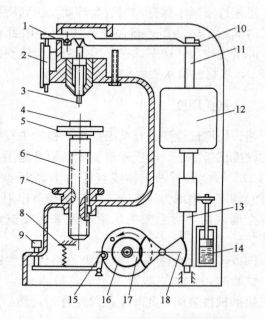

图 5-4　H-100 型洛氏硬度试验机结构图
1—支点；2—指示器；3—压头；4—试样；5—试样台；
6—螺杆；7—手轮；8—弹簧；9—按钮；10—杠杆；
11—纵杆；12—重锤；13—齿杆；14—油压缓冲器；
15—插销；16—转盘；17—小齿轮；
18—扇齿轮

面或球面上测定硬度时，应在测得的硬度值上，再加上一定的修正值，曲率半径越小，修正值越大。修正值的大小可由 GB/T230.1—2004 中查得。

洛氏硬度试验法的优点是操作迅速简便，由于压痕小，故可在工件表面或较薄的金属上进行试验。同时，采用不同压头和载荷，可以测出从极软到极硬材料的硬度。其缺点是因压痕较小，对组织比较粗大且不均匀的材料，测得的硬度不够准确。

三、维氏硬度

维氏硬度的测试原理基本上和布氏硬度试验相同。图 5-5 为维氏硬度试验原理示意图。它是用一个相对面间夹角为 136° 的金刚石正四棱锥体压头，在规定载荷 F 的作用下压入被测金属表面，保持一定时间后卸除载荷。然后再测量压痕的两对角线长度的平均值 d，进而计算出压痕的表面积 S，最后求出压痕表面积上平均压力（F/S），以此作为被测金属的硬度值，称为维氏硬度，用符号 HV 表示。即

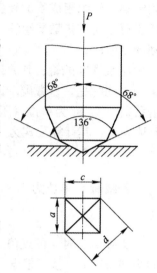

图 5-5　维氏硬度试验
原理示意图

$$\mathrm{HV} = \frac{F}{S} = 1.8544 \frac{F}{d^2} \qquad (5\text{-}5)$$

式中，F 的单位为 kgf；d 的单位为 mm。若 F 的单位采用 N 时（1kgf＝9.80665N），则式（5-5）改写如下：

$$\mathrm{HV} = \frac{1}{9.80665} \times 1.8544 \frac{F}{d^2} = 0.1891 \frac{F}{d^2} \qquad (5\text{-}6)$$

从式（5-5）可看出，维氏硬度的单位是 kgf/mm²，但习惯上只写出硬度数值而不标出单位。与布氏硬度值一样，在硬度符号 HV 之前的数字为硬度值，HV 之后的数值依次表示载荷和载荷保持时间（保持时间为 10～15s 时不标注）。例如 640HV30 表示在 30kgf（294.2N）载荷作用下，保持 10～15s 测得的维氏硬度值为 640。640HV30/20 表示在 30kgf（294.2N）载荷作用下，保持 20s 测得的维氏硬度值为 640。

维氏硬度试验常用的载荷有 5（49.03）、10（98.07）、20（196.1）、30（294.2）、50（490.3）和 100（980.7）kgf（N）等几种。试验时，载荷 F 应根据试样的硬度与厚度来选择。一般在试样厚度允许的情况下尽可能选用较大载荷，以获得较大压痕，提高测量精度。

由式（5-5）和式（5-6）可知，当所加载荷 F 已选定，则硬度值 HV 只与压痕两对角线的平均长度 d 有关，d 愈大，则 HV 值愈小；反之，HV 值愈大。实际测试时，硬度值并不需要计算，只要用装在机体上的测量显微镜测出压痕两对角线的平均长度 d，就可根据 d 的大小查表求得硬度值。

维氏硬度试验法的优点是所加载荷小，压入深度浅，故适用于测试零件表面淬硬层及化学热处理的渗层（如渗碳层、渗氮层）的硬度；同时维氏硬度是一个连续一致的标尺，试验时载荷可任意选择，而不影响其硬度值的大小，因此可测定从极软到极硬的各种金属材料的硬度。维氏硬度试验法的缺点是其硬度值的测定较麻烦，工作效率不如测洛氏硬度高。

四、显微硬度

用布氏、洛氏及维氏硬度试验法测定材料的硬度时，由于其载荷大，压痕面积大，只能得到金属材料组织的平均硬度值。也就是说，当金属材料是由几个相的机械混合物组成时，测得的硬度值只是这个混合物的平均硬度。但是在金属材料的试验工作中，往往需要测定某一组织组成物的硬度，例如测定某个相、某个晶粒、夹杂物或其他组成体的硬度；或者对于研究扩散层组织、偏析相、硬化层深度以及极薄层试样等，这时就可以应用显微硬度试验法。

显微硬度试验法其原理与维氏硬度试验法一样，也是以载荷与压痕表面积之比来确定，不同的是，显微硬度试验法所采用的载荷很小，一般在 $1\sim120\mathrm{gf}$（$1\mathrm{gf}=0.0098\mathrm{N}$）。若载荷 F 以 gf 为单位，压痕对角线平均长度 d 以 $\mu\mathrm{m}$ 为单位计算，则显微硬度值也可用 HV 表示，其计算公式为

$$HV = 1854.4\,\frac{F}{d^2} \tag{5-7}$$

若载荷 F 单位为 N，d 为 $\mu\mathrm{m}$，则上式可写成

$$HV = 1891\times10^3\,\frac{F}{d^2} \tag{5-8}$$

实际试验时，硬度值并不需要用上述公式计算，只要用测量显微镜测出压痕两对角线的平均长度 d，就可根据 d 的大小查表求得。

1999 年 11 月 11 日我国颁布了新的金属维氏硬度试验方法国家标准，并于 2000 年 5 月 1 日实施。新的国家标准 GB/T4340.1—1999《金属维氏硬度试验 第 1 部分：试验方法》包括了如下三个标准：GB/T4340—1984 金属维氏硬度试验方法、GB/T5030—1985 金属小负荷维氏硬度试验方法和 GB/T4342—1991 金属显微维氏硬度试验方法。上述维氏硬度试验、显微硬度试验执行新的国家标准 GB/T4340.1—1999。

五、肖氏硬度

肖氏硬度试验是动态力硬度试验中最简单的一种试验方法。试验时，使一定重量的标准冲头（底端镶有金刚石圆柱体）或钢球从一定高度 h_0 自由下落于试样表面，然后由于试样的弹性变形，又使其回跳到 h 高度，因此可用 h_0 与 h 的比值来计算肖氏硬度值 HS：

$$HS = K\,\frac{h}{h_0} \tag{5-9}$$

式中　HS——肖氏硬度；

　　　K——肖氏硬度系数。

肖氏硬度的大小与冲头回跳的高度成正比。因此，它取决于材料的弹性性质，即取决于材料弹性变形能的大小。肖氏硬度又称弹性回跳硬度。

肖氏硬度计分为 C 型和 D 型两种。目前应用较多的是 D 型肖氏硬度计。两种肖氏硬度计的主要技术参数见表 5-3。

C 型肖氏硬度计的刻度按如下方法确定：将质量 2.5g 的冲头从 254mm 高度自由下落至试样表面，试样用淬火处理后的马氏体钢制成，当冲头回跳高度为 165.1mm 时，试样的肖氏硬度定为 100HS，回跳高度为 0 时，定为 0HS。两者之差为 165.1mm，将此距离

划分为100个均匀分度，每个分度作为一个肖氏硬度单位，将刻度延伸至140，作为满量程，C型肖氏硬度系数 $K = \dfrac{10^4}{65}$。

表5-3 肖氏硬度计的主要参数

项 目	C 型	D 型
冲头质量/g	2.5	36.2
冲头落下高度/mm	254	19
冲头顶端球面半径/mm	1	1
冲头的反弹比与肖氏硬度值的关系	$HSC = \dfrac{10^4}{65} \times \dfrac{h}{h_0}$	$HSD = 140 \times \dfrac{h}{h_0}$

D型肖氏硬度计的刻度按如下方法确定：将质量36.2g的冲头从19mm高度自由下落至试样表面，试样是由淬火处理后的马氏体高碳钢制成。当回跳高度为13.6mm时，试样的肖氏硬度定为100HS，回跳高度为0时，定为0HS。两者之差为13.6mm，将此距离划分为100个均匀的分度，每一个分度作为一个肖氏硬度单位，将刻度延伸至140，作为满量程，D型肖氏硬度系数 $K = 140$。

六、里氏硬度

里氏硬度试验是使一个保持恒定能量的冲击体弹射到静止的试样上，测量回弹时存在于试样中的残余能量，这个残余能量用来表征硬度的高低。即用规定质量的冲击体在弹力作用下以一定速度冲击试样表面，用冲头在距试样表面1mm处的回弹速度（v_k）与冲击速度（v_A）的比值计算硬度值（HL）。计算公式如下：

$$HL = 1000 \frac{v_k}{v_A} \qquad (5\text{-}10)$$

里氏硬度计由冲击装置、显示装置和记录装置组成。其中冲击装置是里氏硬度计的关键部件。各种型号里氏硬度计的冲击装置在结构上大体相同，一种典型的冲击装置结构见图5-6。

里氏硬度计可配置6种不同的冲击装置。其主要技术参数见表5-4。

（1）D型冲击装置　属于通用型，大多数测试中使用D型冲击装置。

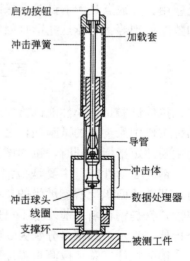

图5-6 里氏硬度计结构图

（2）DC型冲击装置　冲击装置很短，采用特殊的加力环，其他与D型冲击装置相同。用于小空间内硬度的测量，如孔内、圆柱筒内等。

（3）D+15型冲击装置　头部非常细小，测量线圈后移，用于沟槽或凹形表面的硬度测量。

（4）C型冲击装置　冲击能量较小，用于表面层、薄壁件硬度的测定。

（5）G型冲击装置　测量头大，冲击能量较大，对试样表面质量要求稍宽，用于大型铸件和锻件的硬度测定。

（6）E 型冲击装置　用人造金刚石作冲头，用于测量极硬材料的硬度。

表 5-4　里氏硬度计技术参数

主要技术参数	冲击装置类型				
	D, DC	D+15	G	E	C
冲击体质量/g	5.5	7.8	20.0	5.5	3.0
冲击能量/N·mm	11.0	11.0	90.0	11.0	2.7
冲击体球头直径/mm	3.0	3.0	5.0	3.0	3.0
冲击体球头顶端材质种类	碳化钨球	碳化钨球	碳化钨球	金刚石球	碳化钨球

国内目前经常使用的是 D 型、DC 型、G 型和 C 型等四种类型。其中 D 型冲击装置应用最广泛（硬度试验范围为 200～900），其次为 DC 型（硬度试验范围为 200～900），G 型（硬度试验范围为 300～750）和 C 型（硬度试验范围为 350～960）。

里氏硬度试验时，冲击装置与试样表面垂直，且冲击装置在试样上方，但不同方位测得的硬度值是不相同的。GB/T17394—1998 标准中表 5-16 规定了四种冲击装置在不同方位的里氏硬度修正值。

里氏硬度试验法的优点是测试快捷、简便、效率高，能测量大型、重型及不宜拆卸的工件的硬度，也能测试工件的各个方向、窄小空间及特殊部位的硬度，同时对产品表面损伤轻微，有时可作为无损检测。因此，里氏硬度试验在国内生产现场硬度测试中得到了广泛应用。其缺点是影响试验结果准确性的因素比较多，如试验条件、试验对象、操作技术和数据处理等，对于这些影响因素要加以一定程度的限定。

第二节　拉　伸　试　验

拉伸试验是力学性能试验中最基本的试验，是检验金属材料质量和研制、开发材料新品种工作中最重要的试验项目之一。在金属材料的技术条件中，绝大部分都以拉伸性能作为主要评定指标。同时，拉伸试验的数据又是机械制造和工程中选材的主要依据。

钢的力学性能，主要是指钢的强度和塑性。钢的强度，就是钢抵抗变形和断裂的能力，即单位面积上所能承受的负荷，通常用符号 σ 表示，单位为帕，其符号为 Pa。钢的塑性，就是钢在断裂前发生不可逆永久变形的能力，一般用断后伸长率和断面收缩率这两个指标来表示，其符号分别为 δ 和 ψ，二者均以百分比表示。

钢的拉伸试验可以测得强度和塑性。钢的强度指标有规定非比例伸长应力、规定总伸长应力、规定残余伸长应力、屈服点、抗拉强度等；钢的塑性指标有断后伸长率、屈服点伸长率、最大力下的伸长率、断面收缩率等。

钢材的拉伸试验试样和试验方法，可分别按 GB6397—86《金属拉伸试验试样》和 GB228—87《金属拉伸试验方法》中的规定进行。2002 年 3 月我国又重新制定了新的国家标准 GB/T228—2002 金属材料室温拉伸试验方法，代替 GB6394—86 和 GB228—87 标准，并于 2002 年 7 月实施，新标准在强度、塑性的定义和符号、试样、试验要求及性能测定方法等方面进行了较大的修改和补充，但目前钢铁产品标准中力学性能指标的符号和定义仍采用原拉伸试验标准，因此本节只对原拉伸试验标准作一简介。

一、拉伸试样的制备

1. 取样部位

根据检验项目的要求，按 GB2975—82《钢材力学及工艺性能试验取样规定》进行取样，具体规定见表 5-5。

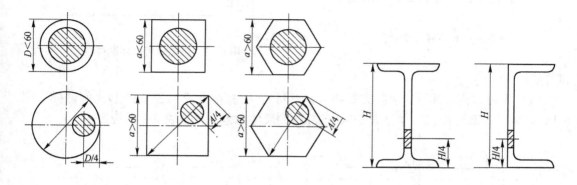

图 5-7　圆钢、方钢、六角钢及样坯取样位置　　　图 5-8　槽钢、工字钢及样坯取样位置

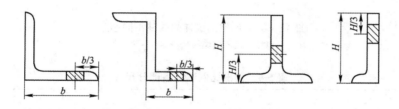

图 5-9　角钢、乙字钢、T 形钢和球扁钢样坯取样位置

表 5-5　钢材机械性能试验取样位置

外　形	规　格	取　样　位　置	备　注
圆钢、方钢、六角钢	≤60mm >60mm	取自钢材中心部位 取自钢材半径 1/2 处	图 5-7
槽钢、工字钢		沿轧制方向从产品腰高的 1/4 处截取	图 5-8
角钢、乙字钢、T 形钢、球扁钢		从产品腿长或腰高 1/3 处截取	图 5-9
扁钢		沿轧制方向取样，其中心线距扁钢边缘为板宽的 1/3	图 5-10
钢板		在钢板端部垂直轧制方向取样，对于纵向轧板，其中心线距钢板边缘为板宽 1/4；对于横向轧板，可在宽度的任一部位截取	图 5-11

2. 拉伸试样

拉伸试样分棒材试样、板材试样、管材试样、铸件试样、锻件试样、线材试样等几种，而每一种拉伸试样又分为比例试样和定标距试样两种形式。下面介绍棒材试样和板材

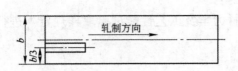

图 5-10　扁钢样坯取样位置

图 5-11　纵轧钢板样坯取样位置

试样。

（1）棒材试样　棒材（包括方材和六方形材），按标准要求加工成圆形比例试样（图 5-12），试样各部分加工尺寸见表 5-6，各部位的尺寸偏差应符合表 5-7 的规定。

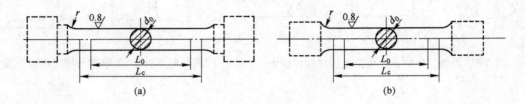

图 5-12　圆形比例试样的两种不同形态

（可按夹具不同结构选择其中一种）

表 5-6　圆形比例试样各部分尺寸

一　般　尺　寸			短　试　样			长　试　样		
d_0/mm	r（最小）/mm		试样号	L_0	L_c	试样号	L_0	L_c
	单双肩	螺　纹						
25	5	12.5	R_1			R_{01}		
20	5	10	R_2			R_{02}		
15	4	7.5	R_3			R_{03}		
10	4	5	R_4			R_{04}		
8	3	4	R_5	$5d_0$	L_0+d_0	R_{05}	$10d_0$	L_0+d_0
6	3	3.5	R_6			R_{06}		
5	3	3.5	R_7			R_{07}		
3	2	2	R_8			R_{08}		

表 5-7　圆形试样的尺寸偏差　　　　　　　　　　　　　　　　　　mm

圆形试样直径 d_0	试样标距部分直径 d_0 的允许偏差	试样标距部分最大与最小直径 d_0 的允许差值
<5	±0.05	0.01
5～<10	±0.1	0.02
≥10	±0.2	0.05

118

试样需经热处理时，须先将毛坯试样进行热处理，然后再加工成拉伸试样。不需热处理的试样，可直接加工成拉伸试样。

（2）板材试样　对厚板、薄板材，一般截取矩形试样。矩形试样可分为带头和不带头的两种，其形状及侧面加工粗糙度如图 5-13 所示。带头矩形试样尺寸如表 5-8 所示。矩形试样加工偏差一般应符合表 5-9 的规定。对于厚度小于 $0.5\sim0.1\,mm$ 的薄板（带），一般采用定标距试样 P_8 或 P_9。仲裁试验时，如有关标准无规定试样尺寸，应采用 P_4（P_{04}）或 P_5（P_{05}），试样的宽度为 b_0。

表 5-8　带头矩形试样各部分尺寸

一 般 尺 寸			短 试 样			长 试 样		
a_0	b_0	r	试样号	L_0	L_c	试样号	L_0	L_c
0.1～<1.0	10		P_1			P_{01}		
1.0～4.0	15		P_2			P_{02}		
>4.0～12	20		P_3			P_{03}		
0.5～<4.5	20	25～40	P_4	$5.65\sqrt{S_0}$ 取最接近 5 的 整数倍	$L_0+\dfrac{b_0}{2}$	P_{04}	$11.3\sqrt{S_0}$ 取最接近 10 的整数倍	$L_0+\dfrac{b_0}{2}$
4.5～25	30		P_5			P_{05}		
0.1～<6	12.5		P_6			P_{06}		
4.5～25	25		P_7			P_{07}		
0.1～0.5	12.5	25～40	P_8	50	75			75
	20		P_9	80	120			125

注：S_0 表示试样标距处原始横截面面积。

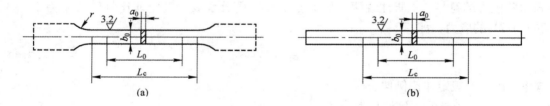

图 5-13　带头与不带头的矩形试样形态
（a）带头；（b）不带头

表 5-9　矩形试样加工尺寸偏差　　　　　　　　　　mm

矩形试样宽度 b_0	试样标距部分内宽度 b_0 的允许偏差	试样标距部分内最大与最小宽度 b_0 的允许差值
10 12.5 15	±0.2	0.1
20 25 30	±0.5	0.2

二、钢材强度指标

钢的强度是通过拉伸试验测定的，拉伸试验一般是在万能试验机上进行的。拉伸试验时，试样在负荷平稳增加下发生变形直至断裂，此时利用万能试验机上的自动绘图装置，可以绘出试样在拉伸过程中伸长与负荷之间的关系曲线，习惯上称此曲线为试样的拉伸图，即 $F\text{-}\Delta L$ 曲线。图 5-14 为低碳钢试样的拉伸图。

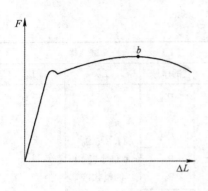

图 5-14　低碳钢拉伸图

1. 规定非比例伸长应力

金属试样在外力作用下发生的形状变化，称为变形。而恢复变形的能力则称为弹性。当外力去除之后，试样的变形即随之消失，而无残余变形，这种变形称为弹性变形。由拉伸图可知，弹性变形呈一直线段，这说明试样的伸长与外力的增加成正比关系（遵循胡克定律）。按照定义，比例极限应是应力-应变能保持正比关系的最大应力值，亦即在拉伸曲线上开始偏离直线时那一点所求得的应力。但在技术上很难准确测定这一点的位置（受所用测量仪器，特别是引伸计的精度的影响），因此，标准中将原 GB228—76 中的"规定比例极限"这一定义取消。通常，工程上希望了解的是材料在多大应力作用下产生多大的应变，而不是拉伸曲线斜率偏离的大小。所以，在新标准 GB228—87 中规定为"规定非比例伸长应力"。

规定非比例伸长应力，就是试样标距的非比例伸长达到规定原标距百分比时的应力，表示此应力的符号应加脚注说明，如 $\sigma_{P0.01}$、$\sigma_{P0.05}$ 等分别表示规定非比例伸长率为 0.01％和 0.05％的应力，即

$$\sigma_P = \frac{F_P}{S_0} \tag{5-11}$$

式中　σ_P——规定非比例伸长应力；

F_P——规定非比例伸长力；

S_0——试样平行长度部分的原始横截面面积。

2. 规定总伸长应力

规定总伸长应力就是试样标距部分的总伸长（弹性伸长加塑性伸长）达到规定的原始标距百分比时的应力，表示此应力的符号应加脚注说明，例如 $\sigma_{t0.5}$ 表示规定总伸长率为 0.5％时的应力，即

$$\sigma_t = \frac{F_t}{S_0} \tag{5-12}$$

式中　σ_t——规定总伸长应力；

F_t——规定总伸长力；

S_0——试样平行长度部分的原始横截面面积。

3. 规定残余伸长应力

规定残余伸长应力，就是试样卸去伸长力后，其标距部分的残余伸长达到规定的原始

120

标距百分比时的应力，表示此应力的符号应加脚注说明。例如 $\sigma_{r0.2}$ 表示规定残余伸长率为 0.2% 时的应力，即

$$\sigma_r = \frac{F_r}{S_0} \tag{5-13}$$

式中　σ_r——规定残余伸长应力；

　　　F_r——规定残余伸长力；

　　　S_0——试样平行长度部分的原始横截面面积。

上述三个定义适用于高碳钢和一些调质合金钢，这些钢种在拉伸过程中无明显屈服现象。

4. 屈服点

有屈服现象的金属材料，当试样在试验过程中拉伸力不增加（保持恒定）时仍能继续伸长时的应力称为屈服点。出现屈服现象时，万能试验机上负荷的读数波动范围一般很小。如力发生下降，应区分上、下屈服点。

上屈服点——试样发生屈服而力首次下降前的最大应力。

下屈服点——当不计初始瞬时效应时，屈服阶段中的最小应力，即

$$\sigma_s = \frac{F_s}{S_0} \tag{5-14}$$

$$\sigma_{su} = \frac{F_{su}}{S_0} \tag{5-15}$$

$$\sigma_{sl} = \frac{F_{sl}}{S_0} \tag{5-16}$$

式中　σ_s——屈服点；

　　　σ_{su}——上屈服点；

　　　σ_{sl}——下屈服点；

　　　F_s——屈服力；

　　　F_{su}——上屈服力；

　　　F_{sl}——下屈服力；

　　　S_0——试样平行长度部分的原始横截面面积。

试样经过屈服阶段再除去负荷，部分变形不能恢复，这部分不能恢复的残余变形称为塑性变形。

5. 抗拉强度

金属试样屈服后，若要使其继续发生变形，则需增加外力以克服其中不断增长的抗力，这是因为材料在塑性变形过程中不断发生强化。在强化阶段中，试样的变形主要是塑性变形，其变形量要比弹性变形阶段内的变形大得多，试样的变形仍是均匀的，但可以看到整个试样的横向尺寸有显著缩小。当外力继续增加到某一最大值（图 5-14 中曲线 b 点对应的力）时，试样的局部面积缩小，产生了所谓"缩颈"现象，故载荷也逐渐降低，直到试样被拉断。

抗拉强度是指试样在拉断过程中最大力所对应的应力，即

$$\sigma_b = \frac{F_b}{S_0} \tag{5-17}$$

式中　σ_b——抗拉强度；

　　F_b——试样承受的最大力；

　　S_0——试样平行长度部分的原始横截面面积。

抗拉强度在工程技术上是很重要的，因为它表示材料在拉伸条件下所能承受的最大外力，所以，它是零件和工件设计时的主要依据，同时也是评定金属材料的重要指标之一。

三、钢材塑性指标

塑性是指材料产生塑性变形而不破坏的能力。在拉伸试验时，金属材料的塑性，可用伸长率和断面收缩率表示。

1. 伸长率

伸长率是试样在一定应力下的标距增长量与原始标距长度之比。

旧标准 GB228—76 仅规定了一个伸长率指标，即试样拉断后标距增长量与原标距长度之比。新标准 GB228—87 除将上述伸长率称为断后伸长率之外，还增加了屈服点伸长率、最大力下的伸长率等多种不同的伸长率。

屈服点伸长率 δ_s 就是试样从屈服开始至屈服阶段结束（加工硬化开始）之间标距的增长量与原始标距长度的百分比。

最大力下的伸长率就是试样拉到最大力时标距的增长量与原始标距长度的百分比。应区分最大力下的总伸长率 δ_{gt} 和最大力下的非比例伸长率 δ_g。

断后伸长率就是试样拉断后，标距的增长量与原始标距长度的百分比，即

$$\delta = \frac{L_1 - L_0}{L_0} \tag{5-18}$$

式中　δ——断后伸长率；

　　L_1——试样拉断后的标距长度；

　　L_0——试样原始标距长度。

强度指标的测定，一般不受试样长短的影响。而伸长率则随标距的增加而减小。所以，同一材料的短试样（$L_0 = 5d_0$）测得的伸长率要稍大于长试样（$L_0 = 10d_0$），其值因钢种不同而异。由于长、短试样拉断后都有一个颈缩部分，把颈缩部分平均到短试样中，比平均到长试样中所占的比例大，因此，必须注明是短试样的伸长率（用 δ_5 表示）还是长试样的伸长率（用 δ_{10} 表示）。若不注明，则是长试样伸长率。

2. 断面收缩率

断面收缩率就是试样拉断后，缩颈处横截面面积的最大缩减量与原始横截面面积的百分比，即

$$\psi = \frac{S_0 - S_1}{S_0} \tag{5-19}$$

式中　ψ——断面收缩率；

　　S_0——试样平行长度部分的原始横截面面积；

　　S_1——试样拉断后缩颈处的最小横截面面积。

通常，δ、ψ 的数值越大，材料的塑性越好。反之，材料的塑性越差，脆性越大。根据金属材料的伸长率 δ 和断面收缩率 ψ 的大小，很容易确定各种材料的塑性好坏。

钢的强度、塑性与其含碳量有着密切关系。随着钢的含碳量的增加，其强度增高而塑性减小。

钢的强度和塑性还与温度有关。一般来说，温度越高，强度越低，塑性越好。所以，钢材的轧制和锻造时都将其加热到高温使其组织转变为塑性良好的奥氏体，以便于塑性成形。

四、强度和塑性的测定

1. 规定非比例伸长应力的测定

对于拉伸曲线有明显弹性直线段的材料，可使用图解法，或逐级施力法测定规定非比例伸长应力；对于无明显弹性直线段的材料则可采用滞后环法或逐步逼近法。这里仅介绍图解法。

用自动记录方法绘制力-伸长曲线图时，力轴每毫米所代表的应力，一般应不大于10MPa，曲线的高度应使 F_P 处于力轴量程的二分之一以上。伸长放大倍数的选择应使图5-15 中的 $\overline{OC}$ 段的长度不小于5mm。

作图步骤：在曲线图上，自弹性直线段与伸长轴交点 O 起，截取一相应于规定非比例伸长的 $\overline{OC}$ 段（$\overline{OC} = n \cdot L_e \cdot \varepsilon_P$），过 C 点作弹性直线段的平行线 CA 交曲线于 A 点，A 点对应的 F_P 为所测规定非比例伸长力（见图5-15），规定非比例伸长应力按下式计算：

$$\sigma_P = \frac{F_P}{S_0} \tag{5-20}$$

式中　F_P——规定非比例伸长力（试验记录或报告中应附以所测应力的脚注），N；

　　　S_0——试样平行长度部分的原始横截面面积，m^2。

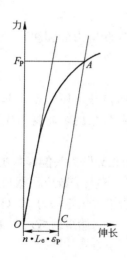

图 5-15

n—伸长或位移放大倍数；L_e—引伸计标距；
ε_P—规定非比例伸长率

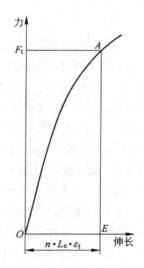

图 5-16

n—伸长或位移放大倍数；L_e—引伸计标距；
ε_t—规定总伸长率

2. 规定总伸长应力的测定

采用图解法测定规定总伸长应力。用自动记录方法绘制力-伸长曲线图时，力轴每毫米长所代表的应力，一般应不大于 10MPa。伸长放大倍数一般至少应为 50 倍。

在曲线图上，自曲线的真实原点 O 起，截取相应于规定总伸长的 $\overline{OE}$ 段（$\overline{OE} = n \cdot L_e \cdot \varepsilon_t$），过 E 点作力轴的平行线 EA 交曲线于 A 点，A 点对应的力 F_t 为规定总伸长力（图 5-16）。规定总伸长应力可按下式计算：

$$\sigma_t = \frac{F_t}{S_0} \tag{5-21}$$

式中　F_t——规定总伸长力（试验记录或报告中应附以所测力的脚注），N；

　　　S_0——试样平行长度部分的原始横截面面积，m^2。

3. 规定残余伸长应力的测定

可用卸力法测定规定残余伸长应力。拉伸试验时，试样置放妥当后，对试样施加约相当于预期规定残余伸长应力 10% 的力 F_0，装上引伸计。继续施力至 $2F_0$ 后再卸至 F_0，记下引伸计读数作为条件零点。从 F_0 起第一次施力至试样在引伸计标距内产生的总伸长为 $n \cdot L_e \cdot \varepsilon_r +$（1~2）分格（1 分格＝0.01mm，$n$ 为伸长或位移放大倍数，L_e 为引伸计标距，ε_r 为规定残余伸长率）。式中第一项为规定残余伸长，第二项为弹性伸长。在引伸计上读出首次卸至 F_0 的残余伸长。以后每次施力应使试样产生的总伸长为前一次总伸长加上规定残余伸长与该次残余伸长（卸至 F_0）之差，再加上（1~2）分格的弹性伸长增量。试验直至实测的残余伸长等于或稍大于规定残余伸长值为止。如果掌握被试验金属材料所测规定残余伸长应力所对应的总伸长的大致范围，则可使第一次施力的总伸长接近预计值，以便迅速求得 F_r。

用内插法算出相应于规定残余伸长的 F_r 的精确值。规定残余伸长应力可按下式计算：

$$\sigma_r = \frac{F_r}{S_0} \tag{5-22}$$

式中　F_r——规定残余伸长力（试验记录或报告中应附以所测应力的脚注），N；

　　　S_0——试样平行长度部分的原始横截面面积，m^2。

4. 屈服点、上屈服点、下屈服点的测定

有明显屈服现象的金属材料，应测其屈服点、上屈服点或下屈服点，但有关标准或协议无规定时，一般只测屈服点或下屈服点。无明显屈服现象的金属材料应测其规定非比例伸长应力 $\sigma_{p0.2}$ 或规定残余伸长应力 $\sigma_{r0.2}$。

（1）图解法。试验时，用自动记录装置绘制力-伸长曲线图或力-夹头位移曲线图，力轴每 1mm 所代表的应力，一般应不大于 10MPa，伸长（夹头位移）放大倍数应根据材质进行适当选择，曲线应至少绘制到屈服阶段结束点。在曲线上确定屈服平台恒定的力 F_s（图 5-17 (d)）或屈服阶段中力首次下降前的最大力 F_{su}（图 5-17 (c)）或不计初始瞬时效应时的最小力 F_{sl}（图 5-17 (a)、(b)）。屈服点、上屈服点或下屈服点可分别按以下各式计算：

$$\sigma_s = \frac{F_s}{S_0} \tag{5-23}$$

$$\sigma_{su} = \frac{F_{su}}{S_0} \tag{5-24}$$

$$\sigma_{sl} = \frac{F_{sl}}{S_0} \tag{5-25}$$

式中　F_s——屈服力；

F_{su}——上屈服力；

F_{sl}——下屈服力；

S_0——试样平行长度部分的原始横截面面积，m^2。

（2）指针法。生产检验允许使用指针法测定屈服点、上屈服点和下屈服点。试验时，测定测力度盘的指针首次停止转动的恒定力，或指针首次回转前的最大力或不计初始瞬时效应时的最小力，然后分别代入公式求出对应的应力为屈服点和上、下屈服点。

5. **抗拉强度的测定**

测定屈服点后，对试样继续加荷至拉断试样为止。从测力度盘上读取最大力 F_b。抗拉强度可按下式计算：

$$\sigma_b = \frac{F_b}{S_0} \qquad (5\text{-}26)$$

式中　F_b——最大力，N；

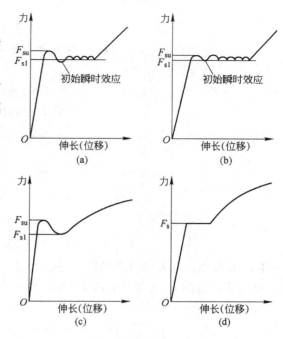

图 5-17　用图解法从曲线上确定力的方法

　　　　S_0——试样平行长度部分的原始横截面面积，m^2。

6. **伸长率的测定**

（1）屈服点伸长率的测定。用自动记录装置绘制力-伸长曲线图时，应选择适当的力轴比例，而伸长放大倍数则应根据屈服阶段结束（加工硬化开始）前的伸长量进行选择。所使用的引伸计标距应尽可能等于试样原始标距。在曲线上过屈服阶段结束点 G 作弹性直线段的平行线 GF 交伸长轴于 F 点，延长弹性直线段交伸长轴于 O 点，然后测量图上 $\overline{OF}$ 的长度（图 5-18）。屈服点伸长率可按下式计算：

$$\delta_s = \frac{\overline{OF}}{n \cdot L_e} \qquad (5\text{-}27)$$

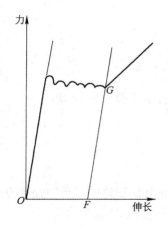

图 5-18

（2）最大力下的总伸长率和最大力下的非比例伸长率的测定。用自动记录装置绘制力-伸长曲线，应选择适当的力轴比例，应根据达到最大力时的总伸长量选择适当的伸长放大倍数。所使用的引伸计标距应尽可能等于试样原始标距。在曲线上过最大力点 K，分别作力轴和弹性直线段的平行线 KI 和 KJ，交伸长轴于 I 点和 J 点。延长弹性直线段交伸长轴于 O 点，然后测量图中 $\overline{OI}$ 和 $\overline{OJ}$ 长度（图 5-19）。最大力下的总伸长率和最大力下的非比例伸长率可分别按下式计算：

$$\delta_{gt} = \frac{\overline{OI}}{n \cdot L_e} \times 100 \qquad (5\text{-}28)$$

$$\delta_g = \frac{\overline{OJ}}{n \cdot L_e} \times 100 \qquad (5\text{-}29)$$

式中　n——伸长或位移放大倍数；

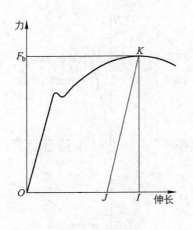

图 5-19

L_e——引伸计标距，mm。

（3）断后伸长率的测定。将拉断后的试样断裂处紧密对接，尽量使其轴线位于一直线上，以测量断后长度。

断后标距 L_1 的测量：

1）直测法。拉断处到最邻近标距端点的距离大于 $\frac{1}{3}L_0$ 时，可直接测量标距两端点间的距离。

2）移位法。若拉断处到最邻近标距端点的距离小于或等于 $\frac{1}{3}L_0$ 时，则按下述方法测定 L_1：

在长段上从拉断处 O 取基本等于短段格数，得 B 点，接着取等于长段所余格数（偶数，图 5-20（a））的一半，得 C 点；或者取所余格数（奇数，图 5-20（b））分别减 1 与加 1 的一半，得 C 和 C_1 点。移位后的 L_1 分别为：$AB+2BC$ 和 $AB+BC+BC_1$。

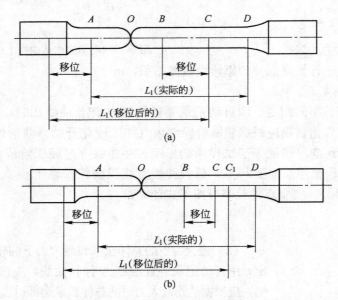

图 5-20　移位法测定断后伸长率示意图

测量断后标距的量具其最小刻度值应不大于 0.1mm。断后伸长率按下式计算：

$$\delta = \frac{L_1 - L_0}{L_0} \qquad (5-30)$$

式中　L_0——试样原始标距长度，mm；

　　　L_1——试样拉断后标距长度，mm。

短、长比例试样的断后伸长率分别以符号 δ_5、δ_{10}（δ）表示。定标距试样的断后伸长率应附以该标距数值的脚注，例如 $L_0=100$mm 或 200mm，分别以符号 δ_{100mm} 或 δ_{200mm} 表示。

7. **断面收缩率的测定**

试样断裂处的截面积的测定方法是：对圆形试样在缩颈处两个相互垂直方向上测量其

直径，用二者的算术平均值计算。矩形试样用缩颈处的最大宽度乘以最小厚度求得。求出试样断裂处的截面积后，将其代入下式计算：

$$\psi = \frac{S_0 - S_1}{S_0} \tag{5-31}$$

式中　S_0——试样原始横截面面积，mm^2；

　　　S_1——试样断裂（缩颈）处的截面积，mm^2。

第三节　金属高温拉伸试验

金属在高温下的力学性能与它在室温时的力学性能显著不同，不能只简单地用常温下短时拉伸的应力-应变曲线来评定，还必须考虑温度与时间两个因素。在高温下金属材料除了由于温度使原子振幅增大，原子间结合力下降而导致强度降低外，还和受荷时间有重大关系。当温度高到一定值时，金属在长时间受力状态下，即使所受的应力小于同一温度的屈服强度，也会随着时间的延长缓慢地产生永久变形（即蠕变），最后甚至于断裂。在室温或较低温度时是具有高塑性的材料，在高温下，特别是在高温长期工作情况下，往往会从所谓穿晶断裂过渡到晶间断裂，其塑性显著下降，即所谓脆化倾向。但试验时间足够长时，塑性又逐步回升。

高温力学性能试验很多，本节仅就高温短时拉伸试验、高温蠕变试验和高温持久强度试验作一简单介绍。

一、高温短时拉伸试验

在很多情况下，如火箭、导弹中的某些零件，工作时间很短，蠕变现象并不起决定作用；或者零件工作温度不高（例如在 400℃ 以下使用的钢铁材料），没有蠕变现象发生，以及检查材料的热塑性时，金属的短时高温拉伸性能有着重要的意义。

金属高温短时拉伸试验执行 GB/T4338—1995 金属材料高温拉伸试验标准。适用于在室温～1100℃温度下测定金属材料的规定非比例伸长应力、屈服点、抗拉强度、伸长率、断面收缩率等拉伸性能。

1. 试样

试样的形状和尺寸取决于要测定力学性能的金属产品的形状和尺寸。试样横截面的形状可以为圆形、矩形、环形，特殊情况可以为其他形状。凡原始标距 L_0 与原始横截面面积 S_0 具有 $L_0 = K\sqrt{S_0}$ 关系的试样称为比例试样，式中 K 为比例系数，其值优先采用 5.65。原始标距应不小于 20mm。当采用 $K=5.65$ 而不能满足原始标距 20mm 的要求时，可以采用 $K=11.3$ 系数值。凡原始标距 L_0 与原始横截面面积 S_0 无上述比例关系的试样称为非比例试样。图 5-21 为圆形比例试样，其试样尺寸符合表 5-10 的规定。

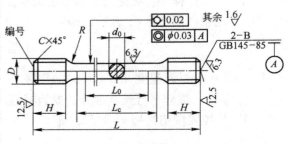

图 5-21　高温拉伸圆形比例试样

表 5-10　试样尺寸　　　　　　　　　　　　　　　　　　　　mm

试样号	d_0	D	C	R	L_0	L_c	H	L	B
GR1	$\phi10\pm0.03$	M16-6h	2	10	50	60	20	114	B1.6/5
GR2	$\phi5\pm0.03$	M12-6h	2	5	25	30	15	70	B1.6/5
GR3	$\phi4\pm0.03$	M8-6h	1	4	20	24	10	51	B1/3.15

切取样坯和机加工试样时应防止因冷加工或受热而改变材料的力学性能，需热处理的试样应在最后一道机加工工序或精加工之前进行热处理，完成机加工的试样应平直，无毛刺，无机械损伤，表面无锈蚀和可见缺陷。

2. 试样加热和温度测量

试样原始标距小于或等于 50mm 时，在其两端各绑一支热电偶；大于 50mm 时，在其两端及中间各绑一支热电偶，以准确测定试样温度。试样装入炉内后，一般应在 1h 内加热至规定的试验温度，并应避免温度超过规定温度上限。在规定温度至少保持 10min 方能开始试验。保温期间和试验直至试样断裂前，试验温度不大于 600℃ 时温度允许偏差为 ±3℃，大于 600℃ 至 800℃ 为 ±4℃，大于 800℃ 至 1100℃ 为 ±5℃。

3. 性能测定

在进行高温短时拉伸试验时，负荷持续时间的长短即拉伸速度的大小，对性能有显著的影响，试验温度愈高，其影响愈明显。因此，试样拉伸速度有着严格的规定。测定规定非比例伸长应力和屈服点、上屈服点和下屈服点时，从试验开始直至规定非比例伸长应力的测定或屈服阶段结束的范围内，试样平行长度的应变速率应在 0.001/min 和 0.005/min 之间尽可能保持恒定的速率，在试验机不具备控制应变速率能力的情况下，采用试验机夹头空载移动速度为 $0.02L_c$ mm/min，仲裁试验采用中间应变速率。如只测定抗拉强度或屈服过后，应变速率应在 0.02/min 和 0.20/min 之间尽可能恒定的值，如试验机达不到这样的速率要求，可采用试验机夹头空载移动速率为 $0.1L_c$ mm/min，仲裁试验采用中间应变速率。从一种试验速率到另一种试验速率的改变，应连续无冲击。

高温拉伸试验可测得金属材料的规定非比例伸长应力、屈服点、抗拉强度、伸长率和断面收缩率等高温拉伸性能指标。测定方法与常温拉伸试验基本相同。

（1）规定非比例伸长应力用符号 σ_P^T 表示，即

$$\sigma_P^T = \frac{F_P^T}{S_0} \tag{5-32}$$

式中　F_P^T——试验温度 T（℃）时的规定非比例伸长力，N；

　　　S_0——试样平行长度部分的原始横截面面积，m^2。

（2）屈服点用符号 σ_S^T 表示，即

$$\sigma_S^T = \frac{F_S^T}{S_0} \tag{5-33}$$

式中　F_S^T——试验温度 T（℃）时的屈服力，N；

　　　S_0——试样平行长度部分的原始横截面面积，m^2。

（3）抗拉强度用符号 σ_b^T 表示，即

$$\sigma_b^T = \frac{F_b^T}{S_0} \tag{5-34}$$

式中　F_b^T ——试验温度 T（℃）时试样承受的最大力，N；

　　　S_0 ——试样平行长度部分的原始横截面面积，m^2。

（4）断后伸长率用符号 δ^T 表示，即

$$\delta^T = \frac{L_1 - L_0}{L_0} \tag{5-35}$$

式中　δ^T ——试验温度 T（℃）时的断后伸长率，%；

　　　L_0 ——试样原始标距长度，mm；

　　　L_1 ——试样拉断后标距长度，mm。

（5）断面收缩率用符号 ψ^T 表示，即

$$\psi^T = \frac{S_0 - S_1}{S_0} \tag{5-36}$$

式中　ψ^T ——试验温度 T（℃）时的断后伸长率，%；

　　　S_0 ——试样原始横截面面积，mm^2；

　　　S_1 ——试样断裂（缩颈）处的截面积，mm^2。

二、高温蠕变试验

金属在一定温度和一定应力作用下，随着时间的增加而缓慢地发生塑性变形的现象叫做蠕变。蠕变在较低温度和较低应力作用下也会产生，但只有当约比温度（T/T_m，T 为试验温度，T_m 为金属熔点，用开氏温度表示）大于 0.3 时才比较显著。

蠕变试验是测定金属材料在给定温度和规定应力下抵抗蠕变变形能力的一种试验方法。金属材料抵抗蠕变变形的能力可用蠕变速度和蠕变强度等指标来表示。

（一）蠕变速度

蠕变试验时，在规定的温度 T（℃）下，给定恒定应力 σ 之后测定试样随时间的轴向伸长，以所得的数据绘制变形量 ΔL-时间 t 关系曲线，即得如图 5-22 所示的蠕变曲线。

蠕变曲线上任一点的斜率，表示该点的蠕变速度。按照蠕变速度的变化情况，可将蠕变过程分为三个阶段。

第一阶段从 0 到 t_1，是减速蠕变阶段（又称过渡蠕变阶段），这一阶段蠕变变形量相对较小。

第二阶段从 t_1 到 t_2，是恒速蠕变阶段（又称稳态蠕变阶段），这一阶段的特点是蠕变速度几乎保持不变。

第三阶段 t_2 以后，是加速蠕变阶段。随着时间的延长，蠕变逐渐增大，直至断裂。

不同的金属材料在不同的试验条件下，所得到的蠕变曲线的形状在三个阶段的长短是不同的。当应力较小

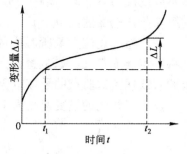

图 5-22　蠕变速度求法

及温度较低时，曲线的第二阶段，即恒速蠕变阶段延续得很长；当应力较大及温度较高时，第二阶段很短，甚至完全消失。在进行蠕变试验时，规定的使用应力较低，此时第二阶段较长，此段变形是主要的。因此，对长时间使用的材料通常都以第二阶段的蠕变速度作为衡量蠕变变形能力的指标。

所谓蠕变速度是指单位时间内单位长度的变形量。如图 5-22 所示，第二阶段的蠕变

速度为

$$v = \frac{\Delta L}{1000} \times \frac{1}{L} \times \frac{1}{t_2 - t_1} \times 100\%$$ (5-37)

式中　v——蠕变速度，%/h；

　　ΔL——$t_1 \sim t_2$ 时间内的蠕变变形量，μm；

　　L——试样的计算长度，mm。

（二）蠕变强度

蠕变强度也称条件蠕变极限，简称蠕变极限。一般有两种表示方法：（1）在一定温度下，第二阶段蠕变速度不超过某规定值时的最大应力；（2）在一定温度下，使试样在规定时间产生蠕变伸长率不超过规定值时的最大应力。在实际使用应力下，第一阶段变形量是很小的，这样用上述两种定义得出的蠕变强度相差很小。在使用上选用哪种表示方法应视蠕变速度与服役时间而定。若蠕变速度大而服役时间短，可取第一种表示方法；反之，服役时间长，则取第二种表示方法。通常，因为用第一种方法确定蠕变强度很方便，试验时间可以短一些，因此这种方法应用得较广泛。

第一种方法是以第二阶段蠕变速度定义的蠕变强度，记作 σ_v^T。上标 T 表示试验温度（℃），下标 v 表示规定的蠕变速度（%/h）。

在固定温度下，第二阶段蠕变速度与试验应力有如下经验公式：

$$v = K\sigma^n$$ (5-38)

将上式两边取对数可得：

$$\lg v = \lg K + n\lg\sigma$$ (5-39)

从上式可以看出，在双对数坐标上，第二阶段蠕变速度与应力呈直线关系。显然，有了这根直线，就可以求出任意规定的蠕变速度下的蠕变强度。

具体步骤如下：

（1）在某一温度下（一般为材料的服役温度），对几组试样（每组试样不得少于 3 个）以不同的应力 σ_1、σ_2、σ_3……分别进行蠕变试验，并给出蠕变曲线，计算出各应力下对应的第二阶段蠕变速度 v_1、v_2、v_3……。如图 5-23（a）所示。

（2）将上述应力及所对应的蠕变速度取对数后在应力-蠕变速度双对数坐标上描点。并将各点连成直线，如试验点比较分散，可用最小二乘法依试验数据计算出直线方程，得出的直线便是试验点的最佳拟合线。如图 5-23（b）所示。

（3）直线上的蠕变速度为 10^{-5}%/h 所对应的应力即为在某一温度下规定蠕变速度为

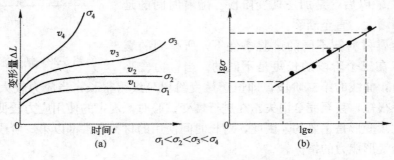

图 5-23　蠕变强度求法示意图

$10^{-5}\%/h$ 时的蠕变强度。蠕变速度为其他数值的蠕变强度也可同样求出。

（三）蠕变试验方法

1. 试样

蠕变试验试样如图 5-24 所示。有圆形试样和板状试样两种，在其工作部分的两端各有一个经特殊加工的部位用来安装引伸计，有的为螺纹，有的为一凸台。试样的检验和要求可参照 GB/T2039—1997 标准中的具体规定。

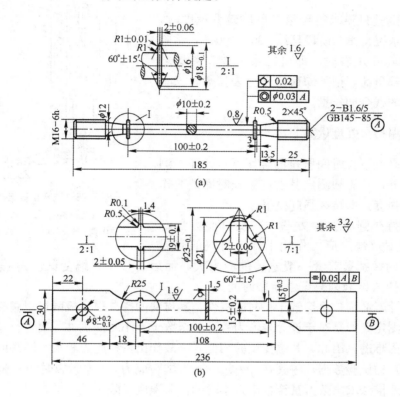

图 5-24 蠕变试样

（a）圆试样；（b）板状试样

2. 试验设备

目前高温蠕变试验机有多种，一般都包括以下三部分：（1）加荷机构；（2）加热装置、控温系统及测温系统；（3）变形测量部分。图 5-25 为试验装置示意图。试样 7 装卡在夹头 8 上，置于电炉 6 内加热。试样温度用捆在试样上的热电偶 5 测定，炉温用铂电阻 2 控制。通过杠杆 3 及砝码 4 对试样加载，使之承受一定大小的拉应力。试样的蠕变伸长量用安装在炉外的引伸计 1 测量。

3. 试验操作

（1）试样加热至规定温度，并使试样在计算长度内的温度波动和温度梯度（试验中任一瞬间试样所有被测点温度的最高值与最低值之差）符合标准中的规定，即试验温度小于 900℃时温度偏差±3℃，温度梯度为 3℃；900～1100℃时温度偏差±4℃，温度梯度为 4℃。

（2）在升温时，应在试样上施加一个拉紧力，目的是使试样各连接部分保持稳定，施加的初始力为试验力的 10%，且应力不应大于 10MPa。

（3）炉温升至规定温度后加主负荷，加荷时要平稳无冲击。加主负荷前，调整好试样两边引伸计的初始读数，主负荷加上后应立即记下伸长量。开始时可 15～30min 记录一次伸长量，以后每隔一定时间记录一次，时间间隔根据具体情况而定。

（4）当试验只要求得到第二阶段蠕变速度时，应根据曲线情况待第二阶段延续 500～1000h，试验总时间为 3000h 左右时，即可结束试验。关炉之前，卸去全部负荷，记下卸荷后千分表读数，这个值表示试样的残余伸长量。

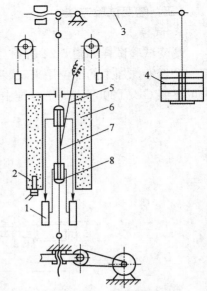

图 5-25　蠕变试验装置简图
1—引伸计；2—铂电阻；3—杠杆；4—砝码；
5—热电偶；6—电炉；7—试样；8—夹头

三、高温持久强度试验

对于在高温下长时间服役的金属材料，除了测定蠕变强度外，还必须测定其在高温长时间载荷作用下的断裂强度，即持久强度极限。

金属的持久强度试验方法与蠕变试验方法都是在恒定温度及恒定应力作用下评定材料的高温性能。两者的区别是前者一般施加的应力大，而后者较小；蠕变试验过程中要测量试样变形，而持久试验则只记录断裂时间。

对于设计寿命为数百至数千小时的机件，其材料的持久强度极限可以直接用同样的时间进行试验测定。但是对于设计寿命为数万甚至数十万小时的机件，要进行这么长时间的试验是比较困难的。因此，和蠕变试验相似，一般作出一些应力较大，断裂时间较短（数百至数千时）的试验数据，将其在 $\lg\sigma$-$\lg t$（σ 为试验应力，t 为断裂时间）坐标图上回归成直线，用外推法求出数万甚至数十万小时的持久强度极限。

（一）试样和试验方法

1. 试样

持久强度试验试样有圆形试样、矩形试样以及缺口试样三种类型，如图 5-26 所示。试样的检验和要求可参照 GB/T2039—1991 标准中的具体规定。

图 5-26（c）矩形试样的厚度 a、原始标距长度 L_0、试样长度 L_t 列于表 5-11 中。

表 5-11　原始计算长度与厚度的关系

A	≥0.8～1.0	>1.0～1.5	>1.5～2.4	>2.4～3.0
L_0	15	20	25	30
L_t	111	116	121	126

2. 试验方法

持久强度试验与蠕变试验相比，其不同之处是试验温度高，负荷较大，时间周期短。由于这些原因，持久强度试验要在专用试验机上进行。持久强度试验的过程和蠕变试验相似，但较简单，除个别情况和特殊要求外，不需要测定其随时间的形变。开始时，和蠕变

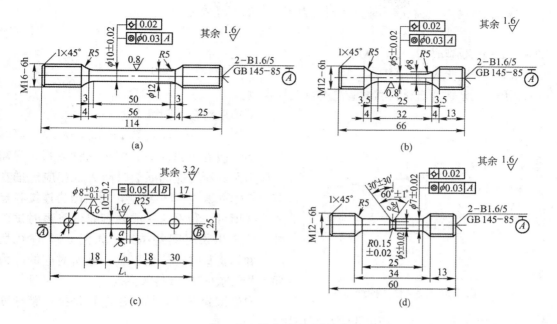

图 5-26　持久强度试样图

(a) 直径 10mm 的圆形横截面标准持久试样；(b) 直径 5mm 的圆形横截面标准持久试样；
(c) 矩形横截面标准持久试样；(d) 圆形横截面缺口持久试样

试验一样，将试样安装在试验机夹头间并调整使偏心度不超过允许范围。而后通电升温，使试样缓慢加热至试验温度，保持约 1h，然后再平稳均匀地将给定的负荷加于试样上。随即开始计算时间，并按时检查试验机运转是否正常，温度的控制和记录是否精确，必要时需及时加以校正。如此持续进行直至试样破断为止。

（二）持久强度的评定

金属高温持久强度的评定标准通常采用以下两种方法。

（1）由金属材料的检验规程规定，给出其材料的试验温度和应力，在持久强度试验中，当持续时间超过规定的时间后，材料仍未破断，即认为该材料持久强度试验合格。这种方法常为工厂生产检验中所采用。属于较短寿命设计的持久强度性能指标，对许多机械设计并不适用。

（2）持久强度极限。即试样在恒定温度下，达到规定的持久时间不发生断裂的最大应力。试验应有足够数量的试样，因为达到一个规定时间而不断裂的应力实际上是一个应力值的范围，其中最大应力则是几个试验中的一个，或用内插法求得的。一般是由实际试验测定的持久强度曲线，经数据处理与外推确定持久强度极限。对于确定低应力长时（10^5 h）持久强度来说，外推是必不可少的。关于持久强度试验数据处理（即外推法），大体上从两个方面进行。第一方面，是从总结实际合金的试验数据出发，寻找经验公式，通过作图或数字计算，外推长期数据。第二方面，是从研究蠕变和蠕变断裂的微观过程出发，建立应力、温度和时间（或蠕变速度）的关系式，以指导外推。归纳起来，基本上有等温线法和时间-温度参数法。目前，应用较广泛的是等温线 $\lg\sigma$-$\lg t$ 双对数坐标直线作图法。

像蠕变一样，断裂前的时间 t 与应力 σ 存在如下经验公式：

$$t = A\sigma^{-B} \tag{5-40}$$

式中　t——断裂时间，h；

　　　σ——试验应力，MPa；

　A、B——分别为与材料和试验温度有关的常数。

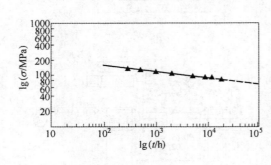

图 5-27　持久强度曲线

两边取对数，则可得：

$$\lg t = \lg A - B\lg\sigma$$

$\lg\sigma$-$\lg t$ 呈直线关系，根据这种关系，只需将应力及其所对应的断裂时间分别相应地描在应力-时间双对数坐标纸上，用绘图法连接各点成直线即可。利用这一关系直线可将短时试验数据外推出长时间的结果。如图 5-27 虚线所示。例如将直线延长至 10^5 h，其所对应的应力即为所要求的 10^5 h 持久强度。

大量试验表明，用此法进行外推，精确度较低，但较简单、实用，所以得到广泛应用。

（三）持久强度性能指标表示方法

1. 持久强度极限

持久强度极限用符号 σ_t^T 表示，单位为 MPa。其中 σ 为应力，上标 T 为试验温度（℃），下标 t 为断裂时间（h）。例如 12Cr1MoV 钢 $\sigma_{10^5}^{580} = 89$MPa，即表示试验温度为 580℃，持久时间为 100000h 的持久强度极限为 89MPa。

2. 持久断后伸长率

持久断后伸长率用符号 δ 表示，即计算长度部分的增量与原计算长度之比的百分率：

$$\delta = \frac{L_1 - L_0}{L_0} \times 100\% \tag{5-41}$$

式中　L_0——试样原始计算长度，mm；

　　　L_1——试样断裂后两标点之间的长度，mm。

3. 持久断面收缩率

持久断面收缩率以符号 ψ 表示，即表示横截面面积的最大缩减量与原始横截面面积之比的百分率：

$$\psi = \frac{S_0 - S_1}{S_0} \times 100\% \tag{5-42}$$

式中　S_0——计算长度内原始横截面面积，mm^2；

　　　S_1——试验后试样最小横截面面积，mm^2。

第四节　冲 击 试 验

金属材料在服役中，不仅受到静负荷的作用，而且还受到速度很快的冲击负荷的作用。如火车车轮对铁轨的冲击、锻锤对铁砧的冲击等。由于冲击负荷的加载速度高，作用时间短，使金属在受冲击时，应力分布和变形很不均匀，工件往往易断裂。因此，对于承受冲击负荷的零件或工具来说，仅具有高的强度是不够的，还必须具有足够的抗冲击负荷的能力。

金属材料在冲击负荷作用下，抵抗破坏的能力称为冲击韧性。金属材料冲击韧性的好坏可通过冲击试验来测定。目前最普遍应用的一种冲击试验是一次摆锤弯曲冲击试验。通过冲击试验来测定材料承受冲击负荷的能力，无疑对设计计算和对材料进行评定均有重要的意义。由一次摆锤弯曲冲击试验获得的一次冲击韧性值 a_K 对材料的一些缺陷很敏感，它能反映出材料的宏观缺陷和显微组织方面的微小变化，因而是检验材料或工件中的白点、夹杂物、层状、夹渣、气泡、压力加工产品各向异性、淬火过热、过烧、变形时效及回火脆性等的有效方法之一。另外，a_K 对材料的脆性转化也很敏感，可利用低温冲击试验测定钢的冷脆性。因此冲击试验得到了广泛应用。

1994 年 12 月制定了新的冲击试验国家标准 GB/T 229—1994 金属夏比缺口冲击试验方法，并于 1995 年 10 月实施。原 GB 229—84、GB 2106—80、GB 4159—84 和 GB 5775—86 四个标准同时作废。下面简要介绍室温、低温和高温冲击试验方法。

一、冲击试样

冲击试样样坯的切取应按产品标准或 GB 2975 标准的规定进行。试样加工制备应避免加工硬化或过热而影响金属的冲击性能。为了使试验结果能相互比较，所用试样必须标准化。按 GB/T 229—1994 标准规定，冲击试验标准试样有缺口深度为 2mm 和 5mm 的标准夏比 U 形缺口试样，以及夏比 V 形缺口试样三种。V 形缺口深度为 2mm，U 形缺口底部半径为 1mm，而

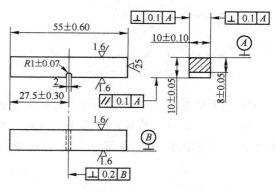

图 5-28　缺口深度为 2mm 的夏比 U 形缺口试样

V 形缺口底部半径为 0.25mm，V 形缺口应力相对集中，当试样受到冲击时，就显得更敏感。三种试样的尺寸及加工要求如图 5-28、图 5-29 和图 5-30 所示。

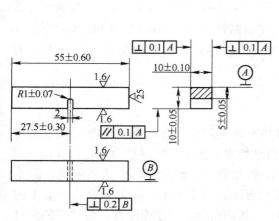

图 5-29　缺口深度为 5mm 的夏比 U 形缺口试样

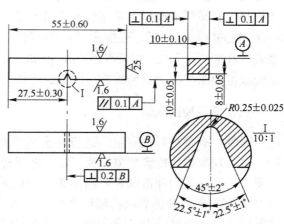

图 5-30　夏比 V 形缺口试样

二、室温冲击试验

摆锤冲击试验，就是将标准冲击试样置于冲击试验机支座上（图5-31），然后释放具有一定位能的重锤，把试样一次冲断（图5-32）。击断试样所做的功 A_{KV} 或 A_{KU2} 和 A_{KU5}，

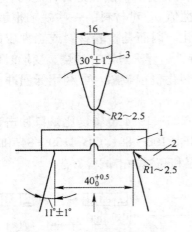

图5-31　试样置放示意图
1—试样；2—试样支撑面；3—重锤

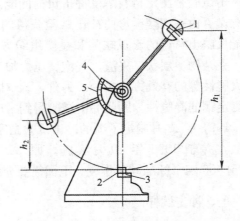

图5-32　冲击试验机
1—重锤；2—试样；3—支撑面；
4—指针；5—刻度盘

即为冲击吸收功。冲击吸收功可直接从冲击试验机表盘上读出。它表示具有规定形状和尺寸的金属试样，在一次冲击力作用下折断时所吸收的功，单位为焦耳（J）。材料的冲击韧性可用一次冲击韧性值 a_K 表示，a_K 值可用下式计算

$$a_K = \frac{A_K}{S_0} \tag{5-43}$$

式中　A_K——冲击吸收功，J；

　　　S_0——试样缺口底部处横截面面积，cm^2。

冲击试验时，首先要校正冲击机，使第一次空摆冲击时，被动指针对零，其偏差不应超过最小分度的四分之一；借助样规将试样对准冲击中心（偏差不得大于0.2mm），置于支撑板上；试样冲断后，从试验机表盘上直接读出 A_K（A_{KV} 或 A_{KU2} 和 A_{KU5}），如需要计算一次冲击韧性值 a_K 时，可按式（5-43）计算。冲击试样未完全折断时，应在试验记录和报告中注明"＞"或"未断"字样，例如 $A_K>32J$。室温冲击试验温度为10～35℃，对试验温度要求严格的试验应在（20±2）℃进行。

三、低温冲击试验

通常，有些材料在室温下进行冲击试验时并不显示脆性，而在低温下则可能发生脆断，这一现象称为冷脆现象。为了测定金属材料开始发生这种冷脆现象的温度，应在不同温度下进行一系列冲击试验，测出该材料的冲击韧性值与试验温度间的关系曲线。图5-33为某些材料的冲击吸收功随温度变化的情况示意图。由图可见，冲击吸收功随温度的降低而减小，当试验温度降低到某一温度范围时，其冲击吸收功急剧降低，使试样的断口由韧性断口过渡为脆性断口。这个温度范围称为脆性转变温度范围。在这一温度范围内，

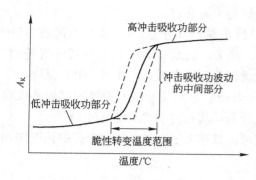

图 5-33　冲击吸收功-温度曲线

通常以试样断口面积上，出现 50％ 脆性断口时的温度作为脆性转变温度。脆性转变温度与钢的成分、显微组织、试验条件密切相关。脆性转变温度越低，材料的低温冲击性能越好。因此，脆性转变温度的高低是金属材料的质量指标之一。脆性转变温度一般使用标准夏比 V 形缺口冲击试样测定。

低温冲击试验，将试样置于某种冷却剂中，冷却到规定的温度后再进行试验，以测定其低温冲击吸收功。金属低温冲击试验可在 15～-192℃ 温度范围内进行。通常可选取 0℃、-20℃、-40℃、-60℃、-80℃、-100℃ 等温度进行试验，必要时也可在 -10℃、-30℃、-50℃、-70℃、-90℃ 的温度下测定冲击韧性。试验温度（试样开始断裂时槽底表面的温度）与规定温度的差值不得超过 ±2℃。每个试验温度一般采用三支试样。

冷却剂可用干冰（固态二氧化碳、-70℃）与冷却到 -60℃ 而不冻结的液体（如酒精或其他无麻醉性液体）均匀混合而成。如要求达到 -60℃ 或更低的温度，可采用不冻结液体与无爆炸性气体（如液氮）的均匀混合物作冷却剂。一般 10～0℃ 采用水＋冰，0～-70℃ 为酒精＋干冰，-70～-105℃ 为无水酒精＋液氮，-105～-192℃ 为液氮。在任何时候均不得使用带爆炸性的液态氧和含氧量大于 10％ 的工业液态氮及液态空气作冷却剂。

试样的冷却应在具有足够容量（一般不小于 1L）并能保证试样在尽量短的时间内冷却到试验温度的低温箱中进行（图 5-34）。

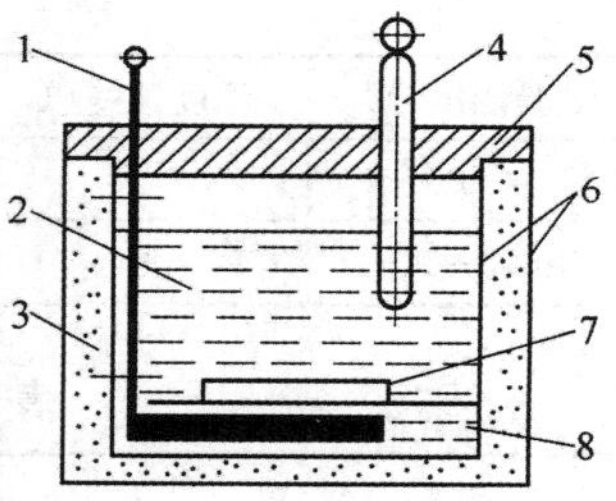

试样应在所需要的温度下保温足够时间（通常不少于 5min）。然后使用与试样温度相同的夹钳迅速将试样取出，其间不得超过 2s。

当进行低温系列试验时，所有试样可放在同一冷却箱内，但试验应从极限温度（建议从最高的）开始，逐渐过渡到其他温度。

测量低温箱温度的温度计每分格示值不大于 1℃，其测量精确度应达到 0.5℃。

为了弥补试样离开冷却剂到击断过程中温度升高，应将试样在恒温箱中给予一定的过冷度。试验温度为 15～0℃、0～-60℃、-60～-100℃、-100～-192℃ 时其过冷度相应为 0℃、1～2℃、2～3℃、3～4℃。

图 5-34　低温箱示意图

1—搅拌器；2—不冻结液体；3—隔热板；4—温度计；5—盖板；6—金属壁（双层、紫铜制）；7—试样；8—底栅

四、高温冲击试验

在现代化的机械设备中，某些机器零件及结构件经常在高温高速运转和冲击作用下服役。金属材料在高温冲击负荷下的力学性能如何，可用高温冲击韧性来衡量。高温冲击韧性可通过高温冲击试验来测定。这种试验与常温冲击试验相似，不同之处在于它是根据使

用者的要求和材料的特点在较高温度范围内所进行的冲击试验。

高温冲击试验是在半自动 JB-30AG 型高温冲击试验机上进行。试验温度在 35～900℃范围内。试验过程中的扬摆、送料、定位、冲击、制动和温度均为机械电气控制。若无高温冲击试验机，也可采用一般冲击试验机进行高温冲击试验。此时，可将试样用适当的方法加热到略高于试验的温度，并保温 10～15min，然后用和试验温度相同的夹钳将试样取出，迅速地置于一般冲击试验机的支架上冲断，其总的时间不得超过 5s。

高温冲击试验时，为了确保试样的对中，应考虑试样由于高温加热而引起的长度增加量，其高温膨胀量按下式计算：

$$\Delta L = 27.5 \times \alpha (T - T_0) \tag{5-44}$$

式中　ΔL——试样一半长度的膨胀量，mm；

　　　　α——试样在试验温度的线膨胀系数，K^{-1}；

　　　　T——试验温度，℃；

　　　　T_0——室温，℃。

加热炉温度接近试验温度时，再将试样放入托盘内并借助顶料杆送入炉内，升温过程中，顶料杆应处于放松状态，以防试样烧结。试样达到规定温度后，保温时间不得少于20min。在保温时间内试样所在的区域温度波动及梯度应符合表 5-12。冲击试验时，试样离开加热装置至打击时间应尽量短。如不能在 1.5s 内完成，或在 3～5s 内完成，其过热温度应符合表 5-13 的规定。

表 5-12　试验允许温度偏差

试验温度/℃	温度偏差/℃	温度梯度/℃	试验温度/℃	温度偏差/℃	温度梯度/℃
＜600	±3	3	＞900	±5	5
＞600～900	±4	4			

表 5-13　试验在 3～5s 内完成时试样的过热温度

试验温度/℃	3～5s 过热温度/℃	试验温度/℃	3～5s 过热温度/℃
35～200	1～5	600～700	20～25
200～400	5～10	700～800	25～30
400～500	10～15	800～900	30～40
500～600	15～20	900～1000	40～50

在进行高温系列冲击试验时，最好从较低的温度开始。试样应放入中性介质中加热，以防止脱碳、氧化。试样加热规范和试样数量应按有关的试样标准规定进行选择。

冲击吸收功可直接从试验机表盘上读取，记作 A_K^T，表示在试验温度 T（℃）下冲断试样所消耗的功（J），材料在试验温度 T（℃）时的一次冲击韧性值用符号 a_K^T 表示，其值按下式计算，即：

$$a_K^T = \frac{A_K^T}{F} (J/cm^2) \tag{5-45}$$

式中，F 为加热前试样刻槽处的横截面积（cm^2）。

五、多次冲击试验

在冲击负荷下服役的钢构件和零件，很少因一次超负荷冲击而遭受破坏。在绝大多数情况下，它们所承受的冲击属于小能量多次冲击。其破断过程是裂纹产生和扩展的过程，是各次冲击损伤积累的结果。这与大能量一次冲击破断的过程是不相同的。因此，衡量材料承受这种多次冲击负荷下的抗力指标，应采用小能量多冲的抗力，而不是一次冲击试验的冲击吸收功。已经证实，材料的成分与组织状态对一次冲击抗力及小能量多次冲击抗力的影响往往完全不同。通常，一次冲击抗力主要取决于材料的塑性，而多次冲击抗力则主要取决于材料的强度。

多冲抗力一般是用某种能量 A 下的冲断周次 N（或用要求的冲击工作寿命 N 时的冲断能量 A）来表示。测定多冲抗力的方法，称为多次冲击试验法。

多次冲击试验试样的表面粗糙度、尺寸公差等要求较严格，试样形状一般有三种，如图 5-35 所示。

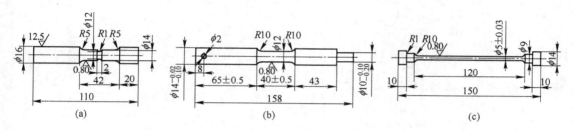

图 5-35 多冲试样形状及尺寸

（a）带缺口的多冲弯曲试样；（b）无缺口的多冲弯曲试样；（c）多冲拉伸试样

小能量多冲试验一般在连续试验机上进行。图 5-36 为国产 DC-150 型连续冲击试验机传动原理示意图。飞轮 3 带动旋转头 5 以凸轮方式转动，并使冲锤 6 上下运动，不断冲击试样 7。与此同时，飞轮 3 通过伞齿轮 4 等带动计数器 9；通过 1：2 的链轮 11 和变换齿轮 10 使试样每受到一次冲击后能自动旋转一定的角度。其冲击能量范围通常为 1.37～1.47J（14～150kgf·cm），冲击频率有 450 次/min 和 600 次/min 两种。每冲击一次试样后，试样便自动旋转一定的角度，旋转的角度可按需要进行调节。冲击周次用记数装置自动记录。可做多次冲击弯曲、冲击拉伸和冲击压缩试验。

试验时，试样安放在试验机支座上，一端用橡皮套与转动轴相连，另一端用弹簧顶针顶住，如图 5-37 所示。对于一定尺寸的试样进行多次冲击试验，每确定一个冲击能量 A，就可得到一个相应的冲断周次（即冲击寿命）N。每种能量一般取三个试样，以三个试样的多冲结果之算术平均值作为试验结果，并记录

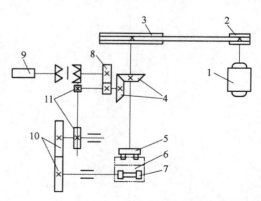

图 5-36 DC-150 型多冲试验机传动原理示意图

1—电动机；2—皮带轮；3—飞轮；4—伞齿轮；5—旋转头；6—冲锤；7—试样；8—计数器传动齿轮；9—五位计数器；10—变换齿轮；11—链轮

开始出现裂纹时的冲击次数 N' 和试样最后裂断时的总次数 N。

如果系统地确定不同的冲击能量，就可得到一系列相应的冲击周次，这样就可以绘制出所试材料的冲击能量 A-破断周次 N 的曲线。图 5-38 为 35 钢淬火后 200℃和 500℃回火后的多次冲击试验结果曲线。

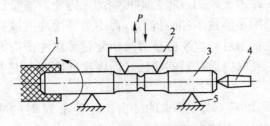

图 5-37　试样安装示意图

1—橡皮连接套；2—冲头；3—试样；

4—顶针；5—支座

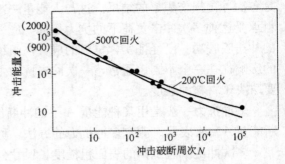

图 5-38　35 钢淬火＋回火试验结果

第六章　工艺性能检验

钢的工艺性能，是指钢在各种冷、热加工工艺（切削、焊接、热处理、弯曲、锻压等）过程中表现出来的性能。

第一节　钢的淬透性试验

钢的淬透性就是钢在淬火时能够获得马氏体的能力，它是钢本身固有的一个属性，是一种重要的热处理工艺性能。淬透性的大小是以一定淬火条件下淬硬层深度来表示。淬硬层深度从理论上讲应该是完全淬成马氏体的区域，但在未淬透情况下，由于马氏体组织中混入了少量非马氏体组织时，无论在显微镜下或硬度测量都难以分辨出来，因此，实际上采用自零件表面向内深入到半马氏体层（即50％马氏体＋50％屈氏体或其他分解产物）的距离作为淬硬层深度。半马氏体层很容易用显微镜或硬度计区分。半马氏体组织的硬度主要取决于钢的含碳量，如图6-1所示。利用测定截面硬度分布便可求出淬硬层深度。

钢的淬透性主要取决于钢的化学成分和奥氏体化条件。我国现行标准中，有两个淬透性检验方法，即 GB/T 227—1991

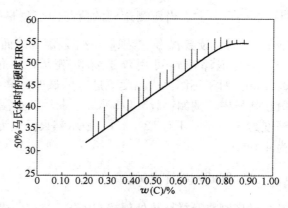

图 6-1　半马氏体硬度与含碳量的关系

工具钢淬透性试验方法和 GB/T 225—1988 钢的淬透性末端淬火试验方法。前者适用于弱淬透性与中等淬透性的工具钢，不适用于心部淬透的工具钢；后者适用于优质碳素结构钢、合金结构钢、弹簧钢、部分工具模具钢、轴承钢及低淬透性结构钢，不适用于空气淬硬钢和甚低淬透性钢。

一、工具钢淬透性试验方法

工具钢淬透性试验是将制备好的试样加热到淬火温度，经保温后淬火，再将试样从中间打断，测量其横断面上的淬透深度的一种试验方法。

试样应能显示出钢锭、钢坯和钢材的完整截面，必要时可锻轧成直径为 25mm 的样坯。样坯须进行正火或退火，也可进行调质处理（淬火温度和保温时间由相应产品标准或协议确定），碳素工具钢淬火温度为（870±10）℃，保温后淬入油中，然后在 625～650℃保温 1h，在静止的空气中冷却。

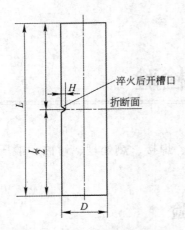

图 6-2 工具钢淬透性试样

样坯经车床加工成直径（D）为（20 ± 0.5）mm，长度（L）为（75 ± 0.5）mm 的圆棒试样，如图 6-2 所示。若由于钢材尺寸所限，也可制成小规格试样。

试样淬火加热最好在盐浴、铅浴或有控制气氛的炉内进行，也可在箱式炉中进行，但需防止试样表面脱碳及氧化。淬火加热温度应根据相应产品标准或协议确定；保温时间根据炉型确定，一般为 $10\sim30$min；淬火介质为 10% NaCl 水溶液，介质温度为 20 ± 10℃。

将清洗并干燥后的试样开槽，槽深（H）为 $1.5\sim2$mm，如图 6-2 所示。在槽口的背面通过弯曲或冲撞将试样折断，也可采用其他物理方法折断试样，但不应产生热影响。

断口经磨制或抛光后在 $80\sim85$℃的 50% 盐酸水溶液中浸泡 3min。然后用热水冲洗、吹干。

通过测量试样抛光面腐蚀后黑色区域的深度来确定钢的淬透层深度。沿两个对称于槽口成直角的直径进行测量。如图 6-3 所示。读数精确到 0.25mm，取四个数的平均值：$e=\dfrac{e_1+e_2+e_3+e_4}{4}$。当所测量到的值与四个测量值的平均值相差大于 1mm 时，读数视为不规则，需重新磨制断面或重新取样。

工具钢淬透性可用淬透深度表示，单位为 mm，精确到 0.5mm。对于不同淬火温度下进行的试验，其结果要有温度指数填在括号中，例如：3.5（780℃），表示淬火温度为 780℃，淬透深度为 3.5mm；4.0（840℃），表示淬火温度为 840℃，淬透深度为 4.0mm。

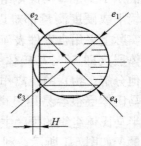

图 6-3　淬透层深度测量示意图

二、钢的末端淬火试验

样坯制取及样坯热处理按 GB/T 225—1988 中的规定进行。

试样是将样坯进行切削加工而制成的圆棒，其形状和尺寸如图 6-4 所示。试样的不淬火端有凸缘或凹槽，以便能够快速将试样装在特制的支架上并准确地对中。试样的圆柱表面应精车加工；试样的淬火端面最后应适当进行精细加工，端面上不得有毛刺。

淬火装置由支架和喷水管组成。喷水管口内径为（12.5 ± 0.5）mm，见图 6-5。试样吊挂在支架上，用向上喷射的水流使试样端面淬火。喷水管口至试样下端面的距离为（12.5 ± 0.5）mm。支架应保证试样的轴线与喷水口的中心线处于同一直线上，且在淬火期间其位置应保持不变。放置试样以前，从喷水管射出的水流，其自由高度应稳定在（65 ± 5）mm 以内（图 6-6）。

试样应放在装有保护剂（电极粉、生铁屑）的末端淬火盒内均匀加热，防止试样脱碳、渗碳或明显氧化，在产品技术条件或特殊协议规定的温度下保温（30 ± 5）min。

试样淬火时，其支架应保持干燥，应防止水花溅到试样上。通常，在喷水管口上方装一活动挡水板，以便能快速喷出和切断水流。从炉中取出试样到开始向试样端面喷水这一时间不得超过 5s。喷水时间至少 10min，之后可将试样浸入水中完全冷却，水温在 $10\sim30$℃之间。

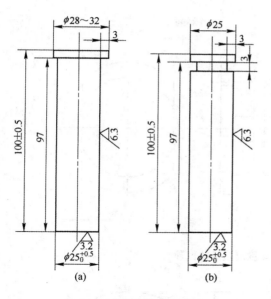

图 6-4　试样的形状和尺寸

（a）带凸缘的试样；（b）带凹槽的试样

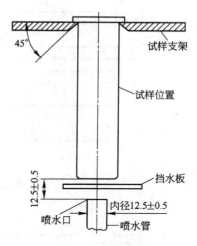

图 6-5　淬火装置示意图

硬度测定之前，在平行于试样轴线方向上磨制出两个相互平行的平面，磨削深度为 0.4～0.5mm。磨制硬度测试平面时，应使用充足的冷却液以防止由于磨削生热而引起组织变化。

测定硬度时，试样应刚性地固定在带有导向螺纹的支架上。一般在洛氏硬度计上测定 HRC 值或在维氏硬度计上测定 HV（载荷为 294N）。绘制表示硬度变化的曲线时，硬度测量点的确定有两种情况。

通常，测量离淬火端面 1.5、3、5、7、9、11、13、15mm 处这 8 点和以后间距为 5mm 的各点的硬度，直至 30～50mm 处（图 6-7）。

测量低淬透性钢的硬度时，第一个测量点距淬火端面 1.5mm，从 1.5mm 至 12.0mm 的距离内以 0.75mm

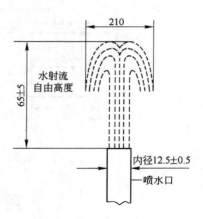

图 6-6　喷水口射出的
水流的自由高度

为间距，且测量点应交错排列，各测量点与磨面中心线的距离应不大于 0.5mm（测量维氏硬度 HV 时可不交错排列），以后分别在 15.0、19.0、22.0、25.0mm 这四个点进行测量（图 6-8）。

绘制硬度曲线（淬透性曲线）时，以横坐标表示距淬火端面的距离 d/mm，以纵坐标表示相应距离处的硬度（HRC 值或 HV 值）。建议纵坐标上以 10mm 表示 HRC5 或 HV50；横坐标上以 10mm 或 15mm 来表示距淬火端面为 5mm 的实际距离。

淬透性指数可用 JXX-d 表示，其中 J 是 Jominy 的缩写，XX 表示洛氏硬度（HRC）值，d 表示距淬火端面距离（mm）。例如，J35-15 表示距淬火端面 15mm 处的硬度为 35HRC。用维氏硬度表示淬透性指数时，应写明 HV 符号。例如，J340HV-15 表示距淬火端面 15mm 处的硬度为 340HV。

143

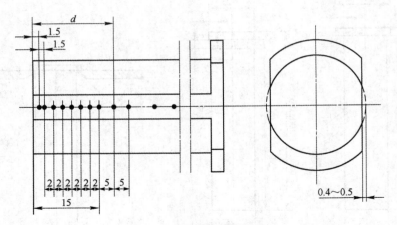

图 6-7　硬度测量点的位置

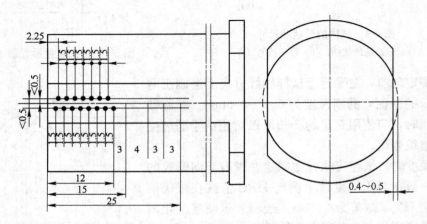

图 6-8　低淬透性钢的硬度测量点的位置

第二节　焊接性能试验

　　钢的性能决定了它的用途，而钢的焊接性能的好坏则常常决定它能否用于焊接结构。因此，在某些场合下，钢的焊接性能与其力学性能如强度、韧性等具有同等的重要意义。

　　钢的焊接性能一般是指钢适应普通常用的焊接方法和焊接工艺的能力。焊接性好的钢，易于用一般焊接方法和焊接工艺施焊；焊接性差的钢，则必须用特定的焊接方法和焊接工艺施焊，才能保证焊件的质量。

　　影响钢的焊接性的因素很多，其中以钢的化学成分和焊接时的热循环的影响最大。对于焊缝两侧的基体金属来说，焊接过程就是一个加热、保温、冷却的过程，实际上就是一种特殊的热处理过程。由于加热和冷却不同，基体金属会发生一系列组织变化，如出现大晶粒、魏氏组织、发生淬火或回火等。所有这些组织变化的程度将取决于钢的化学成分和焊接时的热循环等。

　　钢的焊接性试验方法一般分为直接试验法和间接试验法两种。

　　直接试验法是根据产品结构在使用中的具体要求做相应的试验。施工上的焊接试验，因使用钢种、产品结构或使用要求不同，所以至今尚无统一的试验方法，目前已有上百种试验方法，由于每一方法都有一定的实用性和局限性，所以应根据产品结构特点（如对接接头、角接接头、十字形接头等）、刚度大小和钢种的特点等来选择相应的方法。实际上裂缝往往是结构件损坏的一个主要原因。本节将介绍几个钢的抗裂倾向试验方法。

间接试验结果是检验钢的焊接接头（焊缝金属、热影响区和基体金属）的力学性能、工艺性能和金相组织等。钢的间接试验结果虽然不能作为该钢材应用的主要依据，但可以全面了解其焊接性能，供选择焊接方法和制订焊接工艺时参考。

一、钢的抗裂倾向试验方法

在钢的焊接结构中，往往出现裂缝，裂缝破坏了结构的连贯性从而造成局部应力集中，这是结构件在使用过程中损坏的一个重要原因。形成焊接裂缝的原因很多，主要有材料因素、工艺因素和结构因素。试验的目的不仅是为了了解试验钢种在上述因素作用下的抗裂倾向（即是否容易出现裂缝），更重要的是根据出现裂缝难易倾向，如何在施工中采取相应的措施，如修改设计、避免在易出现裂缝处造成应力集中，焊前预热、焊道退火以及重选焊接材料或焊接方法等。

1. Y形坡口对接裂缝试验

（1）试样　试样形状及尺寸如图6-9所示。此法所用Y形坡口有两种：Y形坡口a：对检验钢板抗裂性较好；Y形坡口b：对检验焊条的抗裂性较好。

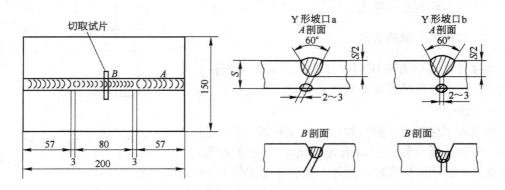

图6-9　Y形坡口对接裂缝试验

（2）试验方法　试验可在室温、0℃、−20℃等温度下进行。先焊两端的固定焊缝 A，焊好后冷至室温再焊中间焊缝 B。焊缝 B 的焊接电流为160～180A（焊条直径4mm），焊速为150mm/min。焊完24h后用机械方法截取试片，用肉眼（必要时用显微镜）检查裂缝。

（3）结果评定　如果裂缝在焊缝以内，则表明焊条抗裂性不好，应另选焊条进行试验。

此法对试验冷裂很灵敏，因在试验焊缝底部坡口处应力集中较大。

2. 刚性固定对接裂缝试验

（1）试样　试验钢板形状和尺寸见图6-10。

（2）试验方法　此法可以用手工焊或自动焊接。手工焊，电流200～220A，焊速

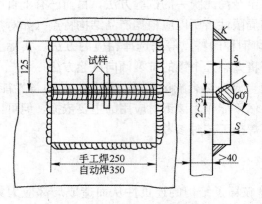

图 6-10　刚性固定对接裂缝试验图
$S<12$ 时，$K=S$；$S\geqslant12$，$K=12$

150mm/min；自动焊，电流 $700\sim750$A，焊速为 25m/h。先将试板对准间隙，并点焊将其固定在底板上。然后焊接周边的固定焊缝。待试板完全冷至室温后，再焊检验焊缝。焊完检验焊缝 24h 后用机械方法切取试样检查裂缝。

（3）检查结果　检验普通钢时常在焊缝中出现裂缝，并沿焊缝纵向发展。

3．十字形接头裂缝试验

（1）试样　试样由三块钢板组成，形状及尺寸如图 6-11 所示。

（2）试验方法　试样用定位焊固定后，按图中 1、2、3 次序焊接固定焊缝，焊脚长为 $6\sim8$mm。焊后试样冷至室温后再进行检验焊缝 4 的焊接。以上各焊缝的焊接方向皆相同。焊接电流 180A；电弧电压 $26\sim28$V；焊接速度 150mm/min。

（3）检查　焊接后冷至室温；检查有无外观裂缝。若无外观裂缝时则垂直焊缝切开，将横截面磨光浸蚀，检查热影响区裂缝。

十字形接头具有严格的约束条件和强烈的散热条件。试验符合焊接结构的实际情况。

二、焊接接头试验方法

焊接接头试验方法属间接试验法，具有通用性，特别是在压力容器的焊接试验中得到了广泛应用。

1．试样

通过外观检查和无损检验认为焊接样板（管）合格后，从试样板（管）上截取拉伸试样、弯曲试样、冲击试样和金相试样样坯，样坯的截取方法按技术条件规定进行。

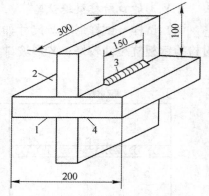

图 6-11　十字形接头试验

板状拉伸试样、管状拉伸试样、板状弯曲试样、管状弯曲试样尺寸和试样个数按有关技术条件规定加工和确定。冲击试样既可是 U 形缺口，也可以是 V 形缺口，随技术条件而定。试样上的刻槽位置应在最后焊道的焊缝侧面内，如有特殊要求，可在熔合线或热影响区内。试样数量各为三块，试样尺寸按 GB/T 229—1994 确定。金相试样可在焊口处截取。

2．试验方法

试样的拉伸试验见 GB 228—87 金属拉伸试验方法。弯曲试验见 GB/T 232—1999 金属材料弯曲试验方法。焊接接头的冲击试验见 GB/T 229—1994 金属夏比缺口试验方法。

金相试样经过磨、抛，用 3％硝酸酒精浸蚀后吹干，用肉眼和金相显微镜观察（钢种不同，可使用不同的浸蚀剂）。如果只做宏观检验，可按本书第三章第一节所介绍的方法处理。

3．结果评定

（1）试样的抗拉强度（或屈服点），应不低于相同条件下焊接母材的下限值，否则不

146

合格。

（2）弯曲试样弯曲到表 6-1 所规定的角度后，其拉伸面上如果有长度大于 1.5mm 的横向（沿试样宽度方向）裂缝或缺陷，或者有长度大于 3mm 的纵向裂缝或缺陷，则认为试样不合格，棱边先期开裂的试样除外。

表 6-1　弯曲试样试验技术条件

焊接方式	钢　　种		弯轴直径 D/mm	支座间距离 L/mm	弯曲角度 / (°)
双面焊	碳素钢	母材抗拉强度下限值 <430MPa	2S	4.2S	180
		430～530MPa	3S	5.2S	180
	低合金钢		3S	5.2S	100
	铬钼钢和铬钼钒钢		3S	5.2S	50
	奥氏体钢		2S	4.2S	100
单面焊	碳素钢和奥氏体钢		3S	5.2S	90
	其他合金		3S	5.2S	50

注：S——试样厚度，mm。

（3）试样的冲击吸收功应不低于焊接母材冲击吸收功的下限值。试验结果是指三个试样的算术平均值。如果平均值符合规定值，则允许其中一个试样的试验值略低，但不得比规定的下限值低 9.8J。此外三个试样的低温冲击吸收功的算术平均值不得低于焊接母材在低温下的平均值。

（4）宏观金相检验标准（以锅炉压力容器为例）为：没有裂纹、疏松；没有未溶合缺陷；不得有未焊透的缺陷，管子对接焊的未焊透深度应小于或等于壁厚的 15%（应小于或等于 1.5mm），未焊透的总长度应小于或等于周长的 10%；对焊缝气孔和夹渣等缺陷也作了规定。

（5）微观金相检验的合格标准（以锅炉压力容器为例）为：无裂纹；无过烧组织；没有网状析出物或网状夹杂物；在非马氏体钢中，没有马氏体组织。

第三节　金属切削性能试验

金属材料的切削性能（也叫可切削性）系指金属接受切削加工的能力，也就是指将金属材料进行切削加工使之成为合乎要求的工件的难易程度。金属的切削性能不仅与金属的化学成分、金相组织和力学性能等有关，而且与切削过程如刀具的几何形状、耐用度、切削速度以及切削力等有着密切关系。因此，评价金属的切削性能是个十分复杂的问题，至今尚无一个较全面的确定金属切削性能的试验方法。虽然试验方法很多，但每一试验方法的试验结果只能反映切削性能的某个侧面。在具体情况下，应根据需要来选择试验方法。

常用的试验方法很多，如端面车削试验法、表面光洁度试验法、切削力试验法、切削热试验法，此外还有如钻削比较法、实际对比法等评定切削性能的简易方法。下面仅简单介绍端面切削试验法。

一、试样要求

试样形状与尺寸如图 6-12 所示，并要掌握试样的化学成分、热处理后的金相组织及力学性能。试样不得有硬点、夹砂、裂缝和气孔等缺陷。

此外，还要确定刀具的材料牌号、几何参数、刀杆尺寸和刀具的硬度。

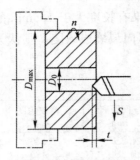

图 6-12　刀具车样
示意图

（$D=\phi 30\sim 40mm$，
D_{max} 是外侧圆直径）

二、试验方法

试验可在普通车床上进行（设机床主轴转数 n）。试验时，刀具自试样圆盘中心车向外圆（图 6-12），切削速度不断增大。当切削速度增大到某一值时，刀具便开始变钝。刀具（高速工具钢刀具）变钝时，试样上便出现光亮带（表明刀具已失去切削能力）。据此，即可测出刀具变钝时试样的半径 R_n。通常，在机床主轴的不同转数下试验 6~8 次。选择主轴转数的原则是使刀具在一次行程中就变钝，且刀具变钝时试样直径 D_n 至少应等于或大于试样孔径 D_0 的两倍，最后将 n 和 R_n 描于对数坐标纸上，于是便得出图 6-13 所示的一条直线（n 和 R_n 的数据具有很好的规律性）。因此，用此法来比较、评定材料的切削性能是比较正确的。

根据图 6-13 即可求出 $\lg n-\lg R_n$ 的直线斜率 $\tan\alpha$。此斜率与刀具耐用度指数 $1/m$ 的关系为

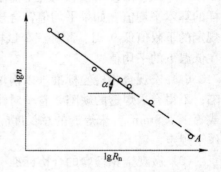

图 6-13　试验结果示意图

$$\tan\alpha=\frac{m+1}{m-1}\qquad m=\frac{\tan\alpha+1}{\tan\alpha-1}\qquad (6\text{-}1)$$

可采用变速试验确定 $t-v$ 关系（即刀具耐用度 t 和切削速度 v 的关系）。$t-v$ 关系可用下式表示：

$$v=C_v/t^{\frac{1}{m}}\ \text{或}\ \lg v=\lg C_v+\frac{1}{m}\lg t\qquad (6\text{-}2)$$

式中　$\dfrac{1}{m}$——刀具耐用度指数；

　　　C_v——与被切削材料的性质和刀具等切削条件有关的常数。

常数 C_v 可按下式确定：

$$C_v=v_n\cdot\sqrt[m]{\frac{R_n}{s\cdot n(m+1)}}\qquad (6\text{-}3)$$

式中　R_n——车刀变钝时试样半径，mm；

　　　n——与 R_n 相对应的主轴转数，r/min；

　　　v_n——相应于 R_n 时的切削速度，m/min；

　　　s——规定的走刀量，mm/r。

由式（6-3）求出常数 C_v 和由式（6-1）求出 m 之后，将 C_v 和 m 值代入式（6-2），即可求出不同耐用度 t 的刀具的切削速度 v。

t 是刀具的耐用度即刀具开始切削金属到刀具变钝的时间（min）。它是判断金属切削性能的重要标志。耐用度越高，表示金属切削性越好。但刀具的耐用度又与切削速度有关，见式（6-2）。通常，用 $t=60min$ 时刀具的切削速度 v_{60} 作为确定钢材切削性能的比较标准。将 $t=60$ 代入式（6-2）可求出 v_{60}

$$v_{60} = C_{\mathrm{v}} / 60^{\frac{1}{m}} \tag{6-4}$$

三、结果评定

根据计算的 v_{60} 值来评定试样的切削性能。

端面切削试验法具有下列特点：试样数量少、试样准备方便、试验方法简单、试验时间较短。此外不需要特殊的仪器和设备，仅利用普通车床即可。因此，端面切削试验法是一种常用的试验方法。

第四节　磨　损　试　验

机件和工具的磨损是降低机器和工具效率、准确度以及使用寿命并使之报废的主要原因之一，严重的甚至会造成事故。深入研究磨损机理，了解磨损规律，建立更合理的磨损试验方法，对于正确地指导设计和研究新的耐磨金属材料以延长机件和工具使用寿命具有极其重要的实际意义。

机器和工具的磨损不仅取决于材料的性能，而且还决定于摩擦表面相对运动的速度、负荷的大小和特点、摩擦面间的介质以及金属表面质量等。由于导致机件和工具磨损的因素极为复杂，所以目前各国都未形成统一的金属磨损试验方法。通常磨损试验方法有现场实物试验和试验室试验两类。

现场试验有挖磨法、化学分析法、放射性法、压痕法、表面轮廓投影法、称重法和量具测量法等几种。这些试验结果与实际情况接近，数据较为可靠，但试验时间长，且由于外界因素经常变化，难于掌握和分析。此外，每种方法只偏重于某一种特定情况，不能全面反映金属的耐磨性。试验室试验，虽然不能直接表明实际情况，但具有试验时间短容易掌握、费用较少的优点，而且也便于分析研究。因此，金属材料工作者往往模拟现场实物工况进行试验室试验，以比较金属材料的耐磨性。目前，磨损试验有 GB/T 1224·1—1990 金属磨损试验方法（MM 型磨损试验）和 GB/T 1224·2—1990 金属磨损试验方法（环块型磨损试验）两个国家标准。下面介绍在试验室利用 MM 型磨损试验机对金属材料进行磨损试验的方法。

一、试样要求

试样形状及尺寸如图 6-14 所示。试样厚度为 10mm，圆形试样直径为 30～50mm（通

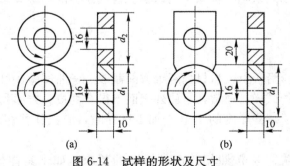

图 6-14　试样的形状及尺寸

(a)用于滚动摩擦和部分滑动摩擦的试验；(b)用于滑动摩擦的试验

常取 40mm），每次试验都从同一材料上截取两个试样。图 6-14（a）所示是滚动（并有部分滑动）摩擦用试样；图 6-14（b）所示是滑动摩擦用试样。应注意后者圆弧部分的加工，尽量使其接触良好、不留空隙。试样的检验和要求可参阅 GB/T 1224·1—1990 标准规定。

二、试验方法

两个试样分别装在 MM-200 型磨损试验机的电动机传动的上下轴上，同时以 245～1960N 载荷加于试样摩擦面。

试验滚动（并有部分滑动）摩擦的上下试样，其旋转方向相反。试样的转速可根据实际工作条件确定。若无特殊要求，下试样轴转速为（400±10）r/min 和（200±10）r/min，上试样轴转速为 360r/min 和 180r/min。当下轴旋转 200r/min，上轴旋转 180r/min 时，在试样直径相等的情况下，试样产生 10％的滑动。

试验机上还附有加荷装置、下主轴转数计数器、记录摩擦力矩的标尺和测定摩擦功的积分装置等。这样经过试验后，便可得到在若干转数后该材料的磨损值、摩擦系数和摩擦功。下面仅介绍磨损值（量）的测定方法。

三、磨损值（量）的测定

测定磨损值的方法很多，最常用的方法是测定试验后的质量损耗。即试验前将试样进行称量，在磨损试验进行到规定时间后，将试样取下再进行称量。前后两次称量的精度都应达 0.1mg。试样在试验前的质量减去试验后的质量之差值为磨损值，即

$$m = m_0 - m_1 \tag{6-5}$$

式中　m——试样的磨损值；

　　　m_0——试样试验前的质量；

　　　m_1——试样试验后的质量。

第五节　金属弯曲试验

金属弯曲试验，就是按规定尺寸弯心，将试样弯曲至规定程度，检验金属承受弯曲塑性变形的能力，并显示其缺陷。金属弯曲试验执行国家标准 GB/T 232—1999 金属材料弯曲试验方法。

一、试样要求

试样的长度方向应沿板材或型材的纤维方向截取。弯曲试验，可使用圆形、方形、长方形或多边形横截面的试样。通常，弯曲外表面不得有划痕。方形和长方形试样的棱边应锉圆，其半径不应大于试样厚度的 1/10。加工试样时，应去除剪切或火焰切割等形成的影响区。

试样宽度　试样宽度应按照相关产品标准的要求。如未具体规定，则可按如下要求：当产品宽度不大于 20mm 时，试样宽度为原产品宽度；当产品宽度大于 20mm，厚

度小于 3mm 时，试样宽度为（20±5）mm，厚度不小于 3mm 时，试样宽度在 20～50mm 之间。

试样厚度或直径　试样厚度或直径应按照相关产品标准的要求。如未具体规定，则可按如下要求：对于板材、带材和型材，产品厚度不大于 25mm 时，试样厚度应为原产品的厚度；产品厚度大于 25mm 时，试样厚度可以机加工减薄至不小于 25mm，并应保留一侧原表面，弯曲试验时试样保留的原表面应位于受拉变形一侧。对于圆形、多边形横截面产品，直径或多边形横截面内切圆直径不大于 50mm 的产品，其试样横截面应为产品横截面；如试验设备能力不足，直径或多边形横截面内切圆直径超过 30～50mm 的产品，可以按图 6-15 将其机加工成横截面内切圆直径不小于 25mm 的试样；直径或多边形横截面内切圆直径大于 50mm 的产品，应按图 6-15 将其机加工成横截面内切圆直径不小于 25mm 的试样，试验时，试样未经机加工的原表面应置于受拉变形的一侧。除非另有规定，钢筋类产品均以其全截面进行试验。

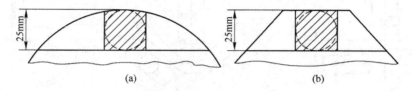

图 6-15　横截面的材料加工成试样的示意图

(a) 圆形；(b) 多边形

试样长度　试样长度应根据试样厚度和所使用的试验设备确定。采用图 6-16 和图 6-19 的方法时，可以按照下式确定：

$$L = 0.5\pi(d+a) + 140\text{mm} \tag{6-6}$$

式中，π 为圆周率，其值取 3.1。

二、试验方法

弯曲试验按弯曲程度可分为三种类型：弯曲到某一规定角度 α 的弯曲（图 6-17、图 6-18、图 6-19（b））；弯曲到两臂平行的弯曲（图 6-19（c）、图 6-20）；弯曲到两臂接触的重合弯曲（图 6-21）。

按试验程序可分为半导向弯曲和导向弯曲两种。半导向弯曲如图 6-22 所示。试样一端固定，另一端绕弯心进行弯曲，弯曲到规定角度或者出现裂纹、裂缝或裂断为止。图 6-17、图 6-18、图 6-19 所示为导向弯曲。试样置于两个支点上，一定直径的弯心置于试样两个支点中间，并施加压力，使试样弯曲到规定角度 α，或者出现裂纹、裂缝或裂断为止。

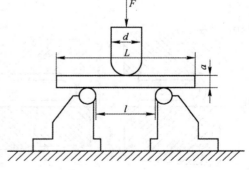

图 6-16　弯曲试验装置

F—加在弯心上的力；L—试样长度；a—试样厚度；
d—弯心直径；l—支辊间的距离

151

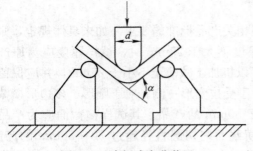

图 6-17 支辊式弯曲装置

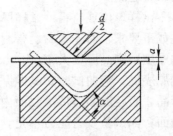

图 6-18 V形模具式弯曲装置

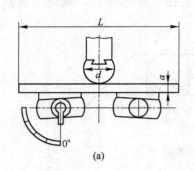

(a)

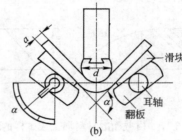

(b)

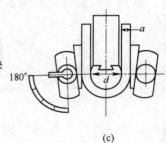

(c)

图 6-19 翻板式弯曲装置

在两个支点上将试样按一定弯心直径弯曲至两臂平行时，可一次完成试验。也可先弯曲到一定角度，然后再将试样置于试验机平板之间继续对其施加压力直至试样两臂平行为止。此时，既可加与弯心相同的衬垫进行试验，也可不加衬垫进行试验，如图6-20所示。

若需将试样弯曲到两臂接触，则首先将其弯曲到如图6-20所示的形状，然后再将其置于两平板之间，继续施加压力，直至试样两臂接触，如图6-21所示。

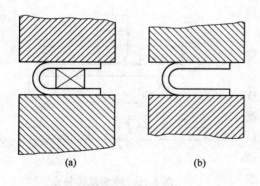

(a)   (b)

图 6-20 试样压到试样两臂平行

（a）加衬垫；（b）不加衬垫

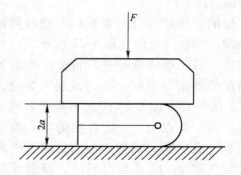

图 6-21 试样弯曲到两臂接触

152

试验时，施力应平稳、缓慢。弯心直径应符合有关标准规定。弯心宽度应大于试样的宽度，两支辊间的距离应按标准规定选择，且在试验过程中保持不变。试验温度为 10～35℃，但在控制条件下，可在（23±5)℃下进行试验。

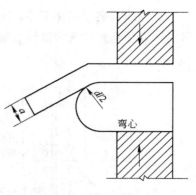

图 6-22　虎钳式弯曲装置

三、结果评定

应按照相关产品标准的要求评定弯曲试验结果。如未规定具体要求，弯曲试验后试样弯曲外表面无肉眼可见裂纹应评定为合格。

相关产品标准规定的弯曲角度认作为最小值；规定的弯曲半径认作为最大值。

第六节　金属反复弯曲试验

GB/T 235—1999 金属材料反复弯曲试验方法标准适用于厚度等于或小于 3mm 的薄板及带材的反复弯曲试验。

金属反复弯曲试验用于检验金属（及其覆盖层）在反复弯曲中承受塑性变形的能力，并显示其缺陷。

一、试样要求

（1）试样可从外观检查合格的钢材的任一部位上截取，并保持原表面无伤损。如有关技术条件或双方协议另有规定时，则按规定执行。

（2）宽度小于或等于 20mm 的带材，其试样应保持原来带材的宽度和厚度，试样长约为 150mm。

（3）宽度大于 20mm 的带材和板材，机加工后其试样宽度为 20～25mm，厚度为原带材或板材厚度，试样长约为 150mm。

（4）截取试样时，应留有足够加工余量。需要矫平时，可将试样置于木垫上，用软质锤子轻轻打平，或施以平稳的压力将其压平。试样棱边毛刺必须去除。

二、试验方法

弯曲试验机的工作原理如图 6-23 所示。弯曲圆弧（弯曲圆柱）半径可根据表 6-2 选择。

表 6-2　试样弯曲圆弧半径

试样厚度 a/mm	弯曲圆弧半径 r/mm	试样厚度 a/mm	弯曲圆弧半径 r/mm
≤0.3	1.0±0.1	1.0<a≤1.5	7.5±0.2
0.3<a≤0.5	2.5±0.1	1.5<a≤3.0	10.0±0.2
0.5<a≤1.0	5.0±0.1		

试验前，夹紧试样下端，夹块不得咬伤试样，并应确保试验过程中试样不产生位移。弯曲臂处于垂直位置，试样上端通过拨杆缝隙伸出，如图 6-23 所示。

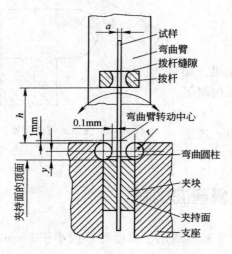

图 6-23　弯曲试验机的工作原理

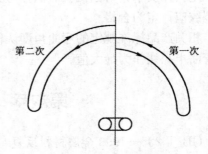

图 6-24　试样弯曲示意图

试验时，将试样从起始位置向右（左）弯曲 90°后，再返回到起始位置，作为第一次弯曲，如图 6-24 所示。将试样由起始位置向左（右）弯曲 90°后，再返回起始位置，作为第二次弯曲。随后按此次序连续反复弯曲。弯曲次数按有关技术条件中规定或直至试样断裂为止，也可弯曲到试样产生肉眼可见的裂纹为止。试样折断的最后一次弯曲不予计算。

整个弯曲试验过程中，操作应平稳、无冲击，弯曲速度均匀一致（约每分钟 60 次）。试验时，可施加某种形式的拉紧力，使试样与弯曲圆弧能良好接触，拉紧力不得超过标称抗拉强度相应拉伸试验力的 2%，或施加有关标准规定的力。

通常，在 10～35℃下进行试验。而在控制条件下，则应在（23±5）℃下进行试验。

三、结果评定

按反复弯曲次数 N_b 或裂纹等缺陷来评定结果。

第七节　金属线材反复弯曲试验

金属线材反复弯曲试验，用于检验金属线材的耐反复弯曲性能，并显示其缺陷。GB/T 238—1984金属线材反复弯曲试验方法标准适用于测试直径为 0.3～10mm 的冷拉及热轧线材的耐反复弯曲性能。

一、试样要求

试样可从外观检查合格线材的任意部位截取。如有关技术条件或双方协议另有规定时，按规定执行。试样长度一般为 150～250mm。

试验前，线材试样应置于木垫上矫直，可用软质锤轻轻打直线材或以平稳的压力压直。从绳索上取下的线材试样不允许矫直，而应在原始状态下进行试验。

二、试验方法

线材反复弯曲试验仪如图 6-25 所示。弯曲圆弧半径、拨杆孔直径应根据试样直径确定，见表 6-3。

试验前，将试样通过拨杆孔夹紧在夹口内，不得夹扁；线材应垂直弯曲圆弧中心线的水平面。

试验时可用手或特殊装置拉紧试样，拉紧力应不大于试样最大断裂负荷的 2%。

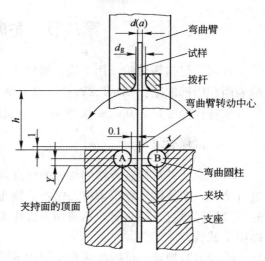

图 6-25　线材反复弯曲试验仪

试验过程中，试样不允许在夹口内转动及纵向移动。

弯曲试验时，弯曲速度应均匀一致（约每分钟 60 次）。试样从竖直起始位置向右弯曲 90°，再返回起始位置记为第一次弯曲。向左弯曲 90°再返回起始位置，记为第二次弯曲，依次类推。弯曲次数按有关技术条件规定或试样断裂时为止。

记录线材的弯曲试验次数时，试样折断时的最后一次弯曲不计。

表 6-3　线材反复弯曲试验技术条件　　　　　　　　　　　　　mm

线材公称直径 d 或厚度 a	弯曲圆弧半径 r	距离 h	拨杆孔直径 d_g
0.3～0.5	1.25±0.05	15	2.0
>0.5～0.7	1.75±0.05	15	2.0
>0.7～1.0	2.5±0.1	15	2.0
>1.0～1.5	3.75±0.1	20	2.0
>1.5～2.0	5.0±0.1	20	2.0 和 2.5
>2.0～3.0	7.5±0.1	25	2.5 和 3.5
>3.0～4.0	10.0±0.1	35	3.5 和 4.5
>4.0～6.0	15.0±0.1	50	4.5 和 7.0
>6.0～8.0	20.0±0.1	75	7.0 和 9.0
>8.0～10.0	25.0±0.1	100	9.0 和 11.0

注：应选择适当的拨杆孔径以保证线材在孔内自由运动。较小的孔径用于公称直径较小的线材；而较大的孔径用于公称直径较大的线材。对于非圆截面线材应按其截面形状选用适宜的拨杆孔。

三、结果评定

应记录线材直径、弯曲圆弧半径、弯曲次数和本标准号。必要时可记录试样折裂特征（如断口形态等）。

第八节　金属线材扭转试验

金属线材扭转试验，用于检验线材在单向或双向扭转时的塑性变形性能，并显示线材的表面和内部缺陷。GB/T 239—1999 金属线材扭转试验方法为现行国家标准，适用于直径（或特征尺寸）为 0.3～10.0mm 的金属线材。

一、试样要求

试样应从外观检查合格的线材的任意部位截取。试样应尽可能是平直的。必要时，可进行矫直，即将试样置于木材、塑料或铜质平面上，用由这些材料制成的锤子或其他合适的方法轻轻矫直。矫直时，不得损伤试样表面，也不得扭曲试样。存在局部硬弯的线材不得用于试验。

除非另有规定，试验机两夹头间的标距长度 L（图 6-26（a））应符合表 6-4 规定。

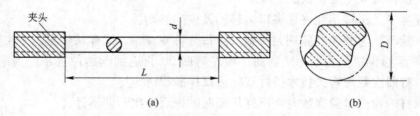

图 6-26　扭转试验标距长度、特征尺寸示意图

表 6-4　线材标距长度　　　　　　　　　　　　　　　　　　　　　　mm

线材公称直径 d 或特征尺寸 D	两夹头间标距长度 L	线材公称直径 d 或特征尺寸 D	两夹头间标距长度 L
0.3～<1.0	200d（D）	5.0～10.0	50d（D）②
1.0～<5.0	100d（D）①		

①特殊协议时可采用 50d（D）；②特殊协议时可采用 30d（D）。

试样的总长度应为标距长度与夹在钳口内的试样长度之和。

二、试验方法

试验一般应在 10～35℃ 的室温下进行，如有特殊要求，试验温度为（23±5）℃。

将试样置于试验机夹持钳口中，使其轴线与夹头轴线相重合，并施加某种形式的拉紧力，其大小不得大于该线材公称抗拉强度相应力值的 2%。

除非另有规定，否则线材的扭转速度按表 6-5 进行选择，其偏差应控制在规定转速的 ±10% 以内。

试样的扭转方式有两种形式：（1）单向扭转，即试样绕自身轴线向一个方向均匀旋转 360° 作为一次扭转至规定次数或试样断裂。（2）双向扭转，即试样绕自身轴线向一个方向均匀旋转 360° 作为一次扭转至规定次数后，向相反方向旋转相同次数或试样断裂。

试验时，试样置于试验机夹紧后，以一合适的恒定速度旋转可转动夹头，计数装置同时自动记数，直至试样断裂或达到规定的次数为止。

表 6-5 线材扭转速度

线材公称直径 d/mm 或特征尺寸 D/mm	单向扭转速度/r·min⁻¹			双向扭转速度 /r·min⁻¹
	钢	铜及铜合金	铝及铝合金	
<1.0	180	300		
1.0~<1.5		120		
1.5~<3.0	60	90	60	60
3.0~<3.6		60		
3.6~<5.0				
5.0~10.0	30	30		30

当试样的扭转次数、表面及断口符合有关标准规定时，则该试验有效。如果未达到规定的次数，且断口位置在离夹头 $2d$（D）范围内，则该试验无效。在试验过程中发生严重劈裂，则最后一次扭转不计。

三、结果评定

（1）试样的扭转次数、断口及表面状态符合有关标准规定时，则该试验是合格的，否则不合格。

（2）金属线材表面和内部缺陷，试验后依据扭转断裂类型、外观形貌及断口特征加以评定。试样扭转断裂类型可分为三类：1）正常扭转断裂，断裂面上无裂纹；2）局部裂纹断裂，试样表面有局部裂纹；3）螺旋裂纹断裂，试样全长或大部分长度上有螺旋型裂纹。

（3）将扭转次数、断口形状及受试部分出现的缺陷等记载在试验报告上。

第九节 金属线材缠绕试验

金属线材缠绕试验，是将试样沿螺旋方向以紧密的螺旋圈缠绕在规定直径的芯杆上，以检验有镀层和无镀层金属线材承受缠绕和松懈性变形的能力，并显示其缺陷及镀层结合牢固性。GB/T 2976—1988 金属线材缠绕试验方法为现行国家标准。适用于直径（或公称尺寸）等于或小于 10.0mm 的有镀层和无镀层金属线材。

一、试样要求

试样应从外观检查合格产品的任意部位截取，或按有关标准规定执行。试样的长度应能保证完成试验，一般长度为（500±10）mm。试验前可将试样放在木垫上用木锤轻轻打直，但试样表面不允许有任何损伤。

二、试验方法

金属线材缠绕方式很多，有自身缠绕、芯棒缠绕、缠绕松懈、缠绕松懈再缠绕及缠绕拉伸等。

（1）自身缠绕（即一倍缠绕）。自身缠绕试验是将试样弯曲成 U 字形，并夹紧成 L 扣，然后将一端绕着另一段缠成紧密排列的螺旋圈，如图 6-27 所示。

（2）芯棒缠绕。芯棒缠绕试验是将试样沿螺旋方向以紧密的螺旋圈缠绕在直径为 D 的芯棒上，如图 6-28 所示。芯棒的直径偏差不得有正偏差值，芯棒应具有足够的硬度，直径 D 的大小应符合有关技术标准规定。

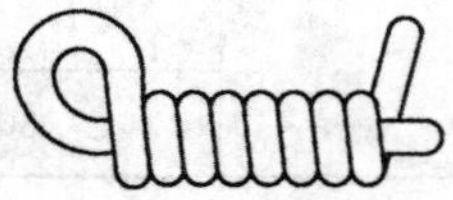

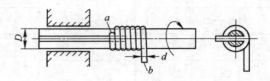

图 6-28　芯棒缠绕

d—圆形线材直径或异形线材公称尺寸，mm；D—缠绕
芯棒直径，mm；a—试样固定端；b—试样自由端

图 6-27　自身缠绕

（3）缠绕松懈。缠绕松懈试验是将已进行芯棒缠绕后的试样以均匀的速度进行解圈，解圈的末端至少保留一个缠圈。

（4）缠绕、松懈再缠绕（二次缠绕）。二次缠绕试验是将已缠绕松懈的试样依次进行再缠绕的过程。

（5）缠绕拉伸。缠绕拉伸试验是将试样从芯棒缠绕后，沿纵向使之产生永久变形，拉伸的长度应符合有关标准的规定。

缠绕速度应均匀一致，每分钟不大于 60 圈，必要时可以减慢速度；缠绕时在试样的自由端所施加的拉力以能使试样贴紧芯杆的最小拉力为宜，但不大于线材公称抗拉强度所对应负荷值的 5%。缠绕时，螺旋圈应紧密排列，不得重叠。缠绕圈数为 5~10 圈。

三、结果评定

（1）用肉眼检查，有镀层的线材，其镀层不得开裂或脱落；无镀层的线材不得有裂缝、折断和分层，或应符合有关标准规定。进行松懈试验，允许试样有自然弯曲。

（2）进行缠绕拉伸试验，按有关标准检查螺旋状间距的均匀性。

（3）直径或公称尺寸小于 0.5mm 的线材需在大约 10 倍的情况下进行判断。

第十节　金属顶锻试验

金属顶锻试验是检验金属在室温或热状态下承受规定程度的顶锻变形性能，并显示其缺陷。GB/T 233—2000 金属顶锻试验方法为现行国家金属顶锻试验标准。本标准适用下列横截面尺寸（直径、边长或内切圆半径）范围的金属材料：对于冷顶锻试验为 3~30mm；对于热顶锻试验为 5~200mm。对于超出本标准适用范围的金属材料，应按照相关产品标准或协议的规定。

一、试样要求

试样可从外观检查合格金属材料之任意部位截取，也可按有关技术条件规定取样。截取方法可用锯、刨、剪切或气割，但应用机械加工方法去除剪切或气割影响区域。

试样横截面尺寸应与被试材料的尺寸相等（即保留原轧制或拔制面）。试样高度应等于直径或边长的二倍，且端面应与试样轴线垂直，见图6-29。

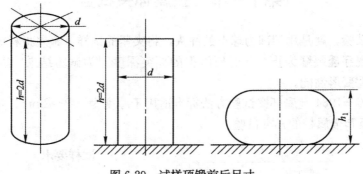

图 6-29　试样顶锻前后尺寸

二、冷顶锻试验

室温下，当试样直径或边长小于15mm时，可用人工锤击或锻打。而直径或边长大于15mm时，可在压力机或锻压机上压或锻至规定的高度 h_1，如图6-29所示。此高度应在有关技术条件或协议中用 X 规定，X 为顶锻比，按下式计算：

$$X = \frac{h_1}{h} \tag{6-7}$$

式中　h_1——顶锻后试样高度；

h——顶锻前试样高度。

试样顶锻后的高度允许偏差不超过±5％h。

顶锻后，试样上不得有扭歪锻斜现象。

顶锻比应在相关产品标准或协议中规定。如未具体规定，冷顶锻试验顶锻比采用1/2。

三、热顶锻试验

试样可在温度可控的电炉内加热。加热温度、加热时间和允许的终锻温度应按照相关产品标准规定的要求，加热速度应根据具体加热设备情况和试样尺寸而定，以能缓慢而均匀地使其热透为准。

试样应在规定的温度范围内用手锤或在锻压机上（打）锻至规定的高度（计算方法与室温顶锻相同）。锻打时，开锻和终锻的锻压比不得过大，顶锻后试样不得扭歪锻斜。

顶锻后试样的高度允许偏差不超过±5％h。

顶锻比应在相关产品标准协议中规定。如未具体规定，热顶锻试验顶锻比采用1/3。

四、结果评定

顶锻试验后检查试样侧面，应按照相关产品标准的要求评定顶锻试验结果。如相关产品标准未有具体规定，当锻压比达到要求而试样无产生肉眼可见的裂纹、折叠，即评定为合格。

第十一节　金属杯突试验

金属杯突试验，就是用端部为球形的冲头，将夹紧的试样（金属板材或带材）压入压模内，直至出现穿透裂缝为止，此时所测得的杯突深度即为试验结果，以此来检验金属板、带材的塑性变形性能。

GB/T 4156—1984 金属杯突试验方法标准适用于厚度为 0.2～2mm、宽度等于或大于 90mm 的金属板和金属带的杯突试验。

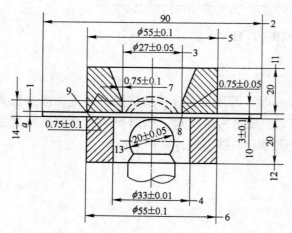

图 6-30　杯突试验

1—试样厚度；2—试样宽度或直径；3—压模孔径；4—垫模孔径；5—压模孔径；6—垫模外径；7—压模孔内侧圆角半径；8—压模外侧圆角半径；9—垫模外侧圆角半径；10—压模孔深度；11—压模厚度；12—垫模厚度；13—冲头球形部分直径；14—杯突深度

一、试样要求

杯突试验用试样是从表面无缺陷的板材上选取的。试样必须平整，不得扭曲，边缘无毛刺，不得进行冷热加工或锤击，应不经矫直进行试验。

试样厚度为原材厚度，宽度或直径为 90～95mm。

二、试验方法

杯突试验在杯突试验机上进行，试验部分见图 6-30。

试验应在 10～35℃ 的温度下进行。若要求严格，则应在（23±5）℃ 下测试。

试验前，应在试样两面和冲头上涂以一薄层石墨润滑脂或其他类型的润滑脂。试样厚度的测量应精确到 0.01mm。

相邻两个压痕的中心距离不得小于 90mm，任一压痕的中心至试样任一边缘的距离不得小于 45mm。

试验时，把试验机调至零点后，将试样置于压模和垫模之间予以夹紧，夹紧力约为 10kN。在无冲击的情况下进行杯突试验，试验速度控制在 5～20mm/min。试验接近结束时，将速度降低到下限速度，以便正确地确定裂缝出现的瞬间。当裂缝开始穿透试样厚度（透光）时，试验即告终止。

试验过程中，冲头不得转动，冲头部分应与试样接触。

三、结果评定

测出冲头与试样接触至裂缝穿透试样这一期间的冲头移动距离，即杯突值。杯突值的测量应精确到 0.01mm。杯突值用 IE 表示。

第十二节　金属管材工艺性能试验

金属管材工艺性能试验种类较多，下面仅对金属管液压、扩口、缩口、弯曲和压扁试验作简单介绍。

一、金属管液压试验

金属管液压试验就是检查金属管的质量和强度，并显示其缺陷。现有国家标准为GB/T 241—1990金属管液压试验方法。

1. 试样要求

试样为外观检查合格的整根管材。

2. 试验方法

试验前用规定的液体充入管中，以排除空气。试验时用水或乳状液充满整个管腔，使其在一定时间内承受规定的试验压力。试验压力可由下式求得：

$$P = \frac{2\sigma \cdot S}{d} \tag{6-8}$$

式中　P——最大试验压力；

　　　σ——允许应力；

　　　S——允许最小壁厚；

　　　d——金属管公称内径。

加压时，应均匀地增至规定的最大试验压力，不得有液压冲击现象。试验持续时间一般不少于5s。

在进行高压力试验时，应严格遵守有关安全规程的规定。

3. 结果评定

在试验过程中，如沿管材长度或接头处无漏水、浸湿或永久变形（膨胀），即认为试样合格。

二、金属管扩口试验

金属管扩口试验可检验金属管材径向扩张到规定直径的变形性能，并显示其缺陷。现有国家标准 GB/T 242—1997 金属管扩口试验方法。

1. 试样要求

试样应从外观检查合格的管材的任意部位上截取。

当扩口锥度小于或等于30°时，试样长度约为管材外径的2倍；锥度大于30°时，其长度应为管材外径的1.5倍，但不得小于50mm。如试样直径小于20mm，而且在扩口试验后剩余的圆柱部分长度不小于管材外径的0.5倍时，可以使用较短的试样。

试样的切割面与管材轴线垂直，棱边应锉圆。截取试样时，应防止损伤试样表面以及受热或冷加工而改变金属的性能。

2. 试验方法

试验时，将规定锥度的顶心用压力机压入试样的一端，如图 6-31 所示，使其均匀地

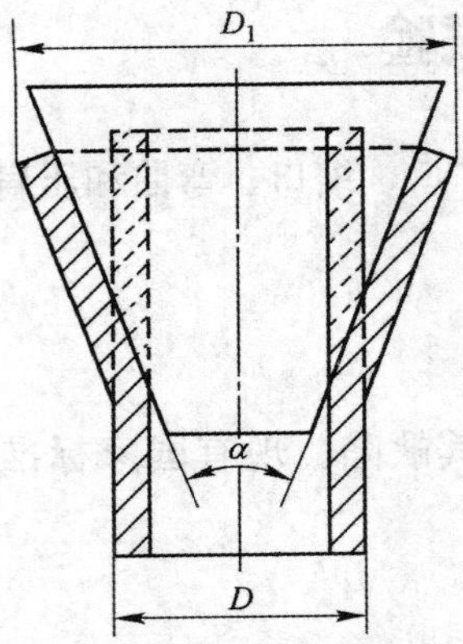

扩张到有关标准规定的扩口率。扩口率 X 按下式计算：

$$X = \frac{D_1 - D}{D} \times 100\% \qquad (6\text{-}9)$$

式中　D——原试样管端外径；

　　　D_1——扩口后管端外径。

试验用顶芯锥度 α 根据有关标准采用 $6°$、$12°$、$30°$、$45°$、$60°$、$90°$ 或 $120°$（$6°$ 相当于 $1:10$ 的锥度，$12°$ 相当于 $1:5$ 的锥度）。推荐采用的顶芯角度为 $30°$、$45°$ 和 $60°$。

顶芯工作表面应磨光且具有足够硬度，试验时涂以润滑油，顶芯的压入速度应为 $20\sim50\text{mm/min}$。

3. 结果评定

图 6-31　金属管扩口试验

试验后检查试样扩口处。如果有关标准未作具体规定，则试样扩口到规定程度后，如无肉眼可见裂纹，即可认为试样合格。仅在试样棱边处出现轻微的开裂不应判为报废。

三、金属管缩口试验

金属管缩口试验可检验金属管径向压缩到规定直径的变形性能，并显示其缺陷。现有国家标准 GB 243—82 金属管缩口试验方法。

1. 试样要求

试样可从外观检查合格的金属管的任意部位截取。

试样长度 $L=2.5D+50\text{mm}$（D 为管材外径）。试样的切割面与管材轴线垂直，切口处棱边应锉圆。

2. 试验方法

试验时，用压力机将金属管试样压入规定锥度的锥形座套中（图6-32），使其均匀地压缩到有关标准规定的缩口率。缩口率 X 可按下式计算：

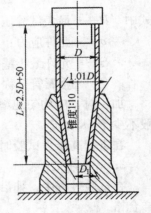

图 6-32　金属管缩口试验

$$X = \frac{D - D_1}{D} \times 100\% \qquad (6\text{-}10)$$

式中　D——原试样管端外径；

　　　D_1——缩口后管端外径。

座套内壁应磨光，且有足够的硬度，可涂以润滑油。其圆锥度根据有关标准选用 $1:10$、$1:5$ 的锥度。如无特殊规定，则可选用 $1:10$ 的锥度。

为保证沿金属管轴线施加作用力，可在管子上端插入金属塞。

试验可在室温或热状态下进行。

3. 结果评定

试验后检查试样缩口处，如果有关标准未作具体规定，而又无裂缝或裂口，即认为试样合格。如果出现折皱，则应取样重新试验。

四、金属管弯曲试验

金属管弯曲试验是用以检验金属管承受规定尺寸及形状的弯曲变形性能，并显示其缺陷。现有国家标准 GB/T 244—1997 金属管弯曲试验方法，适用于外径不大于 65mm 的管材弯曲试验。

1. 试样要求

试样可从外观检查合格的金属管的任意部位截取。其长度应能保证以规定的弯曲角度和半径下进行弯曲。

2. 试验方法

试验一般在 10～35℃的室温范围内进行，若要求严格则应在（23±5)℃下进行试验。

弯曲试验应在弯管试验装置上进行，试验时将不带填充物的金属管试样绕带槽弯心连续缓慢地弯曲到规定角度 α（图 6-33）。试验时，试验装置应能限制金属管的横截面发生椭圆变形，并确保试样弯曲变形段与弯心紧密接触。

试验焊管时，焊缝应位于有关产品标准规定的位置上。如无规定，则焊缝应置于与弯曲平面呈 90°（即弯曲中性线）的位置。

试样的弯曲角度和弯心半径均应符合有关标准的规定。

3. 结果评定

应按照相关产品标准的要求评定弯曲试验结果，如未规定具体要求，试验后试样无肉眼可见裂纹应评定为合格。

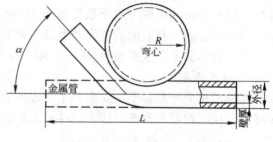

图 6-33　金属管弯曲试验

五、金属管卷边试验

金属管卷边试验，就是检验金属管管壁外卷到规定尺寸及形状的变形性能，并显示其缺陷。现行国家标准为 GB/T 245—1997 金属管卷边试验方法，适用于外径不超过 150mm、管壁厚度不超过 10mm 的圆形横截面金属无缝和焊接管材。

1. 试样要求

试样应在外观检查合格的金属管的任一部位截取。试样的长度应确保卷边后试样剩余的圆柱部分的高度不小于外径之半。

截取试样时应防止损伤试样表面；试样不得因进行热加工或冷加工而改变其性能；试样的切割面必须垂直金属管的轴线；切口处棱边应锉圆；试验焊接管时，允许去除内壁的焊缝余高。

2. 试验方法

（1）卷边时允许预先用角度合适（一般为 90°）的圆锥形顶芯对试样进行预扩口，如图 6-34 所示。

（2）卸下圆锥顶芯，换上卷边顶芯，用压力机或其他方法将其压入试样的一端，使管壁均匀地卷至规定尺寸，如图 6-35 所示。卷边宽度 L 和卷边角度 $α$ 应符合有关标准的规定。卷边率可按下式计算：

$$X = \frac{D_1 - D}{D} \times 100\% \qquad (6\text{-}11)$$

式中　D——原试样管端外径，mm；

　　　　D_1——卷边后管端外径，mm。

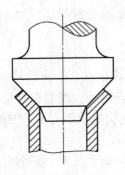

图 6-34　金属管扩口

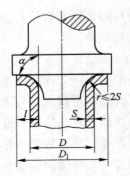

图 6-35　金属管卷边试验

（3）试验可在室温或热态下进行。如果有关标准未规定试验温度，则试验应在室温下进行。顶芯的压入速度一般不超过 50mm/min。

（4）顶芯的工作表面应磨光并涂以润滑油，顶芯应有足够硬度。

（5）顶芯如果未规定曲率半径 r，则 r 值可小于或等于 $2S$（S 为金属管壁厚度）。

3．结果评定

应按照相关产品标准的要求评定卷边试验结果。如未规定具体要求，试验后试样无肉眼可见裂纹应评定为合格。仅在试样棱边处出现轻微的开裂不应判为报废。

六、金属管压扁试验

金属管压扁试验可检验金属管压扁到规定尺寸的塑性变形能力，并显示其缺陷。现有国家标准 GB/T 246—1997 金属管压扁试验方法。本标准适用于外径不超过 400mm，管壁厚度不超过外径 15% 的圆形横截面无缝和焊接金属管。

1．试样要求

试样可从外观检查合格的金属管材的任意部位截取。截取试样时应防止损伤试样表面和因受热或冷加工而改变其性能。试样的棱边允许用锉或其他方法将其倒圆或倒角。

试样长度应不小于 10mm，但不超过 100mm。通常，试样长度为 40mm。

2．试验方法

试验一般在 10～35℃ 的室温范围内进行。若要求严格时，试验温度应为（23±5）℃。

试验时，试样置于两平板之间，用压力机或其他方法将其均匀地压至相关产品标准或双方协议所规定的压板压距（图 6-36），如为闭合压扁，试样内表面接触的宽度应至少为试样压扁后其内宽度的 1/2（图 6-36（c））。

试验焊管时，焊缝应位于相关产品标准所规定的位置。如无规定，则焊缝应位于与施力方向成 90° 的位置。

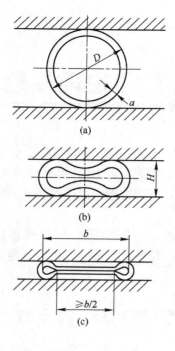

图 6-36　金属管材压扁示意图

出现争议或仲裁试验时，压板的移动速度不应超过 25mm/min。

3. 结果评定

应按照相关产品标准的要求评定压扁试验结果。如未规定具体要求，试验后试样无肉眼可见裂纹应评定为合格。仅在试样棱边处出现轻微的开裂不应判为报废。

第七章 物理性能检验

金属的物理性能包括密度、电学性能、热学性能、磁学性能等。这些性能与金属的成分、组织结构以及生产过程密切相关，故金属的物理性能检验是金属材料性能检验的一个重要方面。对于特殊用途的钢，某项物理性能参数将成为该材料的主要技术指标，常常需要检验有关的物理性能。

关于物理性能试验方法标准，已陆续颁布了 12 个国家标准，读者可查阅有关文献。本章介绍经常遇到的密度测定、膨胀系数测定、电阻率测定、热分析法、热电势测定和磁性能测定等试验方法及其应用。

第一节 密 度 测 定

单位体积物质的质量称为该物质的密度。假定物体的质量为 m，体积为 V，则该物质的密度 ρ 由下式确定：

$$\rho = \frac{m}{V} \tag{7-1}$$

按照国际单位制，密度的单位为千克每立方米，记为 kg/m^3，常用的还有倍数单位克每立方厘米，记为 g/cm^3。

在金属材料的生产检验和研究中，密度是一个重要的物理量，它是物质致密程度的量度，与金属材料的成分、加工工艺、热处理，即与组织结构等都有着密切的关系。如在同样成分的条件下，钢的马氏体密度最小，珠光体密度较大，奥氏体密度最大。

一、密度的测量公式

根据密度的定义，只要测得试样的质量和体积，便可方便地求得材料的密度。在测定中，用物理天平称量试样的质量。规则形状的试样可通过测量几何尺寸求得体积，但形状不规则的试样无法直接测量，因而常使用流体静力学称衡法。

试样在液体中所受的浮力等于试样在空气中的重量 W 与全浸入液体时的重量 W_1 之差，即

$$F = W - W_1 = (m - m_1)g \tag{7-2}$$

式中　m、m_1——该试样在空气中及全浸入液体中称衡时相应的天平砝码质量；

　　　　g——常数，其值一般取 9.8。

根据阿基米德原理，试样在液体中所受的浮力等于它所排开液体的重量，即

$$F = Vg\rho_0 \tag{7-3}$$

式中，ρ_0 为液体的密度，所以

166

$$(m - m_1)g = V\rho_0 g$$

式中，V 为试样体积，即浸没液体中排开液体的体积。于是

$$V = \frac{m - m_1}{\rho_0} \tag{7-4}$$

将上式代入密度公式可得

$$\rho = \frac{m}{V} = \frac{m\rho_0}{m - m_1} \tag{7-5}$$

二、高精度密度测量公式

在密度精确度要求很高时，则必须考虑密度测量中引起误差的因素。密度测量公式 (7-5) 中未考虑空气的影响，因为空气也是流体，试样和砝码在空气中也受浮力作用。设空气的密度为 λ（20℃时，$\lambda = 0.0012 \text{g/cm}^3$），则试样的实际质量 M 与在空气中称衡的质量 m 的关系为

$$M = m + \lambda V \tag{7-6}$$

代入式 (7-4) 得

$$V = \frac{m + \lambda V - m_1}{\rho_0}$$

由此可求出

$$V = \frac{m - m_1}{\rho_0 - \lambda} \tag{7-7}$$

因此，考虑空气对试样的浮力，则密度为

$$\rho = \frac{M}{V} = \frac{m}{m - m_1}(\rho_0 - \lambda) + \lambda \tag{7-8}$$

在称衡过程中，砝码也受空气浮力的影响，当称衡试样的质量为 m 时，m 值是按砝码的取值读出的。由于砝码也受空气浮力的作用，所以试样实际质量要小一些，为 $m - \lambda V'$。此处砝码体积 $V' = m/\rho'$（ρ' 是砝码的密度），可得试样的实际质量为 $m - \lambda m/\rho' = m(1 - \lambda/\rho')$，这比称衡值要小一个固定的比例值 $(1 - \lambda/\rho')$。由于对式 (7-8) 中的 m 和 m_1 值都应乘以这一比例因子，因此其值不变，所以空气对砝码的作用不影响流体静力学称衡法测得的密度值。

三、密度测量方法

密度测量用试样通常为 $15 \times 20 \text{mm}$，表面粗糙度应达 $R_a 1.6 \mu \text{m}$。

测量仪器为分析天平，用摆动法称衡物体时，本仪器可精确到 1/10000g。密度测量时由于试样在液体中移动时阻尼过大，不能用摆动法来求平衡点，只能在静止时求得平衡，所以其精确度为 1/1000g。

捆绑试样所用的金属丝应为单股细金属丝或细膝包线。为了避免毛细作用，捆结应全部浸入液体中，浸入液体中的捆绑金属丝的浮力对所测结果也有影响，因而金属丝应细一些，以免引起较大的误差，如图 7-1（a）所示。

如果待测物体的密度小于液体的密度，则可在物体上拴一个重物，将物体和重物全部浸没在液体中进行称衡，如图 7-1（b）所示。相应的砝码质量为 m_2，将物体提升到液面

之上，而重物仍浸没在液体中，此时再进行称衡，如图 7-1（c）所示。最后使用的相应砝码质量为 m_3，于是物体在液体中所受的浮力为

$$F = (m_3 - m_2)g \tag{7-9}$$

因此，物体的密度为

$$\rho = \frac{m}{m_3 - m_2}\rho_0 \tag{7-10}$$

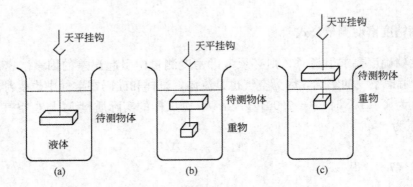

图 7-1　密度测量方法示意图

（a）待测物体全部浸入液体内；（b）待测物体及重物全部浸入液体内；
（c）当待测物体提升到液面之上时，重物仍浸在液体内

第二节　膨胀系数测定

一、概述

众所周知，物体受热膨胀，冷却收缩是一种普遍现象，金属及合金也不例外，金属具有热胀冷缩的特性。但是金属及合金在加热与冷却时，往往由于组织的变化还能产生异常的膨胀效应。例如，钢在加热时，珠光体转变为奥氏体，其长度发生明显的缩小，而冷却时奥氏体转变为珠光体，则长度产生明显的增加。因此，长期以来，膨胀分析已成为研究钢的组织转变的一种重要手段。

通常情况下，金属材料的伸长与温度的关系可用经验公式来表示：

$$L_2 = L_1[1 + \alpha(T_2 - T_1)] \tag{7-11}$$

式中，L_1、L_2 分别为金属材料在 T_1 和 T_2 温度时的长度；α 为平均线膨胀系数，它等于

$$\alpha = \frac{L_2 - L_1}{T_2 - T_1} \cdot \frac{1}{L_1} \tag{7-12}$$

当温度变化及长度变化均趋于零时，L_1 可用 L_T 代替，上式便可写成

$$\alpha_T = \frac{1}{L_T} \cdot \frac{dL}{dT} \tag{7-13}$$

式中，α_T 为金属材料在温度 T 时的真线膨胀系数。对于给定的金属材料，只要给出 $L = f(T)$ 曲线，便可在曲线上找到 L_T 及该点的微分，求出真线膨胀系数 α_T 来。膨胀系数的单位为 K^{-1}。

相应的真体膨胀系数 β_T 为

$$\beta_T = \frac{1}{V_T} \cdot \frac{dV}{dT} \tag{7-14}$$

多数情况下实验测得的是线膨胀系数，而实际应用的线膨胀系数，多为某一温度范围内的线膨胀系数的平均值。钢的 α 值一般在 $(10\sim20)\times10^{-6}$ 这一范围内，体膨胀系数 β 约为 3α。

纯铁加热时的比容变化如图 7-2 所示。由曲线可知，在 A_3 点比容急剧地减小，这是 α-Fe 转变为 γ-Fe 晶体结构发生变化所致。A_4 点比容急剧增大，则是 γ-Fe 转变为 δ-Fe 时引起晶体结构变化的结果。

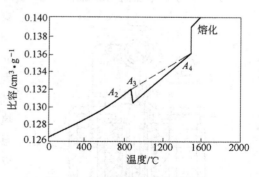

图 7-2　加热时铁的比容的变化

多相合金的膨胀系数由组成该合金的各相的膨胀系数相加而成。有关碳素钢的组成相的膨胀系数及体积特征列于表 7-1 中。

表 7-1　钢中各相的体积特征

相的名称	含碳量/%	点阵常数/mm	比容/(cm³·g⁻¹)	线膨胀系数/K⁻¹	体膨胀系数/K⁻¹
铁素体		2.861×10^{-7}	0.12708	14.5×10^{-6}	43.5×10^{-6}
奥氏体	0.0	3.5886×10^{-7}	0.12227	23.0×10^{-6}	70.0×10^{-6}
	0.2	3.5650×10^{-7}	0.12227		
	0.4	3.5714×10^{-7}	0.12313		
	0.6	3.5778×10^{-7}	0.12356		
	0.8	3.5842×10^{-7}	0.12399		
	1.0	3.5906×10^{-7}	0.12442		
	1.4	3.6034×10^{-7}	0.12527		
马氏体	0.0	$a=c=2.861\times10^{-7}$	0.12708	11.5×10^{-6}	35.0×10^{-6}
	0.2	$a=2.858\times10^{-7}$ $c=2.885\times10^{-7}$	0.12761		
	0.4	$a=2.855\times10^{-7}$ $c=2.908\times10^{-7}$	0.12812		
	0.6	$a=2.852\times10^{-7}$ $c=2.932\times10^{-7}$	0.12863		
	0.8	$a=2.849\times10^{-7}$ $c=2.955\times10^{-7}$	0.12915		
	1.0	$a=2.846\times10^{-7}$ $c=2.979\times10^{-7}$	0.12965		
	1.4	$a=2.840\times10^{-7}$ $c=3.026\times10^{-7}$	0.13061		
渗碳体	6.69	$a=4.5144\times10^{-7}$ $b=5.6767\times10^{-7}$ $c=6.7297\times10^{-7}$	0.13023	12.5×10^{-6}	37.5×10^{-6}

二、膨胀系数的测量方法

测量膨胀系数所用的仪器称为膨胀仪。膨胀仪的种类很多，按其放大原理可以概括为光学放大、机械放大以及电磁放大三种类型。下面仅介绍常用的机械式膨胀仪和光学热膨胀仪。

(一) 简易机械式膨胀仪

图 7-3 为千分表简易膨胀仪，这是最简单的机械（放大）式膨胀仪。它是利用千分表

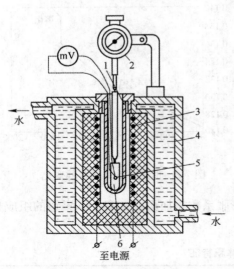

直接测量试样的膨胀量，待测试样 6 一般做成 ϕ（3～5）mm×（30～50）mm 的杆状，与石英传动杆一起放在石英管 1 里。传动杆和试样及千分表 2 的触头保持良好接触。炉子 3 通电加热时，试样受热膨胀，经传动杆传递，在千分表上计量。热电偶 5 焊在试样上测量温度。为防止电炉表面温度过高，影响千分表的测量精度，故炉子周围有冷却水套 4，mV 代表测量仪表。

某些机械式膨胀仪测量设备可将试样的伸长量经三次杠杆放大到 200 倍或 400 倍，再从千分表上读出伸长量。

为了避免试样在高温下氧化，有些膨胀仪还附有抽气设备，以便将石英管中空气抽出，或者通入保护气体（氢、氮、氩等）来防止试样氧化。

此外，简易机械式膨胀仪除了上述立式结构

图 7-3　千分表简易膨胀仪

外，还有卧式结构（图 7-4）。采用卧式结构的膨胀仪时，将待测样品置于石英管（或硬质玻璃管）内，而石英管则置于电炉中。试样必须短（约长 10cm），以保证尽量处于管式炉的恒温区内。为了使管内温度趋于均衡，可在石英管内加一铜管，将试样置于铜管中，试样两端用两根石英棒顶住，石英棒另一端则伸出管式炉外。其中一石英棒顶住一固定物，另一石英棒顶在一千分表上。

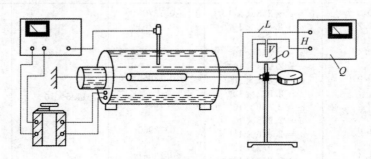

图 7-4　简易机械式（卧式结构）膨胀仪示意图

上述简易机械式膨胀仪结构简单，方法简便，成本低，又有一定的灵敏度，故使用较普遍。缺点是要人工观察记录。

(二) 光学热膨胀仪

光学热膨胀仪是在测量金属的热膨胀系数时应用广泛而又较精密的一种仪器，多为卧式。卧式光学膨胀仪的特点是加热炉横卧，炉温比较均匀；采用光学放大及照相记录测量，惰性小，灵敏度高。另一特点是用镍铬合金或镍铬钨合金作标准试样，用标准试样的伸长量表示试样的温度，从而便于在空气介质中加热和随后的急冷过程中测量试样温度。根据卧式膨胀仪的工作原理，可将其分为普通光学膨胀仪和示差光学膨胀仪两种。

170

1. 普通光学膨胀仪

这种光学膨胀仪的测量系统最主要的部分是由一块小的等腰直角三角形所组成的光学杠杆机构（图7-5）。三角板当中有一个小型凹面反射镜，三角板的直角顶点安放一个固定铰链，而另外两个顶点则分别为两根石英杆所顶住，这两根石英杆分别与标准试样1和待测试样2相接触。当待测试样不变，只有标

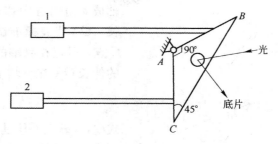

图 7-5　普通光学膨胀仪原理图

准试样伸长时，则反射镜反射到底片上的光点作水平移动；当标准试样的长度不变，仅待测试样伸长时，则反射光点垂直向上移动。如果两个试样同时受热膨胀，则可画出一条如图7-6所示的热膨胀曲线。此曲线在纵坐标上的投影表示待测试样的伸长量，在横坐标上的投影表示标准试样的伸长量。标准试样的伸长量与温度有近似线性关系，这种关系可以事先通过计算或进行测定，因此，可将横坐标换算为标准试样的温度。如果将标准试样与待测试样放置在靠近的位置上，则可认为它们的温度是一致的，故横坐标即为试样的温度。这样，光点所照射的曲线即为待测试样温度与伸长量的关系曲线。

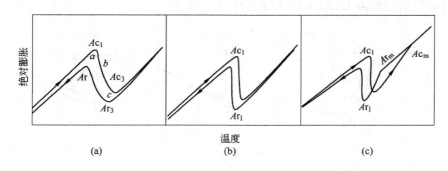

图 7-6　碳钢的膨胀曲线

（a）亚共析钢；（b）共析钢；（c）过共析钢

2. 示差光学膨胀仪

示差光学膨胀仪的测量部分与普通光学膨胀仪所不同的是，前者三角板的形状不是

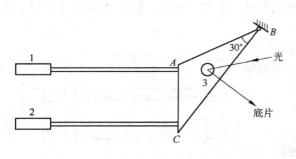

图 7-7　示差光学膨胀仪原理图

等腰直角三角形，而是一个具有30°角和60°角的直角三角形，30°角的顶点用铰链固定，如图7-7所示。直角顶点通过石英杆与标准试样1相接触，60°角顶点通过另一石英杆与待测试样2相接触。若标准试样不变，仅待测试样伸长时，经反射镜3反射后光点垂直向上移动。若试样不变，仅标准试样伸长时，光点不是沿着水平方向移动，而是沿与水平

171

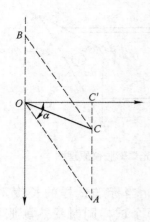

图 7-8 示差热膨胀
原理示意图

轴成 α 角的方向移动，如图 7-8 所示。OB 代表待测试样的伸长，OA 代表标准试样的伸长，若二者同时膨胀，则光点应在 C 点，C 点在纵轴的投影即为待测试样的伸长 OB 与标准试样的伸长 OA 在纵轴上的投影 $OA\sin\alpha$ 之差 CC'。

$$CC' = OA\sin\alpha - OB \qquad (7\text{-}15)$$

式中，OA 与 OB 是为了便于理解示差法的原理而画出的，实际测量时只能照出 C 点的移动轨迹，即 CC' 的变化规律。

示差法的优点是在金属内部未发生变化时，由于试样与标准试样的伸长相互抵消，可采用更大的光学放大倍数，使转变部分的曲线突出来，提高测量的灵敏度。示差法测得的膨胀曲线如图 7-9 所示。

光学热膨胀仪对标准试样的要求是：标准试样的伸长量与温度成正比，且具有较大的线膨胀系数，在使用的温度范围内没有相变，且不易发生氧化，与试样的导热系数接近。根据以上要求研究钢铁材料时，常采用镍铬（w（Ni）＝80％、w（Cr）＝20％）合金或镍铬钨合金（w（Ni）＝80％、w（Cr）＝16％、w（W）＝4％）作为标准试样。这种合金在 $0\sim1000℃$ 范围内不发生相变，其线膨胀系数可以均匀地由 12.57×10^{-6} 增加到 21.24×10^{-6}。

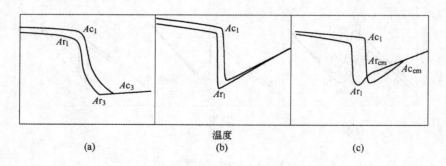

图 7-9 碳钢的示差膨胀曲线
(a) 亚共析钢；(b) 共析钢；(c) 过共析钢

标准试样的形状如图 7-10 所示。为了能够正确地反映标准试样温度，测温时，将热电偶插入标准试样的小孔中，所以标准试样的形状一般都很复杂，而待测试样通常加工成简单的圆柱形。

此外，还有干涉式膨胀仪、电容式膨胀仪、电感式膨胀仪、电子测微管式膨胀仪、小惯量细丝膨胀仪等设备。

三、膨胀分析法的应用

膨胀分析法广泛用于钢中临界点及相转变曲线的测定，以及用于钢在热处理时所发生的内部

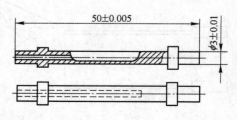

图 7-10 标准试样结构示意图

172

组织变化的动力学研究。这种方法的优点是：仪器的惰性小，能观察钢在快速加热、冷却过程中的转变情况。

1. 钢在加热及冷却过程中临界点的测定

钢在加热和冷却过程中，由于组织转变而产生明显的体积效应。故根据膨胀曲线来确定组织转变温度（临界点）是很有效的。一般碳钢的热膨胀曲线如图 7-11 所示。根据这种热膨胀曲线可用两种方法来确定钢的临界点。

（1）取热膨胀曲线上偏离正常纯热膨胀（或纯冷却收缩）的开始位置作为 Ac_1 温度（或 Ar_3 温度），如图 7-11 中的 a 及 c 点。取再次恢复纯热膨胀（或冷却收缩）的开始位置作为 Ac_3 温度（或 Ar_1 温度）如图 7-11 中的 b 及 d 点。

（2）取热膨胀曲线上的四个极值位置 a'、b'、c'、d' 分别为 Ac_1、Ac_3、Ar_3、Ar_1 温度。

上述两种方法各有优缺点。第一种方法符合金属学原理，但判断相变温度易受主观因素的影响，为了减少目测误差，必须使用高精度的膨胀仪作出细而清晰的曲线。第二种方法是判断相变温度的位置十分明显，易于比较和数据分析，但求出的临界点温度与真实值有偏差。

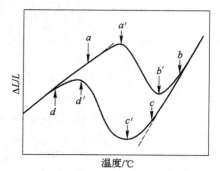

图 7-11　钢的膨胀曲线

2. 测定钢的过冷奥氏体等温转变曲线

目前测定钢的过冷奥氏体等温转变曲线（TTT 曲线），多用磁性法和膨胀法，与金相法比较又快又可靠。

由钢的膨胀特性可知，亚共析钢过冷奥氏体在高温区分解成先共析铁素体和珠光体，中温区的贝氏体，低温区的马氏体，钢的体积都要膨胀，且膨胀量与转变量成比例，故可用膨胀法定量研究过冷奥氏体分解。

55Si2MnB 钢过冷奥氏体在 500℃、600℃等温转变的膨胀曲线如图 7-12 所示。图中

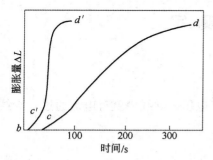

图 7-12　55Si2MnB 钢过冷奥氏体
500℃、600℃等温转变膨胀曲线

的 bc' 段（时间）表示过冷奥氏体在 600℃等温分解时的孕育期。从 c' 点开始，600℃等温的试样开始膨胀（奥氏体开始分解），到 d' 点试样长度开始保持不变，这说明奥氏体分解完毕。500℃等温时，bc 段表示孕育期，c 点奥氏体开始分解，d 点奥氏体等温分解完毕。

根据膨胀量与转变量成比例的关系可以用膨胀法测出 55Si2MnB 钢在不同温度下过冷奥氏体等温转变动力学曲线（图 7-13）。利用该曲线便可建立如图 7-14所示的该钢的 TTT 曲线。该图已清楚说明此钢在不同等温温度，不同等温时间的转变产物及转变量等。

此外，还可用膨胀法测定钢的过冷奥氏体连续冷却转变曲线（CCT 曲线），研究淬火钢回火时的组织转变等。

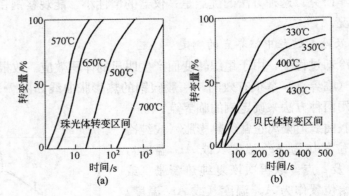

图 7-13　55Si2MnB 钢等温转变动力学曲线

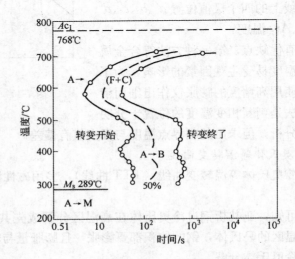

图 7-14　55Si2MnB 钢过冷奥氏体等温转变曲线

第三节　电阻率测定

一、概述

金属是电导体，当金属导体温度不变时，两端加上电压，导线中就有电流通过，导线中的电流强度与导线两端的电位差成正比，即

$$I = \frac{U_1 - U_2}{R} \tag{7-16}$$

此式称为欧姆定律，R 是比例系数，称为导线的电阻。

实验证明，电阻的大小与材料的种类、导线的长度和横截面积有关。对于给定的材料，电阻与导线的长度 L 成正比，与横截面积 S 成反比，即

$$R = \rho \frac{L}{S} \tag{7-17}$$

式中，ρ 是一个与导体材料有关的物理量，称为这种材料的电阻率。研究金属及其合金的导电性能时，除使用电阻率 ρ 外，还常常应用电导率 γ。γ 与 ρ 互为倒数。即

$$\gamma = \frac{1}{\rho} \tag{7-18}$$

式中，ρ 的单位为 $\Omega \cdot m$，其值愈小；γ 的单位是 S/m，γ 值愈大，合金的导电性愈好。

电阻率 ρ 对金属的组织结构很敏感。在单相金属与合金中，晶粒大小、点阵畸变、晶粒内部结构对电阻率影响均较大。而对于多相合金，相的界面、第二相的形状、大小及其分布对电阻率的影响较大。因此，根据钢材的电阻率随温度的变化及电阻温度系数，可以考查和研究钢的组织状态随温度而变化的情况，所以，测量钢材电阻率的变化也是观测和研究钢组织状态变化的重要手段之一。对于某些具有特殊用途的钢材，则必须测量其电阻。

国家颁布的标准中，有 GB/T 4067—1999 金属材料电阻温度特征参数的测定和 GB/T 351—1995 金属材料电阻系数测定方法，读者可随时查阅。

二、电阻率的测定

测量电阻率的方法很多，常用的方法有伏安法、电位差计法、电桥法等。

（一）伏安法

伏安法就是采用伏特表（电压表）和安培表（电流表）分别测定电压和电流。根据一段导体的欧姆定律，就可按欧姆定律公式（7-16）求得导体的电阻。测得导体的长度及其横截面积就可按式（7-17）求出电阻率 ρ。

测量时，根据情况可分为安培表内接法与外接法两种，如图 7-15 所示。

伏安法的优点是：简便、直观、能迅速读出电流值和电压值。缺点是：安培表和伏特表的精度不高，无论采用哪种连接方法，都会产生误差。例如，采用图 7-15（a）的接线方式时，伏特表中示出的电压不只是试样两端的电压，还包括安培表两端的电压；若采用图 7-15（b）的接线方式时，伏特表虽然能正确测出试样两端的电压，但安培表测得的电流却是流经试样及流经伏特表的电流之和。

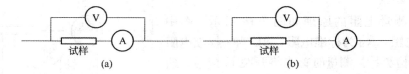

图 7-15 伏安法测量电阻的接线图

（a）内接法；（b）外接法

（二）电位差计法

为了消除伏安法的缺点，常采用电位差计法。电位差计是一种能准确测量电压和电动势的仪器。如果能够准确测定流经试样的电流及其两端的电压，就可准确算出试样的电阻 R，再根据试样的尺寸求出试样的电阻率 ρ。

电位差计是运用电位补偿原理工作的。图 7-16 是电位差计的原理电路图。图中 E 是

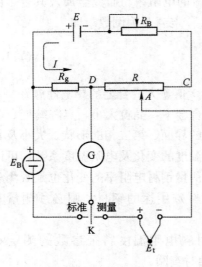

图 7-16　直流电位差计原理电路图

工作电源，E_B 是标准电池（电势为 $1.0176 \sim 1.0198V$），R_g 是标准电阻，R_B 是调节工作电流的可变电阻，R 是测量电阻，G 是检流计。当换向开关 K 拨至"标准"一侧时，G、E_B、R_g 组成闭合回路（称为标准化回路）。调节 R_B 使工作电流 I 在 R_g 上的降压恰好等于 E_B 时，则检流计指零。由于 R_g、E_B 都是严格的标准值，因而，此时的工作电流也是严格的标准值，这就叫做工作电流的"标准化"。

标准化后的电流也是流经测量电阻 R 的，测量时，开关拨向"测量"端，R、G 及被测电势 E_t 组成测量电路，改变 R 的滑点 A，待 DA 间的电压降 V_{DA}（$= IR_{DA}$）等于被测电势 E_t 时，检流计也将指零，电流处于平衡状态。若在测量电阻 R 上按其阻值的大小标以电势的刻度，则电路平衡时，从滑点 A 所在位置上的刻度值即可直接读出被测电势 E_t。

用电位差计测量电阻时，必须给试样通以一个已知的、稳定的电流，测量这个电流在试样上形成的电压降，被电流除，就可求得电阻。为了保证电流值的精确度，令其同时通过一个与试样串联的标准电阻，用电位差计测量此电流在标准电阻上的电压降，被标准电阻除，就得到电流值。测量线路如图 7-17 所示。直流电源 E_1 产生一个稳定的电流，流经试样 R_x、标准电阻 R_s 和电流调节电阻 R，分别在 R_x、R_s 上产生稳定的电位差。电位差计借助转换开关 K，依次测得其电位差为 V_x 和 V_s，试样的电阻将由下式确定

$$R_x = \frac{V_x}{V_s} R_s \tag{7-19}$$

使用 UJ-1、UJ-31 型电位差计来测量电压，可以精确地读出电阻 R_s、R_x 上的电压值 V_s 和 V_x（精确到五六位有效数字），所以 R_x 的测量精度是很高的。

（三）电桥法

1. 单电桥法

单电桥测量电阻的原理如图 7-18 所示。图中 R_x 为待测电阻，R_N 为标准电阻，AC 为一标准电阻线，G 为一检流计。测量时首先将开关 K 接通，然后调整触点 D 的位置，使检流计的读数为零，此时桥路内达到平衡

$$V_B = V_D \tag{7-20}$$

同时可写出

$$V_{AB} = A_{AD} = i_1 R_x = i_2 r_1 \tag{7-21}$$

$$V_{BC} = V_{DC} = i_1 R_N = i_2 r_2 \tag{7-22}$$

将以上两式相除，得

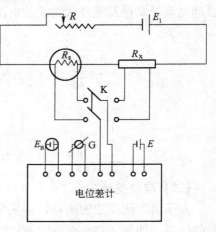

图 7-17　电位差计法测
电阻的线路图

176

$$R_x/R_N = r_1/r_2 \qquad (7\text{-}23)$$

故

$$R_x = R_N \frac{r_1}{r_2} \qquad (7\text{-}24)$$

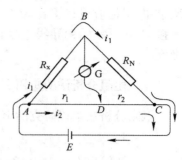

图 7-18 单电桥测量电阻原理图

式中，r_1 及 r_2 可用 AD 和 DC 线的长度 L_1 和 L_2 来代替。即测量电阻是通过测量 L_1 和 L_2 来实现的。由于在长度测量时所测长度愈小测量的误差就愈大，故希望 L_1 和 L_2 互相接近，此时测量误差最小。为了建立这种条件，常要求选用的标准电阻与待测电阻值相近。需要指出的是，单电桥测量的电阻中包括 R_x，还包括连线的电阻与接触电阻。当 R_x 相当大时，而导线电阻和接触电阻较小时，这种测量的误差还不大，但当 R_x 不大，且与导线电阻和接触电阻属于同一数量级时，则测量的误差就很大，在研究金属及合金的组织变化时就属于后一种情况，因此，为了保证测量的精度常采用双电桥法。

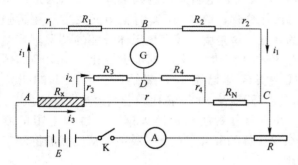

图 7-19 双电桥测量电阻原理示意图

2. 双电桥法

双电桥测量电阻的基本原理是通过待测电阻和已知的标准电阻建立起来的一定关系来求未知电阻的。

双电桥测量电阻的原理如图 7-19 所示。由图可见，待测电阻 R_x 和标准电阻 R_N 相互串联，并串联于有恒直流源 E 的回路中。由可调电阻 R_1、R_2、R_3、R_4 组成的电桥臂线路与 R_x、R_N 线段并联，并在其间的 B、D 点连接检流计 G。待测电阻 R_x 的测量归结为调节可变电阻 R_1、R_2、R_3、R_4，使电桥达到平衡，即此时检流计 G 指示为零，即 B 与 D 点电位相等。因此可写出下列等式

$$i_3 R_x + i_2 R_3 = i_1 R_1 \qquad (7\text{-}25)$$

$$i_3 R_N + i_2 R_4 = i_1 R_2 \qquad (7\text{-}26)$$

$$i_2(R_3 + R_4) = (i_3 - i_2)r \qquad (7\text{-}27)$$

解以上方程得

$$R_x = \frac{R_1}{R_2}R_N + \frac{R_4 r}{R_3 + R_4 + r}\left(\frac{R_1}{R_2} - \frac{R_3}{R_4}\right) \qquad (7\text{-}28)$$

电路电阻值设计时，使 $R_1 = R_3$，$R_2 = R_4$，即 $R_1/R_2 - R_3/R_4 = 0$，则上式可写成

$$R_x = \frac{R_1}{R_2}R_N \qquad (7\text{-}29)$$

为了满足上述条件，在双电桥结构设计上，使可调电阻 R_1 和 R_3、R_2 和 R_4 分别做到同步调节，即无论可调电阻处于何位置，可调电阻 $R_1 = R_3$、$R_2 = R_4$。此外 R_1、R_2、R_3、

R_4 的电阻值应设计得比较大，不应小于 10Ω，而另一方面将 r_1、r_2、r_3、r_4 设计的很小。连接 R_x 和 R_N 的铜导线应尽量短而粗，使 γ 值尽量小。这种方法测量电阻有较高的精确度。

三、电阻分析法的应用

电阻分析法可以研究的金属学问题很多，如淬火钢回火组织转变的分析、过冷奥氏体分解的研究、合金时效的研究、合金的有序-无序转变的研究、固溶体溶解度的测量等。

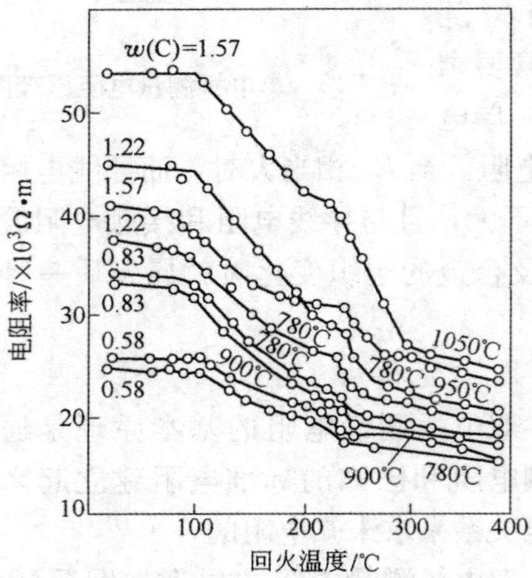

（一）淬火钢回火时组织转变分析

淬火钢在回火时，马氏体和残余奥氏体分解为多相混合组织。对同一含碳量的钢，如采用 $780℃$ 和 $900℃$ 淬火，然后进行回火，于室温测量电阻的变化，见图 7-20。图中曲线表明，淬火后的回火温度在 $110℃$ 时，电阻开始急剧下降，其原因是产生了马氏体分解；约在 $230℃$ 时电阻又发生了更为强烈的降低，这是由于残余奥氏体分解的结果；当温度在 $300℃$ 以上时，电阻则很少变化，说明马氏体和残余奥氏体已基本分解结束。曲线上的折点 $110℃$、$230℃$ 及 $300℃$ 各代表着回火不同的阶段。

图中纵坐标 电阻率/$\times10^3\ \Omega\cdot m$，横坐标 回火温度/℃。曲线标注 $w(C)=1.57$、1.22、1.57、1.22、0.83、0.83、0.58、0.58、$780℃$、$900℃$、$780℃$、$950℃$、$1050℃$、$900℃$、$780℃$。

图 7-20 淬火钢回火对其电阻的影响

用电阻分析法测定淬火钢回火过程电阻的变化，目的是通过了解淬火钢中马氏体和残余奥氏体的分解与温度的关系，从而根据钢制工件对组织和性能要求，确定不同的回火温度。

（二）过冷奥氏体分解的研究

使用电阻法研究过冷奥氏体的分解过程时，为了很快地能反映出电阻的变化，采用了安培-伏特计测量法。将试样装入一个长颈的圆玻璃瓶中，见图 7-21。

测量时，首先通过导线接头 2 通入电流将含碳量 0.89% 的钢试样加热到 $900℃$，经保温奥氏体化后用换向开关将电流切断，再接通测量电源（测量电源用蓄电池，电压为 $2V$）。此时，从输气管 5 吹入冷氢气，使试样迅速冷却到规定温度，以进行保温测量。镜式检流计的偏转即表示奥氏体分解的程度。此偏转与试样两个固定点间的电位差成正比。将 E 除以电流 I 即为试样的电阻 R。

图 7-22 示出了 $175\sim375℃$ 时电阻的等温曲线。已知电阻对组织结构的变化极为敏感，因此，根据该曲线测定分解数量是困难的，故图中的纵坐标不是标明奥氏体转变的百分数，而是电阻变化的百分数。尽管如此，但测量过冷奥氏体分解过程的电阻变化，可以精确地确定转变开始和终了的时间，这对于绘制钢的过冷奥氏体等温转变曲线和制定钢的淬火工艺是很有意义的。

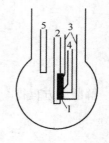

图 7-21 试样、热电偶及测量电阻的导线示意图

1—试样；2—导线接头；3—毫伏计接头；4—热电偶；5—输气管

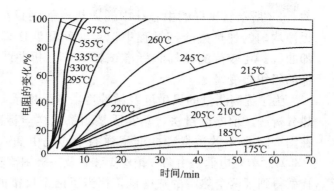

图 7-22　175～375℃时电阻的等温曲线

第四节　热 分 析 法

热分析法是利用金属及合金在加热或冷却时的热效应来分析其组织转变的一种方法。金属及合金的组织转变，如熔化、凝固及固态转变常产生明显的吸热或放热反应，这就是金属热分析的基础。

热分析法和其他方法相配合，可用于测定钢的马氏体临界点 M_s、奥氏体转变曲线以及绘制合金状态图。对于具有重要用途的钢铁材料，也要测定某些物理参数。因此，热分析法是上述分析工作的一个极其重要的手段。

一、热分析简介

金属和合金的熔化、凝固过程以及固态转变过程，常用加热及冷却曲线进行研究分析。进行热分析时所测定的加热温度和加热时间或冷却温度和冷却时间的关系曲线，称为热分析曲线。

热分析法试验装置如图 7-23 所示。这种方法是将金属或合金缓慢地加热或冷却，在加热或冷却过程中，每隔一定时间测定一次试样温度，最后将实验数据绘制在温度和时间坐标图上，便可得到热分析曲线。由于金属或合金从一种状态转变为另一种状态会产生吸热或放热反应，从而使加热（或冷却）曲线上出现明显的转折点或水平线段。

为了得到热分析曲线，分析金属和合金的固态转变需要准确地测定试样的温度。一般采用试样和标准试样放在一起加热或

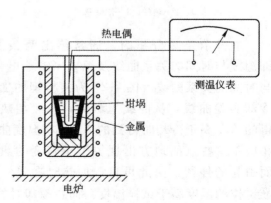

图 7-23　热分析装置示意图

冷却。对标准试样的要求是在加热或冷却的温度范围内不发生组织转变，测定钢时，可用铜或镍做标准试样。试样和标准试样常做成半圆形，二者之间用石棉垫隔开，如

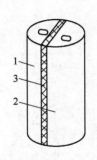

图 7-24 标准试样
与待测试样示意图
1—试样；2—标准
试样；3—石棉垫

图 7-24 所示。试样的中心孔中插入热电偶测量温度，试样在炉中缓慢均匀的加热或冷却过程中记录时间和温度即可得到加热或冷却曲线。比较待测试样和标准试样的热分析曲线即可分析待测试样的组织转变情况。

为了提高测量的灵敏度及精确度，常采用示差测量法，即示差热分析法。示差测量法，其实质是测量试样与标准试样的温度差。在图 7-24 所示的试样和标准试样的中心孔中插入示差热电偶（图 7-25）。示差热电偶是由两根铂丝 1 和 2 及一根铂铑丝 3 连接而成。这样就得到了两个热端的热电偶，相当于两个反接的热电偶。将两个热端中的一个插入试样孔中，另一热端插入标准试样孔中，如图 7-26 所示，加热时如试样和标准试样的温度一样，则检流计应指零。如试样内部发生组织转变，由于产生热效应，则两个热端的温度不同，检流计光点就要发生偏转。示差热分析缩小了测量范围，采用量程小而灵敏度高的镜式检流计进行测量，可以显著提高测量的精度。

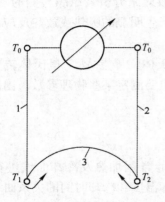

图 7-25　示差热电偶
1、2—铂丝；3—铂铑丝

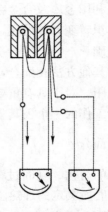

图 7-26　在示差热分析中热电偶引
向试样及标准试样的示意图

进行示差热分析时，通常绘出两条曲线，即温度与时间的关系曲线及温差（或热电势差）与时间的关系曲线。图 7-27 为共析钢的加热及冷却实验曲线。从曲线上看到，一般加热时获得的 Ac_1 高于冷却时得到的 Ar_1。在温度曲线上相应于这些点的地方出现了由于转变的热效应而引起的停留。由此可见，加热时在 Ac_1 点标准试样的温度高于试样温度。而在冷却时的 Ar_1 点标准试样比试样温度低。当进行示差测量时，反映在 Ac_1 点，检流计的光点由零向右偏，而在 Ar_1 点则向左偏。因此，出现的 abc 峰由 0-0 线向上，而 $a_1b_1c_1$ 峰则由 0-0 线向下。从实验

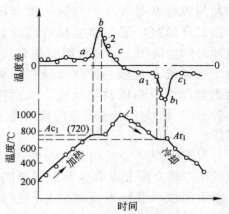

图 7-27　共析钢的加热及冷却曲线
1—温度-时间曲线；2—温差-时间曲线

曲线上还可以看到，当试样内部无组织转变时，试样与标准试样的温差不等于零，这是因为试样与标准试样在加热和冷却时其温度都达不到理想的均匀程度。然而，这种现象对热分析无多大影响，因为临界点处的效应是非常明显的。

二、热分析法的应用

1. 绘制合金状态图

根据实验测定的一系列合金状态变化温度（临界点）数据，绘出状态图中所有的线条，其中包括液相线、固相线、共晶线、包晶线等。合金状态变化的临界点采用热分析法测定，而固态转变的临界点则除采用热分析法测定之外，还可采用金相法、热膨胀法以及电阻法等来测定。

使用上述热分析测定金属和合金的热分析曲线之后，根据曲线绘制合金的状态图，如图 7-28 所示。

2. 临界点热效应的测定

钢的临界点热效应与含碳量的关系十分密切，如图 7-29 所示。图中 A_0 是 Fe_3C 由铁磁状态转变为顺磁状态的临界点（即 Fe_3C 的居里点）。显然，只有钢中存在渗碳体时，才能有 A_0 点，且 Fe_3C 量愈多，A_0 的热效应也愈大。不同含碳量的碳钢，其 A_0 点的热效应值列于表 7-2。

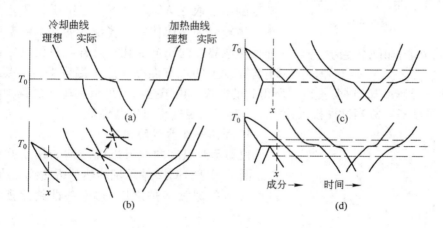

图 7-28　凝固和熔化的热分析曲线

（a）纯金属；（b）固溶合金；（c）固溶加共晶；（d）固溶加包晶

表 7-2　不同含碳量钢 A_0 点的热效应

碳质量分数/%	热效应/$J \cdot g^{-1}$	碳质量分数/%	热效应/$J \cdot g^{-1}$
0.57	3.685	1.16	6.625
0.94	5.790		

A_1 点是共析点，从图中可知，A_1 点的热效应要比 A_0 点大得多。共析转变的产物珠光体的数量是由钢中含碳量决定的，因此，A_1 点的热效应与钢中碳含量的关系十分密切。原始组织中珠光体量愈多，热效应愈大。不同含碳量的钢，其 A_1 点的热效应值如表 7-3 所列。

181

表 7-3　不同含碳量钢 A_1 点的热效应

碳质量分数/%	热效应/$J \cdot g^{-1}$	碳质量分数/%	热效应/$J \cdot g^{-1}$
0.04	2.803	0.35	25.10
0.135	10.05	0.77	54.43
0.27	19.69		

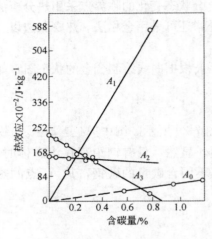

图 7-29　碳素钢固态转变的热效应

此外，图 7-29 中还示出了 A_2 及 A_3 点转变的热效应曲线。此处的热效应仍是指 1g 钢而言。钢的含碳量愈高，先共析铁素体愈少，则 A_3 点热效应愈小，当碳质量分数为 0.9％时，热效应为零。A_2 是铁素体的居里点，即 Fe-C 状态图中的 MO 线，因此，其热效应曲线不通过原点。

3. 马氏体转变点 M_s 的测定

从连续冷却时的示差温度曲线上，可以确定马氏体转变温度 M_s 点。马氏体转变的特点是，当试样冷却到 M_s 点以下的温度时，转变即瞬间完成。如果将盐浴的温度取在 M_s 点以下，当试样投入之后，过冷奥氏体转变为马氏体时，伴随着明显的放热现象，从而使热电势差向正向变化。这样，只要测定出正向热电势差发生的最高温度，这个温度即 M_s 点。图 7-30 即为过冷奥氏体冷却到 M_s 点以下所得到的曲线。由于盐浴温度低，冷却过程中热电势保持不住零的状态，故当试样投入盐浴中引起了一定的正向热电势差。

4. 等温转变曲线的测定

根据示差温度曲线可以确定钢的相变开始及终了点。图 7-31 是 SUJ2 轴承钢的热分析曲线。曲线说明，试样投入等温盐浴炉之后，热电势曲线之所以下降，

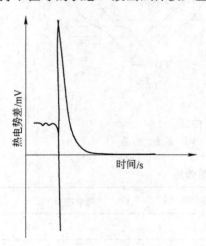

图 7-30　SUJ2 钢连续冷却转变
的示差曲线
加热温度 830℃，奥氏体时间 5min，
195℃盐浴中淬火

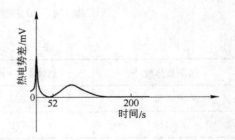

图 7-31　等温转变示差曲线
SUJ2 钢 830℃加热，奥氏体
化时间 5min，300℃等温

是因为试样和标准试样在冷却过程中的温度不同。经
52s 后，由于试样内部发生转变而产生的热效应，使试
样温度升高，使得热电势开始向正向变化。经 200s 后又
回复到变化前的状态。因此可以认为 52s 即是 SUJ2 轴
承钢在 300℃等温分解的孕育期。

用热分析法确定的 SUJ2 轴承钢的 C 曲线，曾取
520℃及 320℃两个温度等温，用金相法进行测定，结果
表明，示差热电势增加（发热）的开始时间就是相变开
始时间，发热恢复的时间即为转变终了时间。

5. **连续冷却转变曲线的测定**

图7-32 为 SUJ2 轴承钢炉冷曲线，冷却速度为
1.1℃/min。曲线表明，冷却至 150s 开始转变，220s
恢复，如取 150s 和 170s 水冷，其金相组织前者没有
珠光体，后者看到了珠光体。如取 190s 和 200s 水
冷，其金相组织前者见到 5％的马氏体，后者未见到
马氏体。金相检验证明，用示差热分析曲线上见到的
发热和恢复的时间来确定珠光体转变的开始及终止点
是正确的。

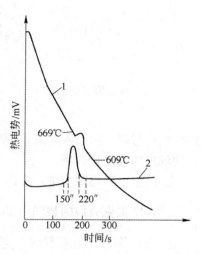

图 7-32　SUJ2 轴承钢的炉冷曲线
加热温度 860℃，奥氏体化时间 5min，
冷却速度 1.1℃/min
1—试样温度；2—示差温度

第五节　热电势测定

热电势被用来测量温度已有多年，目前仍广泛应用。但用于钢材的检验和分析至今尚
无国家标准。由于热电势与材料的成分和组织有密切的关系，故利用热电势的测定来分析
合金的成分及组织变化是一种很有效的方法。

一、金属的热电现象

热电现象可以概括为三个基本的热电效应。

（一）塞贝克（Seebeck）效应

塞贝克效应也称第一热电效应。把两种不同的金属 A 和 B 连成一个闭合回路，如图
7-33。若两个接点处的温度不同，例如，$T_1 > T_2$，则回路中将产生一个电势，这个电势

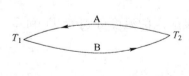

图 7-33　塞贝克效应示意图

称为热电势。这种热电现象就是塞贝克效应。热电势所
产生的电流，其方向如图 7-33 中箭头所示。在这种情况
下，热端电流从金属 A 流向金属 B，而冷端电流则从 B
金属流向 A 金属。一般地说，热电流的方向与互相接触
的两个金属的性质有关。

（二）珀尔贴（Peltier）效应

珀尔贴效应也称第二热电效应。当电流通过由两个不同的金属 A 与 B 组成的回路时
（见图 7-34），在金属导体 A 和 B 中除产生焦耳热外，还在两接触点吸收或放出一定的热
量 Q，Q 称为珀尔贴热，这种现象称为珀尔贴效应。若电流从 A 流向 B 时接触点处放出

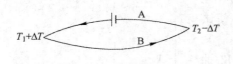

图 7-34 珀尔贴效应示意图

热量，则当电流从 B 金属流向 A 金属时，在接触点处就要吸收热量。珀尔贴热与两种金属的特性有关。

（三）汤姆逊（Tgompson）效应

汤姆逊效应也称第三热电效应。在一根金属导线的两点间保持一个恒定的温度差 ΔT，见图 7-35，如导线在时间 τ 中通入电流 i，则在此两点间依电流方向不同而放出或吸收一定的热量 Q，这种现象即汤姆逊效应。

上述三个热电效应中，在研究金属及合金时，经常用到的是塞贝克效应。

二、塞贝克效应的物理意义

金属 A 和 B 相互接触时，它们之间就要产生一个接触电势差。造成接触电势的原因有两个：一是两个金属具有不同的自由电子密度；二是两个金属的电子具有不同的逸出电位。

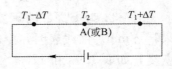

图 7-35 汤姆逊效应示意图

如果金属 A 和 B 在接触前所具有的逸出电位不同，如 V_A 小于 V_B，则 A 与 B 接触时，金属 A 中的部分电子将会向金属 B 中迁移。此时金属 B 中的电子增加，金属 A 中的电子减少，从而造成 A 具有正电位，B 具有负电位，于是在金属 A 和 B 之间产生一个接触电位差，即

$$V'_{AB} = V_B - V_A \tag{7-30}$$

如果两个金属的自由电子密度不同，则 A 与 B 接触时便会产生电子扩散。若金属 A 的自由电子密度（n_A）大于金属 B 的自由电子密度（n_B），则金属 A 的自由电子就向金属 B 扩散，其结果使 A 具有正电位，B 具有负电位，同样产生一个接触电位差，即

$$V''_{AB} = \frac{kT}{e} \ln \frac{n_A}{n_B} \tag{7-31}$$

式中，k 为玻耳兹曼常数；e 为电子电荷的绝对值；T 为绝对温度。

综合上述两个方面的原因，金属 A 和 B 之间的接触电位差 V_{AB} 一般为

$$V_{AB} = V'_{AB} + V''_{AB} = V_B - V_A + \frac{KT}{e} \ln \frac{n_A}{n_B} \tag{7-32}$$

若金属 A 和 B 相互接触组成一个闭合回路，且两个接触点的温度分别为 T_1 和 T_2，设 T_1 大于 T_2，则回路中的总电势

$$E = V_{AB}(T_1) - V_{AB}(T_2) = \frac{K(T_1 - T_2)}{e} \ln \frac{n_A}{n_B} \tag{7-33}$$

这一表达式可以定性地解释温差电动势的成因。

在温度相同条件下，一系列金属串接起来的接触电位差只与两端的金属有关，而中间的金属无论其性质如何，对这一系统的接触电位差均无影响，这一结论称为"中间金属定理"。这一定理对测量温度及研究金属都有很大的实际意义。例如，利用热分析法研究金

属内部的转变时，在某些情况下，使用的试样很小。此时，为了准确地测定试样的温度，常把电偶丝分别焊在试样上（图 7-36）。当两个焊点相距较近时，可以认为两点的温度相同，此时所测定的温度与热电偶焊于试样上所测定的温度相同。

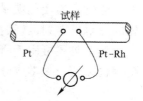

图 7-36　测量温度的示意图

三、热电势的测定

1. 电位差计法

电位差计法是运用电位补偿原理来测定电势的。电位差计的原理电路图如图 7-16 所示，电位差计法测量电势的基本原理在本章第三节中已有详细说明，这里不再赘述。

2. 示差测量法

电位差计法测量热电势是比较简便的一种方法，为了提高测量的灵敏度及精确度，可

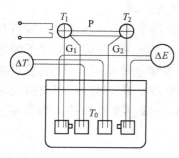

图 7-37　示差测量示意图

采用示差测量法。示差测量法的原理如图 7-37 所示，其主要特点是，G_1 与 G_2 两根导线是与试样相同材料制成的，但导线经过退火处理。试样 P 与 G_1、G_2 紧紧地压入铜块中，并以云母片使其与铜块绝缘。铜块的温度可用加热装置来调整，使 $T_1 - T_2 = \Delta T$。温度差 ΔT 可用示差热电偶来测量，而示差热电势 ΔE 则用精密电位差计进行测量。为了消除环境影响，将所有的冷端都置于零度的恒温槽中。

四、利用热电势分析马氏体分解

研究回火时马氏体分解的方法很多，其中热电势分析是较为有效的一种方法。它的优点是灵敏度高，所用仪器比较简单，测量方便且速度较快。

利用热电势分析马氏体分解的理论根据是，铁中溶入碳后其电位变得更负，而淬火钢中的含碳量最高，故其热电势也变得最低。当淬火钢加热进行回火时，碳便从马氏体中析出来，引起热电势增加。热电势的高低反映出马氏体中含碳量的多少，因此，从热电势的变化便可分析出马氏体在回火过程中的情况。例如，将 T10 钢试样淬火后，与其退火态 T10 钢试样组成电偶，测量不同温度回火及保温不同时间的热电势，所测得的热电势变化曲线如图 7-38 所示。由曲线可知，在保温的最初阶段马氏体中的碳析出的很快，因此热电势的变化十分剧烈。随着时间的延长，碳的析出速度减小并逐渐趋于停止，热电势的变化也停止。等温温度愈高，马氏体中的碳析出的速度愈快，且析出的量也愈多，热电势的变化也愈

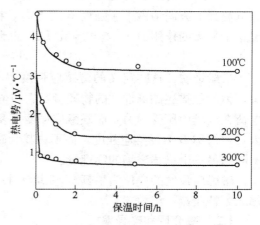

图 7-38　T10 钢在不同温度下回火保温时的热电势变化（与退火 T10 钢成对）

185

大。热电势的变化规律与马氏体回火时碳的析出规律完全相同，因此利用热电势分析马氏体的分解可得到良好的效果。

热电势还可用于研究加工硬化奥氏体钢的转变，研究合金的时效。此外，与其他方法配合也可用于化学成分的定量分析。

第六节 磁 性 能 测 定

对于某些专门用途的钢，首先需要考虑其磁学性能。例如，电工用的各种硅钢薄板（软磁材料）、各种电气仪表用的永久磁铁（硬磁材料）以及要求不受磁力影响的各种机器零件（弱磁或无磁材料）等，都需要根据其用途测定它们的各项磁学性能。

目前，有关磁性能测量的国家标准和部颁标准有 YB 902—78 冷轧硅钢薄带磁性能试验方法、GB 3655—83 电工钢片（带）磁性能测量方法、GB 3656—83 电工用纯铁磁性能测量方法以及 GB 10129—88 电工钢片（带）中频磁性能测量方法等。

各种磁性材料的磁性能测量项目中，软磁材料（电工用硅钢片、电工纯铁等）较重要的磁性能是磁化曲线、磁滞回线、磁导率、剩余磁感应强度，以及在一定磁场强度下的磁感应强度和在一定条件下的铁心损耗（磁滞损耗、涡流损耗及剩余损耗等）；硬磁或永磁材料的主要性能是在一定磁场强度下磁化后的剩余磁感应强度 B_r、矫顽力 H_c 以及最大磁能积 $(BH)_{max}$；弱磁或无磁材料（包括抗磁物质和顺磁物质）的主要性能是其磁导率 μ 或磁化率 K（或 X）。

一、基本概念

（一）磁场和磁感应强度

运动电荷或电流的周围空间具有一种特殊的性质，把载有电流的导线置于其中，将会受到作用力，这样的空间称为磁场，磁场是一种特殊的物质。

假定把一段长 ΔL、强度为 I 的电流元放到磁场中的某一点，它将会受到磁场的作用力 F，作用力的大小与电流元的方向有关，电流元转到某个特定方向，受力为零，规定此时电流元的方向为磁感应强度 B 的方向，将电流元转到与 B 垂直的方向，受力最大，规定这个最大的作用力 F_m 与电流元 $I\Delta L$ 的比值为该点 B 的量值：

$$B = F_m/I\Delta L \tag{7-34}$$

实验证明，这样定义的磁感应强度 B，只与该点的位置有关，而与试探的电流元无关，因而是描述磁场性质的物理量，它与电场强度是类似的物理量。电场强度是表示单位电荷在电场中所受的力，而磁感应强度是表示单位电流在磁场中所受的力。由于历史的原因，习惯称 B 为磁感应强度，而不称其为磁场强度。现代物理学中的磁场强度 H 是性质不同的另一个描述磁场的物理量。

磁感应强度的单位为牛顿/（安培·米），或者经过换算为伏特·秒/米^2，国际单位制称之为特斯拉，记为"T"。

（二）磁介质和磁导率

凡处于磁场中的物质，均称为磁介质。物质在磁场中将会磁化，磁感应强度还与磁介质的磁化特性有关。毕奥-沙伐-拉普拉斯定律告诉我们，任意电流元 $I\Delta L$ 在任意一点所引

起的磁感应强度 **B**，其方向垂直于 **I**Δ**L** 和 **γ** 矢量（电流元指向指定点矢径）所组成的平面，指向为 **I**Δ**L** 经小于 180° 的角转向 **γ** 的右旋螺钻前进的方向，如图 7-39 所示。其量值由下式确定：

$$B = \frac{\mu}{4\pi} \cdot \frac{I\Delta L \sin\theta}{\gamma^2} \tag{7-35}$$

式中　μ——磁导率；

　　　θ——电流元 **I**Δ**L** 与矢径 **γ** 的夹角。

在真空中 $\mu = \mu_0 = 4\pi \times 10^{-7}\,\text{H/m} \approx 12.57 \times 10^{-7}\,\text{H/m}$，（H/m 即亨利/米，称为马格）。通常 μ 不等于 μ_0，设 $\mu_r = \mu/\mu_0$，称为相对磁导率。

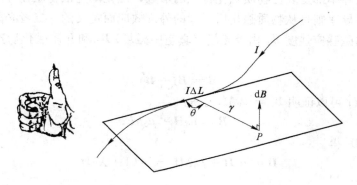

图 7-39　电流元所产生的磁感强度

（三）顺磁质、抗磁质和铁磁质

物质可以根据它在磁场中的磁化特性大致区分为顺磁质、抗磁质和铁磁质三类。

顺磁质在磁场中产生与外磁场相同方向的附加磁场，从而加强了原有的磁场，相对磁导率 μ_r 大于 1，且十分接近 1。顺磁质的磁性很弱，它对外磁场仅有微弱的影响。金属中的 Mg、Ti、Zr、Nb、Ta、Cr、Mo、W、Mn、Pt、Al 等均为顺磁质。

抗磁质在磁场中产生与外磁场相反方向的附向磁场，从而削弱了原有的磁场，相对磁导率 μ_r 小于 1，也十分接近 1。金属中的 Cu、Ag、Au、Zn、Ge、Pb、Sb 等均属于抗磁质。

铁磁质在磁场中能产生很强的与外磁场方向相同的附加磁场，从而大大地增强了原有的磁场，相对导磁率 μ_r 远大于 1。铁磁质还具有两个特点：（1）磁导率不是常量，与外磁场有关；（2）外磁场撤除后，磁性仍能部分地保留着。常见的金属中只有 Fe、Co、Ni 是铁磁质。

（四）磁场强度

磁场是由电流引起的，磁场中某一点的磁感应强度除了取决于电流分布外，还取决于磁介质的性质，为了分离影响磁场的这两个因素，引入了磁感应强度与磁导率的比值，符号为 **H**

$$\boldsymbol{H} = \boldsymbol{B}/\mu \tag{7-36}$$

按毕奥-沙伐-拉普拉斯定律，磁场强度表示为

$$H = \frac{1}{4\pi} \frac{I\Delta L \sin\theta}{\gamma^2} \tag{7-37}$$

磁场强度仅与电流分布有关，而与磁介质无关。磁场强度的单位为"安培/米"，记为"A/m"。

（五）磁化强度和磁化率

为了描述物质磁化的程度，人们引进了磁化强度的概念。物质在外磁场中的磁化强度与磁场强度成正比。

$$M = XH \tag{7-38}$$

式中，M 为磁化强度，单位为安培/米，记为 A/m，与磁场强度单位相同；系数 X 称为磁化率，取决于磁介质，也是表征物质磁化特性的参量，显然，磁化率无量纲。

磁化率和磁导率都是表征物质磁化特性的参数，磁化率是依物质在外场中自身磁化的能力定义，而磁导率则是从物质磁化后引起的外部效应而定义的，二者必然相互联系。已知，磁介质中的磁感应强度 B，由外磁场（真空中磁场）B_0 和介质磁化后产生的附加磁场 B' 迭加而成：

$$B = B_0 + B' \tag{7-39}$$

式中，$B_0 = \mu_0 H$；可以证明 $B' = \mu_0 M$；于是

$$B = \mu_0 H + \mu_0 M \tag{7-40}$$

据式（7-38）得

$$B = \mu_0 H + \mu_0 XH = \mu_0(1+X)H \tag{7-41}$$

从而

$$\mu = \mu_0(1+X) \tag{7-42}$$

$$\mu_r = 1+X \tag{7-43}$$

因此，对顺磁质，磁化率 X 是一个很小的正数；对抗磁质，磁化率 X 是一个很小的负数；而对铁磁质 X 也为正数，但数值很大，而且与外磁场有关。

（六）磁化曲线和磁滞回线

铁磁质的磁化率和磁导率与磁场强度有关，随着外磁场的增加，磁化强度 M 和磁感应强度 B 不依直线关系增大。磁化曲线表示了铁磁质由退磁状态（$H=0$、$M=0$、$B=0$）磁化到饱和状态（M 和 B 到达极大值，不再随磁场增强而增大）的过程（图 7-40）。

在磁化曲线上，有几个标志磁化特征的参数。

（1）起始磁导率 μ_a。磁化曲线起始点的斜率 $\mu_a = \left(\dfrac{B}{H}\right)_{H \to 0}$。

（2）最大磁导率 μ_m。磁化曲线上磁感应强度与磁场强度的最大比值，$\mu_m = \left(\dfrac{B}{H}\right)_{max}$。

（3）饱和磁感应强度 B_s。磁化曲线上磁感应强度的最大值。

（4）微分磁导率 $\mu(H)$。磁化曲线上任何一点的斜率，$\mu(H) = \dfrac{dB}{dH}$，微分磁导率是 H 的函数。

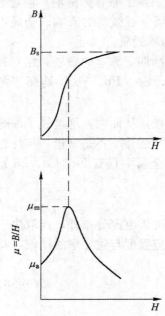

图 7-40　磁化曲线示意图

磁化曲线还可以用相应的"磁化强度（M）－磁场强度（H）"曲线表示，同样可以定义起始磁化率：$X_a = \left(\dfrac{M}{H}\right)_{H \to 0}$；最大磁化率：$X_m = \left(\dfrac{M}{H}\right)_{max}$；饱和磁化强度：$M_s$；微分磁化率：$X(H) = \dfrac{dM}{dH}$。

铁磁质沿着磁化曲线，磁化到饱和状态后，减小磁场，B 和 M 将不按原曲线返回，同一 H 值，对应较高的 B 和 M，直到 H 为零，仍保留了一定的剩余磁感应强度 B_r，为了消除剩余的磁性，必须加反向磁场，直至磁场强度达到负的 H_c，反向磁场继续增大，引起反向磁感应强度，在同样大小的反向磁场下，达到反向饱和。降低反向磁场，直至正向饱和，将重复上述过程，在"B-H"图上形成了封闭的回线，这就是磁滞回线（图 7-41）。如果磁化过程尚未达到饱和就减小 H，循环一周，则将得到较小的磁滞回线，如图 7-41 虚线所示。

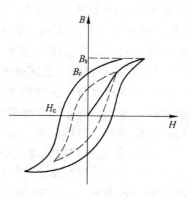

图 7-41　磁滞回线示意图

根据饱和磁滞回线，可以确定下面的特性参量：

（1）剩余磁感强度 B_r 磁场强度 H 降为零时的磁感应强度，即回线纵轴截距的绝对值；

（2）矫顽力 H_c 使磁感应强度重新降为零所必须施加的反向磁场强度，即回线横轴截距的绝对值；

（3）磁滞损耗 P_n 磁化过程循环一周，外场对介质所作的功，对应回线所包围的面积。

在"M-H"图上，上述循环过程同样形成闭合的磁滞回线，同样有特征参数：剩余磁化强度 M_r；矫顽力 H_c。这里的矫顽力与"B-H"图上的矫顽力是不相等的。

二、磁性能测定方法

测定磁性材料的各种磁性能的方法种类繁多。通常，根据生产检验和金属研究中的不同情况，可采用以下几种磁性能测定方法。

（一）直流冲击测定法

该法是用来测定铁磁材料的正常磁性能（磁感应强度、磁化曲线、磁导率、磁滞回线、剩余磁感应强度及矫顽力等）的。由于所用仪器设备的不同，直流冲击测定法又可分为磁导计法、圆环形试样法及方圈试样法等三大类型。但它们所根据的基本原理大致相同。

磁导计法使用长条形试样，除用来测定给定磁场值 H 时的直流磁感应强度 B_H 外，还可用来测量材料的磁化曲线、磁导率曲线、磁滞回线及剩余磁感应强度 B_r 和矫顽力 H_c 等，其具体方法可参看 GB 3655—83 标准。其缺点是，测试时，每一点都需要单独进行测定其磁化磁场强度 H 及磁感应强度 B，操作较繁琐。此外，如试样与轭铁间即使留有微小间隙，也将增加其磁阻，影响到结果的精确度。

圆环形试样法一般采用横截面均匀，并为长方形的圆环试样，试样大小不受限制，操作和计算均很简便，无磁导计法的缺点。但不能用来测量某些强磁及永磁材料的性能，且在大量的常规试验中也不甚方便。

25cm 方圈搭接试样法采用两种试样，一种是 50cm 长、3cm 宽的条片试样；一种是长大于 28cm、宽 3cm 的条片试样。前者用对接的方法组成平均边长为 50cm 的方形磁路。后者则用双搭接的方法放入方圈的螺管内，组成平均边长为 25cm 的方形磁路。目前多采用 25cm 方圈试样法。此法具有上述两种测量方法的优点，而无其缺点。但是只能用来测量薄板材料。具体方法可参看 GB 3655—83 标准。

（二）铁心损耗及交流磁感应测定法

电工钢片（带）主要用于交流电气设备，所以测定其交流磁性能便显得特别重要。对于硅钢片来说，其主要交流磁性能是铁心损耗（包括磁滞损耗、涡流损耗及剩余损耗等）和磁感应强度，具体测定方法可参看 GB 3655—83 标准。

（三）弱磁材料磁化率及磁导率测定法

习惯上把磁导率不大于 4 的材料叫弱磁性材料。高合金奥氏体钢，即所谓无磁钢，其磁导率一般小于 1.05，通常多采用磁秤法或磁天平法测定其磁化率和磁导率。所用仪器设备主要为产生强磁化磁场 H 的电磁铁和测量试样所受磁力大小的磁环秤或磁天平。其基本原理和具体操作方法可参阅《合金钢手册》上册第三分册磁学性能测定一节。

（四）电工钢片（带）中频磁性能测定法

该法适于测定电工钢片（带）在 400～10000Hz 下的交流磁性能。通常使用功率表、电压表、电流表和 25cm 爱泼斯坦方圈来测量电工钢的比总损耗、比视在功率、磁感应强度和振幅磁导率，使用电桥和电压表来测定圆环试样的比总损耗、电感磁导率和磁感应强度峰值。具体的测量和计算方法可参看 GB 10129—88 标准。

（五）热磁仪测量法

该法常用于金属材料的研究中。热磁仪又称阿库洛夫仪，其测量部分见图 7-42（a）。试样 1 固定在支杆 4 上，而位于两磁极中间，支杆 4 的上端和弹簧 3 相接，弹簧固定在仪器架上，支杆上固定着一个反射镜 5，光源 7 发出光束照在镜子上，然后反射到灯尺 6 上。

设待测试样的起始状态与磁场的夹角为 ϕ_0，ϕ_0 一般小于 $10°$，见图 7-42（b）。在磁场

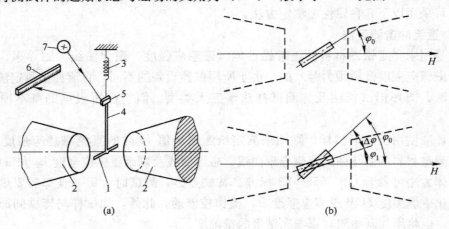

(a)   (b)

图 7-42 热磁仪测量部分示意图

的作用下，铁磁性试样将产生一个力矩 M_1，其大小以下式表示：$M_1 = VHI\sin\phi$，式中 V 是试样的体积；H 是磁场强度；I 是磁化强度；ϕ 是试样和磁场的夹角。M_1 驱使试样向磁场方向转动，因此导致弹簧产生变形，由此而产生反力矩 M_2，$M_2 = C\Delta\phi$，此处 C 表示为弹簧的弹性常数。显然，当 $M_2 = M_1$ 时达到平衡状态。设平衡状态时试样和磁场的夹角为 ϕ_1，试样的偏转角则为 $\phi_0 - \phi_1$，见图 7-42（b）。由此可得

$$I = \frac{C}{HV\sin\varphi_1}\Delta\phi \qquad (7\text{-}44)$$

如果在测量过程中 $\Delta\phi$ 的值很小，可以认为 $\sin\phi_1 = \sin\phi_0$，则

$$I = \frac{C}{HV\sin\varphi_0}\Delta\phi \qquad (7\text{-}45)$$

式中，$\Delta\phi$ 可通过灯尺读数 a_m 和反射镜与灯尺间的距离求得。把所有的不变量看做常数，则上式可写为

$$I = Ka_m \qquad (7\text{-}46)$$

这个公式表明，热磁仪所测得的 a_m 愈大，磁化强度 I 就愈大，当场强高于 $28 \times 10^8 A/m$ 时，I 和铁磁相数量成正比，所以这里的 a_m 即可代表铁磁相的数量。热磁仪测量一般取长度为 20～25mm、直径为 3mm 的试样，表面要求镀铬，以防氧化。

（六）感应式热磁仪法

感应式热磁仪的结构原理如图 7-43 所示。线路中包括等温炉、稳压器、初级线圈、次级线圈和毫伏计。次级线圈Ⅱ是由两个圈数相等而绕向相反的线圈串联组成，试样未放入前，次级线圈产生的感应电势为 E_1 和 E_2，此时 $E_1 = E_2$，故毫伏计 4 的读数为零。试样 1 经加热奥氏体化后放入等温炉 2 中，若试样等温时未产生铁磁相，则毫伏计读数仍为零；当试样中出现了铁磁相时，就好像是在线圈 1 中增加了一个铁心，从而导致 E_1 增加，这时

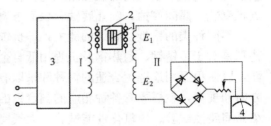

图 7-43　感应式热磁仪原理图
1—试样；2—等温炉；3—稳压器；4—毫伏计
Ⅰ—初级线圈；Ⅱ—次级线圈

$E_1 > E_2$，毫伏计就将 $\Delta E = E_1 - E_2$ 指示出来，据此便可测量出钢中铁磁相出现的时间和温度。

这种仪器的磁场强度一般为 $(32\sim56) \times 10^3 A/m$，故只能用于定性分析，主要用来测定过冷奥氏体等温转变的开始和终了点。其优点是结构简单，使用方便。为了提高测量的稳定性，可以利用双补偿法。

试样尺寸为长 30～50mm、直径 3～5mm 的圆柱，表面镀铬，以防氧化。

第八章　钢的化学性能检验

金属在周围介质的作用下而遭受的破坏，称为金属的腐蚀。金属的腐蚀是最常见的现象，钢制零件生锈便是腐蚀，高温加热时零件表面的氧化也是腐蚀。根据腐蚀的性质不同，可将腐蚀分为化学腐蚀和电化学腐蚀。

化学腐蚀是金属与外界介质发生纯化学作用而引起的腐蚀，腐蚀过程中无微电池效应，不产生电流。例如金属在干燥气体和非电解质溶液中所产生的腐蚀就属于化学腐蚀。

电化学腐蚀是金属在电解质（酸、碱、盐）溶液中所产生的腐蚀，腐蚀过程中有电流产生，即有微电池效应。在多数情况下，金属的腐蚀是以电化学腐蚀的方式进行的。

按照腐蚀破坏的特征不同，腐蚀损坏又可分为全面性腐蚀和局部性腐蚀。全面性腐蚀包括均匀腐蚀，不均匀腐蚀和组织选择性腐蚀；局部性腐蚀包括斑点状腐蚀、穴状腐蚀、点状腐蚀、晶间腐蚀、穿晶腐蚀和表面下腐蚀。

不同种类的钢抵抗腐蚀的能力，即抗蚀性是不相同的。抗蚀性是钢的重要性能之一，特别是对于不锈钢、耐热钢及工程用低合金结构钢等更为重要。为了了解不同钢种的抗蚀性，以便根据用途选用合适的钢种和采取有效的防蚀措施，以及为发展新的抗蚀钢种提供方向和规律，就需要有各种相应的测定钢的化学性能（抗蚀性）的试验方法。本章着重介绍晶间腐蚀试验、抗氧化性能试验、大气腐蚀试验、全浸腐蚀和间浸腐蚀试验。

第一节　晶间腐蚀试验

一、晶间腐蚀

沿晶界及其邻近区域产生腐蚀而晶粒本身不腐蚀或腐蚀的很轻微，称之为晶间腐蚀或晶界腐蚀。不锈钢、铝及其合金、镍合金、镁合金等常常发生晶间腐蚀现象。

1. 奥氏体不锈钢的晶间腐蚀

奥氏体不锈钢在 $450 \sim 850℃$ 的温度（敏化温度区）下停留时，沿奥氏体晶界将析出铬的碳化物（$Cr_{23}C_6$），从而使晶界周围奥氏体中铬的质量分数减少到 12% 以下，形成一贫铬区，此处抗蚀能力远低于晶内，常出现晶间腐蚀。具有这种倾向的钢，在低于 $450℃$ 时，由于碳的扩散很慢或不扩散，这时将不会出现晶间腐蚀。而高于 $850℃$ 时，析出的碳化物会重新溶于奥氏体中，也不会出现晶间腐蚀现象。

影响这种晶间腐蚀主要是钢中的碳，因此常将钢中碳的质量分数控制在 0.03% 以下，并加入钛、铌等可减弱或消除晶间腐蚀倾向。

2. 铁素体不锈钢的晶间腐蚀

铁素体不锈钢加热到 $900℃$ 以上，然后空冷或水冷也会产生晶间腐蚀。温度升高，碳在铁素体中的溶解度反而降低，铬以碳化物（$Cr_{23}C_6$）形式沿晶界析出，使晶界附近贫铬，因而易发生晶间腐蚀。消除铁素体不锈钢晶间腐蚀的固溶热处理温度是 $650 \sim 850℃$，在此温度保温后缓冷，保证必要的铬的扩散，使成分均匀，则不易产生晶间腐蚀。

二、晶间腐蚀试验方法

不锈钢的晶间腐蚀试验方法有两组标准：GB 1223—75 不锈耐酸钢晶间腐蚀倾向试验方法和 GB/T 4334—2000 不锈钢 10% 草酸浸蚀试验方法、不锈钢 65% 硝酸腐蚀试验方法、不锈钢硫酸-硫酸铁腐蚀试验方法、不锈钢硝酸-氢氟酸腐蚀试验方法、不锈钢硫酸-硫酸铜腐蚀试验方法、不锈钢 5% 硫酸腐蚀试验方法。下面简要介绍 GB 1223—75 不锈耐酸钢晶间腐蚀倾向试验方法，此标准适用于检验奥氏体和奥氏体-铁素体不锈钢铸件、压力加工件及焊接件的晶间腐蚀倾向。

试样截取方向和加工后的尺寸如表 8-1 所示。

表 8-1 不锈钢晶间腐蚀试样选取表

序号	类别	规格/mm	试样数量/个	试样尺寸/mm 长	宽	厚	说　明
1	钢板、钢带（扁钢）	厚度≤4	2	40~80	20	原厚度	沿轧制方向选取
		厚度>4	4	40~80	20	3~4	两个试样从一面加工到试样厚度，两个试样从另一面加工到试样厚度
2	型钢		2	40~80	20	3~4	从截面中部沿纵向选取
3	钢棒（钢丝）	直径≤10	2	40~80	原 直 径		
		直径>10	2	40~80	≤20	≤5	从截面中部沿纵向选取
4	钢管	外径<5	2	40~80	原 外 径		选取整段管状试样
		15≥外径≥5	2	40~80	原 壁 厚		选取半管状态或舟形试样
		外径>15	2 或 4	40~80	≤20	≤5	选取舟形试样，壁厚小于或等于 5mm 时，试样厚度为原厚度。壁厚大于 5mm 时，两个试样从外壁加工到试样厚度，两个试样从内壁加工到试样厚度。自动轧管机轧制的热轧管，可从内外壁加工到试样厚度
5	铸件		2	40~60	≤20	3	
6	焊条	直径<2.5	2	40~60	10	≤3	可用焊接接头试样
		直径≥2.5	2	40~60	10	3	
7	焊接接头	单条焊缝	2	40~60	20	≤5	与介质接触面是检验面，焊缝位于试样中部
		交叉焊缝	4	40~60	30	≤5	与介质接触面是检验面，焊缝交叉点位于试样中部，两个试样检验横焊缝，两个试样检验纵焊缝

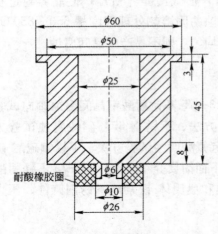

图 8-1　不锈耐酸钢容器

GB 1223—75 不锈钢晶间腐蚀倾向试验方法包括下列五种试验方法：草酸电解浸蚀试验（C 法）、铜屑、硫酸铜和硫酸沸腾试验（T 法）、硫酸铜和硫酸沸腾试验（L 法）、氟化钠和硝酸恒温试验（F 法）、硝酸沸腾法（X 法）。下面仅介绍 C 法和 T 法。

1. 草酸电解浸蚀试验（C 法）

（1）试验溶液。100g 草酸（C_2H_2O、$2H_2O$、GB 9854—1988 分析纯）溶于 900mL 蒸馏水中。

（2）试验程序。将试样的检验表面首先用酒精或丙酮洗净并吹干。试样作为阳级，不锈耐酸钢容器作为阴极（图 8-1），其接线图如图 8-2 所示。在不锈耐酸钢容器内加入 10～15mL 试验溶液后，接通电源，电流强度为 1A/mm²，试验温度为 20～50℃，试验时间为 1.5min。试验完毕即取出试样并洗净吹干。

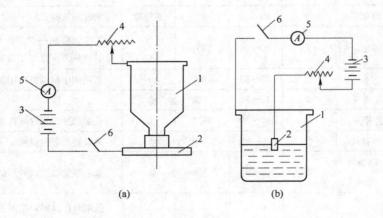

(a)　　　　　　　(b)

图 8-2　C 法电解浸蚀装置

(a) 大试样用；(b) 小试样用

1—不锈钢容器；2—试样；3—直流电源；4—变阻器；5—电流表；6—开关

（3）试验结果评定。在金相显微镜下观察试样的浸蚀部位，放大倍数为 150～500 倍。

压力加工试样的浸蚀组织分为四级，各级组织特征见表 8-2。

表 8-2　C 法压力加工试样各级组织的特征

级别	组织特征	级别	组织特征
1	晶界无腐蚀沟，晶粒间呈台阶状	3	晶界有腐蚀沟，个别晶粒被腐蚀沟包围
2	晶界有腐蚀沟，但没有一个晶粒被腐蚀沟包围	4	晶界有腐蚀沟，大部分晶粒被腐蚀沟包围

注：第四级仅供无损检验参考。

铸件、焊接试样的浸蚀组织分为三级，各级组织的特征见表 8-3。

表 8-3　铸件、焊接试样各级组织的特征

级　别	组　织　特　征	级　别	组　织　特　征
一	晶界无腐蚀沟，铁素体被显现	三	晶界有连续腐蚀沟，铁素体严重腐蚀
二	晶界有不连续腐蚀沟，铁素体被腐蚀		

本法是筛选试验法，与其他试验方法的关系见表 8-4。

如果发生异议，则根据 T 法、L 法、F 法、X 法仲裁。

表 8-4　C 法与其他试验方法的关系

试样类别 试验方法 级　别	压力加工试样				铸件、焊接试样			
	T 法	L 法	F 法	X 法	T 法	L 法	F 法	X 法
1	○	○	○	○	○	○	○	○
2	○	○	×	○	○	○	×	×
3	×	×	×	×	×	×	×	×

○表示不必做其他方法试验，×表示要做其他方法试验。

2. 铜屑、硫酸铜和硫酸沸腾试验（T 法）

（1）试验溶液。100g 硫酸铜（$CuSO_4 \cdot 5H_2O$，GB 665—65 分析纯），100mL 硫酸（H_2SO_4，相对密度 1.84，GB 625—77 分析纯），1000mL 蒸馏水，铜屑（纯度不低于 99.8%，GB 466—64 四号铜）。

溶液配制时，首先将硫酸铜溶解于水，然后加硫酸。

（2）试验程序。首先将试样用氧化镁或丙酮除油，并洗净、干燥。试验时，将少量铜屑倒入带磨口的锥形烧瓶中，即在瓶底铺上一层 5～10mm 厚的铜屑，后放入试样，试样上再覆盖一层 10mm 左右的铜屑，倒入事先配制好的溶液，并高出铜屑 200mm 左右。装上回流冷凝器，防止瓶口漏气。接通冷却水，将溶液加热至沸腾，不得使其剧烈沸腾，也不允许冷凝器发热。一般煮沸 24h。试验完毕后即取出试样洗净并吹干。

（3）结果评定（含 L 法、F 法）。评定不锈耐酸钢的晶间腐蚀倾向有三种方法：弯曲评定、金相评定、声音评定。声音评定仅作参考。

弯曲评定。厚度小于或等于 1mm 的试样，弯曲角度为 180°，压头直径等于试样厚度；厚度大于 1mm 的试样，弯曲角度为 90°，压头直径为 5mm。压力加工试样弯成乙形，以检查试样的两个表面。焊接试样应沿熔合线进行弯曲。

弯曲后的试样，用 10 倍放大镜观察其表面。若在一个试样上发现晶间腐蚀裂纹，则应将双倍数量的试样进行复验，若又有一个试样发现晶间腐蚀裂纹，则认为试样具有晶间腐蚀倾向。

金相法。若试样不能进行弯曲试验或者对弯曲裂纹怀疑，则用金相法进行试验。在试验后的试样上截取一段，磨平并抛光其横断面，在 150～500 倍金相显微镜下测定其晶间腐蚀深度并观察晶间腐蚀形态。如果发现晶间腐蚀并有腐蚀深度，则认为试样具有晶间腐蚀倾向。

声音评定。在现场未进行弯曲评定之前，可用此法简单测定晶间腐蚀倾向。弯曲后的试样从 1m 高处落到水磨石地面上，所听到的声音分为以下三种：金属声，没有晶间腐蚀倾向；半金属声，有晶间腐蚀倾向；纸板声，有严重的晶间腐蚀倾向。

第二节　抗氧化性能试验

钢的抗氧化性能，是指钢抵抗高温氧化气氛的腐蚀作用的能力。

通常，钢在氧化性介质（O_2、CO_2 和 H_2O）中加热时，铁原子和合金元素原子会与氧发生作用而被氧化。钢的氧化分为两种：一种是表面氧化，在钢的表面生成氧化膜；另一种是内氧化，在一定深度的表面层发生晶界氧化。氧化过程进行的可能性和速度取决于钢的性质及它被氧化生成产物的分解压力，也取决于气体介质的成分、温度和压力等。因此，钢的抗氧化性能不完全是钢本身固有的属性。

钢的抗氧化性能的持续过程是一个化学腐蚀过程，所以钢的高温抗氧化过程可以在钢经过一段时间的腐蚀后以其单位面积增重或减重的速度来表示。减重的速度为

$$K = \frac{m_0 - m_t}{S_0 t} \tag{8-1}$$

式中　K——气体腐蚀钢的速度；

$\quad\quad m_0$——钢腐蚀前的质量；

$\quad\quad m_t$——钢经 t 时腐蚀后的质量；

$\quad\quad S_0$——钢腐蚀前的表面积。

当钢的腐蚀产物为致密薄膜附着于材料表面而不易脱落时，则可用增重的速度表示

$$K = \frac{m_t - m_0}{S_0 t} \tag{8-2}$$

一、试样

板状试样的尺寸一般为 60mm×30mm、30mm×15mm、30mm×10mm，厚度一般为 2.5～5.0mm。圆形试样的尺寸为 ϕ10mm×20mm、ϕ15mm×30mm、ϕ25mm×50mm。试样应厚薄均匀、形状规矩，表面应磨光，表面粗糙度参量 R_a 应为 $0.8\mu m$。测量精度应为 0.02mm，至少测量三点，取其平均值。试样在 150～200℃烘炉内保温 1h，然后取出置于干燥器内冷却到室温后称重，称重精确度应达 0.1mg。

二、试验方法

抗氧化试验的加热炉，可采用管式电炉或箱式电炉。炉子须装有温度调节装置，炉温波动不超过±5℃。

试样置于有镍铬丝支架的器皿中，根据试验温度的不同可选择瓷坩埚、石英坩埚或铂坩埚，以便试样能完全装入而防止试验过程中氧化铁皮落于坩埚外面，并保证腐蚀气体流通。

抗氧化性能的试验温度，一般采用有关标准规定的温度。试验时间，对于碳钢和低合金钢不得少于 250h，称重间隔时间为 50h、100h、150h、200h 和 250h；对于中合金钢和

高合金钢不得少于 500h，称重间隔时间为 100h、200h、300h、400h、500h。如有必要，总持续时间可增加到 1000h 或更长。如有需要时，总持续时间可为 100h，称重时间分别为 20h、40h、60h、80h 和 100h。一般采取最后 2 个时间间隔的试样的质量损失或增加。对于碳钢或低合金钢是从 200～250h，对中合金钢及高合金钢则是从 400～500h。

三、结果评定

抗氧化性能试验的结果一般用腐蚀速度表示，即将重量指标 g/（m^2·h）表示的腐蚀速度换算成腐蚀深度指标 mm/a，a 表示年的符号。

（1）减重法　试样出炉后，用不会损坏金属表面的工具彻底清除试样表面所形成的铁的氧化物，清除到用肉眼和 10 倍放大镜检查不再发现氧化铁皮为止。然后称重，按式（8-1）计算。

（2）增重法　试样连同器皿同时出炉，此时必须将所有氧化铁皮全部保留下来，然后称重，按式（8-2）计算。

最后按下式换算：

$$R = 8.76 \frac{K}{\rho} \tag{8-3}$$

式中　R——以年度指标表示的氧化腐蚀速度，mm/a；

K——按稳定速度计算的氧化腐蚀速度，g/（m^2·h）；

ρ——金属密度，g/cm^3；

8.76——换算常数，由 24×365/1000 而来。

根据计算结果，按表 8-5 确定钢的抗蚀性级别。

表 8-5　钢的抗蚀性级别

级别	腐蚀速度/（mm·a^{-1}）	抗蚀性分类	级别	腐蚀速度/（mm·a^{-1}）	抗蚀性分类
1	≤0.1	完全抗氧化性	4	>3.0～10	弱抗氧化性
2	>0.1～1.0	抗氧化性	5	>10	不抗氧化性
3	>1.0～3.0	次抗氧化性			

允许的抗蚀性级别以有关技术条件为依据，或者双方协商确定。除评定抗蚀性级别外，还应记录试样表面氧化程度、膜的特征，必要时也进行显微组织观察及弯曲试验。

第三节　大气腐蚀试验

大气腐蚀试验，就是试验碳素结构钢和低合金结构钢抵抗大气腐蚀的能力。抵抗大气腐蚀的能力是碳素结构钢和低合金结构钢的重要性能之一。大气腐蚀试验通常有大气暴露腐蚀试验和大气加速腐蚀试验两种。前者的试验结果最有代表性，但各种影响因素无法控制，试验周期也很长，需要数年或数十年方可得出最后结论。为了能较快地得出结果，则可采用大气加速腐蚀试验。

一、大气暴露腐蚀试验

大气暴露腐蚀试验执行 GB/T 14165—1993 黑色金属室外大气暴露试验方法标准。

197

（一）试样要求

根据不同目的，可以采用较小的试片或较大的实物试样，但最好是薄片，或者薄壁的型钢、管子、金属丝等，平板试样尺寸为 200mm×100mm 或 150mm×100mm，厚度要适当，推荐最佳厚度为 2~4mm。非平板试样，其尺寸可参照平板试样尺寸，或与用户协商处理。

（二）试验方法

试样经过称重，并测量试验面的面积。通常将试样整齐地排列在试验架上，以不妨碍空气流通和不互相挡住阳光为原则。试样平面朝南，约倾斜 30°~45°，也有将试样垂直悬挂的。必须注意，应采用绝缘材料将试样固定在试样架上，以防止试样与试验架直接接触而产生腐蚀。试样应长期暴露在该地区的大气中经受腐蚀。

（三）结果评定

暴露试验周期为 1 年、2 年、5 年、10 年、20 年，也可采用 1 年、2 年、4 年、8 年、16 年。按期取下一定数量的试样，进行处理后再称量其重量和测量试验面的面积，以此计算腐蚀速度。必要时还可评定、对比试样试验前后的力学性能。

二、大气加速腐蚀试验

大气加速腐蚀试验是在人为的、较大气腐蚀条件更为苛刻的情况下，在实验室内进行的一种试验。其基本原理是加强腐蚀因素，以加速腐蚀过程，但与此同时，又力求符合天然大气条件。大气加速腐蚀试验执行 GB/T 10125—1997 人造气氛腐蚀试验（盐雾试验）标准。

（一）试样要求

采用较小的试样，以便能将其置于喷雾箱中的支架上。

（二）试验方法

将试样置于密闭的喷雾箱中的支架上，用压缩空气喷雾器把加速腐蚀剂雾化后喷入箱内。

对喷雾器的主要要求是，雾化后的腐蚀剂，其粒度细小均匀。凝集在箱盖和支架上的雾水，不要滴在试样上，同时也要避免试样上凝集雾水。此外，箱内的温度和湿度以及喷入盐雾的温度均要控制在一定范围内。

大气加速腐蚀试验可分为中性盐雾试验、醋酸性盐雾试验和含铜的醋酸性盐雾试验等三种。

（1）中性盐雾试验　这是一种应用最早的食盐溶液喷雾试验法。试验条件如下：

食盐（NaCl）的质量分数	5%
蒸馏水的质量分数	95%
喷雾溶液的 pH 值	6.5~7.2（25℃）
喷雾箱内的温度	(35±2)℃
雾化的空气压力	70~170kPa
盐雾的降落速度	1.0~2.0mL/（h·80cm²）

此法主要用以鉴定钢材及其保护层的质量。多年的实践表明，这种试验存在严重缺点。例如再现性较差；试样表面形成的电解液膜和腐蚀产物与在自然大气（特别是工业性

大气）中所形成的有着本质的不同，表明其腐蚀机理也有所不同等。此外试验条件难于控制。但对于在一定的大气条件下，如海洋气候，以及作为相对比较的鉴定方法，它仍然有一定的价值，并被习惯地广泛沿用着。

（2）醋酸性盐雾试验　这是在中性盐雾试验的基础上发展起来的。试验条件如下：

食盐（NaCl）的质量分数	5％
蒸馏水的质量分数	95％
冰醋酸（CH_3COOH）	按雾盐的 pH 值加用
溶液容器的温度	54～57℃
喷雾溶液的 pH 值	3.1～3.3（25℃）
喷雾箱的温度	（35±2）℃
雾化的空气压力	70～170kPa
盐雾的降落速度	1.0～2.0mL/（h·80cm²）

此法主要用于不锈钢和具有多层电镀层的钢材等的检验。

（3）含铜的醋酸性盐雾试验　此法与醋酸性盐雾试验的不同之处，是在喷雾的腐蚀剂中再加入少量铜盐。试验条件如下：

食盐（NaCl）的质量分数	5％
蒸馏水的质量分数	95％
氯化铜（$CuCl_2·2H_2O$）	0.264g/L
冰醋酸（CH_3COOH）	按雾液的 pH 值加用
喷雾溶液的 pH 值	3.1～3.3（25℃）
喷雾箱内的温度	（50±2）℃
雾化的空气压力	70～170kPa
盐雾的降落速度	1.0～2.0mL/（h·80cm²）

这种方法主要用以鉴定不锈钢和各种金属镀层的质量。其特点是试验时间短，腐蚀速度比醋酸性盐雾试验约快 4～6 倍，试验的再现性也较好。

试验周期应根据被试材料或产品的有关规定选择。若无标准，可经双方协商决定。推荐的试验周期为 2h、4h、6h、8h、24h、48h、72h、96h、144h、168h、240h、480h、720h、1000h。

第四节　全浸、间浸腐蚀试验

全浸腐蚀试验是把试样全部浸入腐蚀液中的腐蚀试验，间浸腐蚀试验是把试样交替浸入腐蚀液和暴露在大气中的腐蚀试验。

通过试验，可测定试样经一定腐蚀时间后的重量变化、力学性能变化、腐蚀坑数目和深度以及试样的平均总腐蚀深度等，以此评定试样的抗蚀性能。

一、试样要求

试样形状多采用片状，以使其表面积与重量的比值最大，其大小应视其试验设备和腐蚀液数量来确定。每个试样表面积不应小于 10cm²，推荐尺寸为：50mm×25mm×（2～5）mm 和 φ30mm×（2～5）mm。一般要求试验重量称准至 0.5mg，尺寸须量准至 0.25mm。

如果把试样腐蚀后的力学性能的变化作为抗蚀性能的主要指标，则应将拉伸试样先作抗蚀性试验，然后进行拉伸试验。同时，须在同一批号钢材中制作一组拉伸试样，保存在无腐蚀作用的环境中，以便与腐蚀后的试样同时作拉伸试验，以进行对比。

通常，不同钢材应分别置于不同的腐蚀槽中进行试验，以避免因相互影响而产生反常的结果。对于常规检验，一个试样即可，但对平行试样至少应有两个。

二、试验方法

全浸、间浸腐蚀试验实际上是模拟试验。由于影响因素很多，试验条件不同，因此至今只有金属材料实验室均匀腐蚀全浸试验方法形成了标准（GB/T 10124—1988）。

通常，根据试验目的和要求来确定相应的试验方法。试验设备可采用上下移动式试验机和轮转式试验机。试验溶液的来源和成分视试验目的而定，一般有天然的和人工的两种。海水、工业废水及生产过程中的介质一般归入自然介质。在使用这一类溶液时要测定其主要成分。人工试验溶液用化学试剂和蒸馏水配制而成。试验过程中，为了加速或阻抑腐蚀作用，一般向腐蚀液中通入气体，或加入其他试剂。为了加速腐蚀作用，对阳极加速物有 NH_3、NH_4OH、$(NH_4)_2SO_4$ 等，能使阳极不易生成钝化膜；对阴极加速物有 O_2、H_2 等。为了阻抑腐蚀作用，对阳极阻抑物有铬酸盐、磷酸、碳酸钠等。因此，试验时，主要考虑试样相对于腐蚀液的移动速度、腐蚀液的温度和试验过程中向腐蚀液中通入气体和加入其他试剂对试样腐蚀的影响。

三、结果评定

在腐蚀试验后和去锈及清除其他腐蚀产物之前，详细观察并记录试样表面腐蚀情况。并在去锈及清除其他腐蚀产物之后，要仔细进行检查。如果发现有穴蚀或点蚀现象，应详细记录蚀坑的形状、大小及其分布情况，并测量蚀坑的最大深度。必要时可切开试样，制成金相试样，在显微镜下观察其是否有晶间腐蚀现象。然后按下式计算腐蚀速度及年腐蚀率（深度），以此表示钢材的抗腐蚀性能。

$$K = \left(\frac{m_0 - m_t}{S_0} + \frac{\Delta m}{S'_0} \right) \times \frac{1000}{d} \tag{8-4}$$

$$R = \frac{0.0365 \times K}{\rho} \tag{8-5}$$

式中　K——腐蚀速度，$mg/(dm^2 \cdot d)$；

　　　m_0——试样腐蚀前质量，g；

　　　m_t——试样腐蚀后质量，g；

　　　Δm——空白试样质量损失，g；

　　　S_0——试样总面积，dm^2；

　　　S'_0——空白试样总面积，dm^2；

　　　d——试验时间，d；

　　　R——年腐蚀深度，mm/a；

　　　ρ——试样密度，g/cm^3。

为了校正由于对腐蚀试验试样去锈及清除操作而损耗的未被腐蚀的基底金属，因而对空白试样（未经腐蚀试验的试样）也进行了同样的去锈及清除操作，并测定其质量（此项损失一般极为轻微，通常可以略而不计）。

　　为了了解腐蚀速度随腐蚀时间而变化的情况，最好同时试验另一组试样，每隔一定时间取出一个试样进行检查、去锈、称重，并计算其腐蚀速度，然后根据所有试验结果绘出时间与腐蚀速度的关系曲线。

第九章 无损检验

无损检验是利用射线、超声、电磁、渗透等物理方法，在不破坏不损伤被检验物（材料、零件、结构件等）的前提下，掌握和了解其内部状况的现代检测技术。无损检验主要用于材料或制件的非破坏性检验，它不但可以探明金属材料有无缺陷，而且还可给出材质的定量评价，其中包括对缺陷的定量（形状、大小、位置、取向等）测量和对有缺陷材料的质量评价。同时，也可测量材料的力学性能和某些物理性能。

无损检验方法很多，最常用的有射线检验、超声检验、磁粉检验、渗透检验和涡流检验等五种常规方法。本章仅介绍冶金工业广泛使用的超声波探伤、磁力探伤以及射线探伤等试验方法。

第一节 超声波探伤

超声波探伤是无损检验方法之一。超声波探伤技术主要用于在不破坏金属材料的情况下，采用物理、化学等手段和方法来探测所检对象内部和表面的各种潜在缺陷。近年来，超声波广泛用来检验金属材料的质量，并逐步成为金属材料预检或正式检验的手段。

一、超声波及获得方法

超声波是一种超出人的听觉范围的高频率弹性波，目前已被广泛应用于科研、工程和医学中许多领域。人耳能听到的声音频率为 $16\,\text{Hz} \sim 20\,\text{kHz}$，而超声检验装置所发出和接收的频率要比 $20\,\text{kHz}$ 高得多，一般为 $0.5 \sim 25\,\text{MHz}$，常用频率范围为 $0.5 \sim 10\,\text{MHz}$。

获得超声波的方法有很多，如热学法、力学法、静电法、电磁法、电动法、激光法、

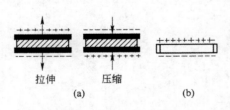

拉伸　　压缩
(a)　　　　　　(b)

图 9-1　晶体的压电效应
(a) 正压电效应；(b) 逆压电效应

压电法等。在超声波探伤中，获得超声波的主要方法是某些晶体的压电效应，已有许多人工制成的材料，如钛酸钡、石英、锆钛酸铅等。

1880 年居里曾发现一种奇特的现象，即当晶体受拉伸或压缩时，表面产生电荷，如图 9-1 所示。此现象曾被称为正压电效应。则以压缩代替拉伸时，电荷符号就会改变。后来确定，除了正压电效应外，还有逆压电效应。逆压电效应是在晶面上施加电荷时，晶体的尺寸就会发生改变。这种尺寸的改变 ΔX 遵循下列公式：

$$\Delta X = \delta V \tag{9-1}$$

式中　δ——压电模数，表示加在晶体晶面上的电位差为 1V 时的晶片尺寸增加数；

　　　V——全部外加电压。

当在晶片的表面加上交替变更电荷时，晶片的尺寸就会交替增大或减小，即发生振动，这种振动以声的弹性振动形式传播到周围介质中。如果电荷（例如来自电子管发生器的电荷）以高于 20kHz 的频率（即超声频率）加在晶片上，那么晶片的振动也以同样的频率传播到周围介质中，这就是超声波获得的方法。用石英片可以成功地得到 50MHz 的基频超声波。

如果由压电晶片传来的超声振动穿过某种介质落在另一压电晶片上，则后者将产生机械振动。当压电晶片施以机械振动时，晶片表面上产生压电电荷。该电荷可以被电极移走，在电子管放大器中放大并用某种指示器再现。

压电材料近年来发展很快，品种繁多，目前在超声波探伤中用得最广泛的是锆钛酸铅（PZT），它具有灵敏度高、成本低和工艺简单等优点，其次是石英和钛酸钡。

二、超声波的基本性质

（一）超声波的频率与波长

超声波和声波一样，能在各种介质中传播，它的频率、波长及在介质中传播的速度有下列关系：

$$\lambda = \frac{C}{f} \tag{9-2}$$

式中　　λ——超声波波长，mm；

C——超声波的传播速度，mm/s；

f——超声波的传播频率，Hz。

在这里，f 由超声波声源决定，C 主要取决于介质的性质，超声波（纵波）在空气中传播速度为 344m/s，而在钢中的传播速度则为 5850m/s。

超声波由于它的频率高、波长短，它的能量与振幅相同的声波比较，远远大于声波。超声波的能量与频率的平方成正比，与振幅的平方成正比。提高超声波的发射能量，可以提高超声波的穿透能力，在钢材中甚至可以穿透 10m 以上，这是任何其他无损探伤方法所不可比拟的。

（二）超声波的波型

超声波检测广泛应用的超声波波型，按照质点振动的模型可以分为纵波、横波、表面波和板波四种类型。

1. 纵波

当弹性介质受到交替变化的拉应力或压应力作用时，就会相应的产生交替变化的伸长和压缩形变，因而质点就产生了疏密相间的纵向振动，并在介质中传播，就产生了纵波。质点的振动方向与波的传播方向平行，这种波称为纵波，是一种压缩波，如图 9-2（a）所示。

因为弹性力是由于弹性介质体积发生变化而产生，所以纵波能够在任何弹性介质中传播（包括固体、液体和气体）。一般来说，在固体介质中传播速度最大，液体介质中次之，气体介质中最小。由于超声波纵波可以在固体、液体及气体介质中传播，并且纵波的发生与接收都比较容易，所以金属探伤中所应用的最主要波型就是纵波。

2. 横波

固体介质既具有体积弹性、又具有剪切弹性。当固体介质受到交变剪切应力作用时，就会

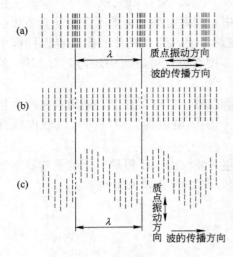

图 9-2 纵波、横波

(a) 纵波；(b) 静止状态；(c) 横波

发生交变的剪切变形，由于固体介质具有刚性，因而质点就发生具有波峰和波谷的横向振动，质点的振动方向与波的传播方向相垂直，这种波就称为超声横波，也称剪切波，如图 9-2 (c) 所示。

由于液体和气体介质只具有体积弹性，而不具有剪切弹性，所以在液体和气体介质中横波不能传播。在同一介质中，横波速度比纵波小得多，所以，当频率相同时，横波波长比纵波波长约短一半。

在金属探伤中，超声横波是由压电晶体所产生的超声纵波在反射和折射的过程中转换而来。超声横波在金属探伤中具有很大意义，尤其对于焊缝、钢板、较薄工件或复杂工件中纵波所不能达到的工件部分等有特殊效果。

3. 表面波

当固体介质受到交替变化的表面应力时，介质表面上的质点就会发生相应的纵振动和横振动（即椭圆轨迹的振动），这两种振动都向前传播。这种波只沿固体表面传播，而不涉及固体介质内部，所以这种波称为表面波，也称瑞利波，如图 9-3 所示。

瑞利波的传播速度决定于介质的泊松比和横波速度，而且小于横波速度，因此瑞利波的波长较横波更短。

在金属探伤中，瑞利波由入射超声纵波及横波在全反射条件下转换产生。它主要用来探测材料和复杂工件表面及近表面的缺陷，如表面裂纹，以及测定表面裂纹的深度等。

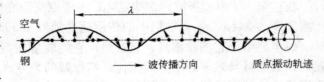

图 9-3 表面波

4. 板波

只产生在大约等于一个波长深度的薄板内的表面波称为板波，也称兰姆波。板波波型有三种：SH 波（东甫波）、对称兰姆波、非对称兰姆波。板波在板中传播时，质点的振动可分解为垂直分量和水平分量。若质点振动方向只与表面平行，这种波称为 SH 波，如图 9-4 (a) 所示，它在超声波检测中实用性不大；若质点振动对称于板的中心面，上下两面相应质点振动的水平分量相同，而垂直分量相反，在薄板的中心轴，质点的振动是以纵波的形式振动，这种波为对称兰姆波，如图 9-4 (b) 所示；若质点振动不对称于中心面，上下两面相应质点振动的垂直分量相同而水平分量相反，在薄板中心轴，质点的振动是以横波的形成振动，这种波为不对称兰姆波，如图 9-4 (c) 所示。

板波广泛地用于薄板超声波检测，又可用来测量板材的厚度、探测分层、裂纹等缺陷和检验复合材料的复合粘结质量等。

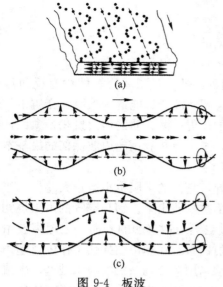

(a)

(b)

(c)

图 9-4　板波

（a）SH 波；（b）对称型兰姆波；

（c）非对称型兰姆波

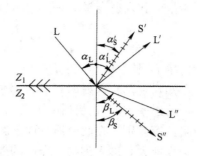

图 9-5　倾斜入射

（三）超声波的反射、折射、与波型转换

超声波在均匀介质中按直线方向传播，但当超声波在一介质传播到界面或遇到另一介质，将会像光波一样产生反射和折射，此时不但超声波的传播方向，而且超声波的能量，甚至波型都会发生变化。

当超声波垂直入射时，入射波和反射波都是同类型的波，无波型转换发生；当超声波倾斜入射到界面时，除产生同种波型的反射波和折射波外，还会产生不同类波型的反射波和折射波，从图 9-5 可知，当超声纵波 L 倾斜入射到固/固界面时，除产生反射纵波 L′和折射纵波 L″外，还会产生反射横波 S′和折射横波 S″。它们按几何光学原理符合反射、折射定律：

$$\frac{\sin\alpha_L}{C_{L_1}} = \frac{\sin\alpha'_L}{C_{L_1}} = \frac{\sin\alpha'_S}{C_{S_1}} = \frac{\sin\beta_L}{C_{L_2}} = \frac{\sin\beta_S}{C_{S_2}} \tag{9-3}$$

式中　C_{L_1}、C_{S_1}——第一介质中的纵波、横波波速；

　　　C_{L_2}、C_{S_2}——第二介质中的纵波、横波波速；

　　　α_L、α'_L——纵波入射角、反射角；

　　　β_L、β_S——纵波、横波折射角；

　　　α'_S——横波反射角。

由于在同一介质中纵波波速不变，因此 $\alpha'_L = \alpha_L$。又由于在同一介质中纵波波速大于横波波速，因此 $\alpha'_L > \alpha'_S$，$\beta_L > \beta_S$。

（四）超声波的反射率和折射率

超声波在反射和折射过程中，除了改变传播方向和波型转换外，还有能量的变化伴随产生。反射能量和透射能量的大小取决于两种介质的声阻抗特性。介质的密度 ρ 和声速 C 的乘积称声阻抗，它是表征弹性介质的声学性质的一个重要参量。

设第一介质的声阻抗为 $\rho_1 C_1$，第二介质的声阻抗为 $\rho_2 C_2$，入射波强度为 I_0，反射波强度为 I，当超声波垂直入射时，理论计算得出反射强度：

$$I = I_0 \left(\frac{\rho_2 C_2 - \rho_1 C_1}{\rho_2 C_2 + \rho_1 C_1} \right)^2 \tag{9-4}$$

205

反射能量 I 和入射能量 I_0 的比值称为反射率，即

$$R = \frac{I}{I_0} = \left(\frac{\rho_2 C_2 - \rho_1 C_1}{\rho_2 C_2 + \rho_1 C_1}\right)^2 \tag{9-5}$$

而折射率 D 则为 $D = 1 - R$。

由上可知，在垂直入射时，若两介质声阻抗相等，即 $\rho_1 C_1 = \rho_2 C_2$，即没有反射波存在，此时，反射率 $R = 0$，折射率 $D = 1$，达到最大，超声波全部能量进入第二介质中。若介质的声阻抗有差别，在两介质界面上就有超声波的反射。两介质的声阻抗相差愈大，则反射波的强度愈大，进入到第二介质的能量则愈小，这一点是利用超声波探伤的最基本的原理。

钢内缺陷部位的性质与钢基体的性质有很大差异，它们的声阻抗也有很大差异，当超声波投射到缺陷表面时，就有反射波存在，因而缺陷被探测出来。钢与空气的声阻抗相差很大（约十万倍），故超声波几乎可以完全不能通过空气与钢接触的界面。当超声波由空气传向钢，或由钢传向空气，差不多百分之百被反射回来。在超声波探伤工作中，超声波源（压电晶片）与钢之间不容许有空气层存在，而须采用耦合剂（机油、水玻璃、水或有机玻璃等），虽然它们与钢的声阻抗也有相当差异，但也有相当一部分入射超声波透过界面，保证探伤能够进行。

（五）超声波的直线性与指向性

频率高、波长短是超声波的主要特性，因此超声波在一均匀介质中将沿直线进行传播。如均匀介质内有性质相异的部分存在，就可以利用它对超声波的反射，将它检测出来，直线性是超声波探伤的主要基础。

从超声波波源（探头的压电晶片）发生的超声波其大部分能量是以一定的角度 θ 成束的向前传播的，这就是超声波的指向性。如图 9-6 所示，超声波的波长愈短，压电晶片的面积愈大，则半扩散角 θ 愈小，能量愈集中，指向性愈好。指向性好，就更容易发现微小的缺陷，对确定缺陷大小的准确性也愈高。

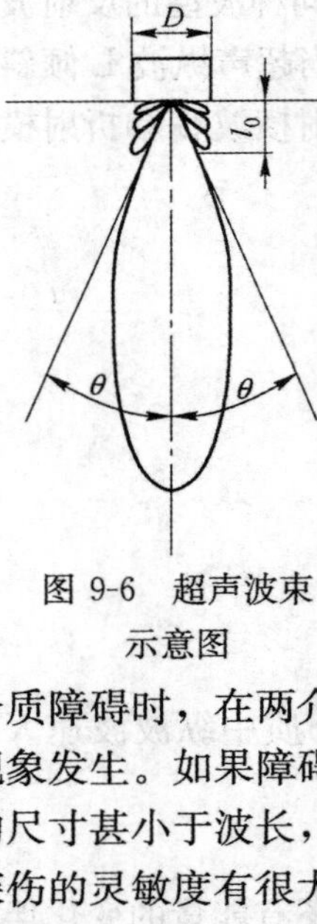

图 9-6　超声波束
示意图

（六）超声波的绕射与干涉

超声波在均匀介质中按直线方向传播，当遇到声阻抗不同的介质障碍时，在两介质的界面除了发生反射和折射外，还可能有超声波绕过障碍物的绕射现象发生。如果障碍物尺寸甚大于波长，则超声波不产生绕射而有反射产生；如果障碍物的尺寸甚小于波长，则超声波不产生反射而是绕过障碍物继续前进。绕射现象对于穿透法探伤的灵敏度有很大的影响，而在脉冲反射法探伤中为了发现面积较小的缺陷就必须选择频率较高、波长较短的超声波。

超声波和光波一样也有波的干涉现象。如果在同一介质中传播几个不同频率及方向的声波时，在介质中每一点的振幅由每一个波在该点的代数值叠加而得。由于各振动的相位不同，出现使某些点的振幅增强，某些点的振幅减弱甚至完全抵消的现象，这就是干涉。如果物体在超声波传播方向的厚度恰为超声波的半个波长或半波长的整数倍时，则入射波和反射波（由界面反射）的相位、频率和振幅均相同，则物体在超声波的作用下可与其产生共振形成驻波。利用此特性，根据共振频率的测定，可用以测定工件的厚度及检验出其

中存在的缺陷（如钢板里的夹层），此即共振法超声波探伤的基础。

（七）超声波的衰减与吸收

超声波在介质中传播时，随着距离增加，超声波的强度会逐渐减弱，这种现象叫做超声波衰减。引起超声波衰减的主要原因是波束扩散、晶粒散射和介质吸收。超声波以一定的扩散角向前传播，传播面积愈来愈大，因此超声波的强度就随传播距离的平方而减弱，这就是扩散衰减。超声波在介质中传播时，遇到声阻抗不同的界面产生散乱反射引起衰减现象，称为散射衰减，金属材料内部的不均匀性愈大、晶粒愈粗，散射衰减愈严重，在示波屏上会引起林状回波（又称草波）。超声波在介质中传播时，由于介质中质点间的内摩擦（即粘滞性）和热传导（即热损耗）引起的衰减称为吸收衰减或粘滞衰减。

在实际的探伤中，超声波在材料中的吸收和衰减有着极为重要的意义，有时需要选择衰减系数较大的材料如胶木、塑胶等来做探头的吸收块，有时需要想办法去减少材料对超声波的吸收，如探测晶粒粗大的材料（如铸钢、铸铁、铜等）时，就要用频率较小（频率愈高、衰减愈大）的超声波来探测，以减少能量的吸收。

三、超声波探伤原理

超声波探伤时用的波，其频率一般在 $0.5\sim25MHz$ 的范围。在此频率范围内的超声波具有直线性和束射性，像一束光一样向着一定方向传播，即具有强烈的方向性。若向被检材料发射超声波，在传播的途中遇到障碍（缺陷或其他异质界面），其方向和强度就会受到影响，于是超声波发生反射、折射、散射或吸收等，根据这种影响的大小就可确定缺陷部位的尺寸、物理性质、方向性、分布方式及分布位置等。

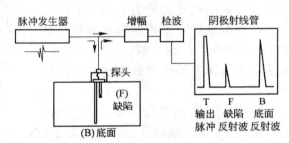

图 9-7　超声波垂直法探伤原理

图 9-7 为脉冲反射法原理图。在被测材料表面涂有油、甘油、水玻璃等耦合剂，使探头（由水晶石、钛酸钡等构成，一般是收发共用）与其接触，在探头上加上脉冲电压，则超声波脉冲由探头向被测材料上发射。该图为垂直法的情况，纵波从表面垂直的方向射入。从底面和缺陷反射的波，即探头接收的反射波，经增幅和检波后，在阴极射线管上显示出来。在阴极射线管上，根据缺陷反射波的位置和振幅，就能知道缺陷到材料表面的距离和缺陷的大小。

四、超声波探伤方法

（一）穿透法和脉冲反射法

按基本原理超声波探伤基本上可分为穿透法和反射法两类。穿透法如图 9-8 所示，在被检工件相对两侧各放一个探头，其中一个探头向工件内发射超声波，另一个探头接收超声波。当工件完好时，可接收到较强信号；当工件中有小缺陷时，部分声能被反射，只能接收到较弱信号；当工件内有面积大于声束截面的缺陷时，声能被缺陷全部反射，另一个

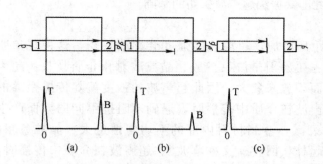

图 9-8 穿透法探伤原理和波形图

(a) 无缺陷；(b) 有小缺陷；(c) 有大缺陷

探头完全收不到超声波信号。此法的优点是几乎不存在盲区，声程衰减少。其缺点是由于声波衍射现象的存在检测灵敏度低，不能对缺陷定位，此外操作不方便，故应用较少。

脉冲反射法如图 9-9 所示，一般只需采用一个又发射又接收的探头进行检测。当工件完好时，荧光屏上只有始脉冲和底波显示，当工件中有小于声束截面的小缺陷时，在始波和底波之间有缺陷波显示，缺陷波在时，基轴上的位置可以确定缺陷在工件中的位置，缺陷波的高度取决于缺陷对超声束的反射面积，当有缺陷波出现时，底波高度下降；当工件中有大于声束截面的大缺陷时，全部声能被缺陷所反射，荧光屏上只有始波和缺陷波，底波消失。脉冲反射法的优点是检测灵敏度高，缺陷可以定位，操作灵活方便，适用范围广。其缺点是存在盲区，对近表面缺陷的检测能力差，当缺陷反射面与声束轴线不垂直时容易漏检，且要走往复声程，对高衰减材料困难更多。此法是当前国内外应用最广泛的超声检测方法。

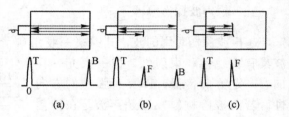

图 9-9 脉冲反射法探伤的原理和波形图

(a) 无缺陷；(b) 有小缺陷；(c) 有大缺陷

脉冲反射法又可分为垂直探伤法、斜角探伤法、表面波探伤法和板波探伤法等。

（1）垂直探伤法。此法使用直探头，发射纵波，垂直材料表面射入，用于铸件、锻件及轧件等的内部缺陷检测，有时也用于焊缝及管件内部缺陷检测。超声波在材料内传播，遇到缺陷时将发生反射，与材料表面平行的缺陷很容易检验出来。检验锻钢时，由于缺陷的方向和形状不固定，可从各个方面进行探伤，基本上能检验出所有的缺陷。锻钢件有时直径大于 2m，如果晶粒比较细小，超声波探伤特别方便；对于铸钢件，过去主要用射线探伤，现在也广泛采用超声波探伤。然而，铸钢件逐渐大型化，射线透射检验比较困难，从经济效果来看，也应该采用超声波探伤。但铸钢件中晶粒比锻钢粗大，超声波受晶界反射生成的林状反射波的影响，如果不是较大的缺陷，就不能检验出来。特别是奥氏体不锈钢的铸件，不能通过热处理细化晶粒，一般不用超声波探伤。

（2）斜角探伤法。此法采用斜探头，发射横波，从材料的表面以一定角度（30°～70°）射入，主要用于焊缝及管件等的内部缺陷检测。

（3）表面波探伤法。采用斜探头，以一定的入射角发射表面波（瑞利波），可用来探测材料表面层一个波长厚度内的缺陷。

（4）板波探伤法。采用斜探头，发射板波（也称兰姆波），此法对于厚度与其波长相近的薄板、带及薄壁管的探伤最有效。它可以灵敏地发现这些材料中的分层，其灵敏度能达到沿轧制方向 1mm 长的缺陷。

（二）直接接触法与液浸法

按探头与工件接触方式可分为直接接触法探伤和液浸法探伤。

（1）直接接触法。它是利用探头与工件表面直接接触而对缺陷进行检测的一种方法。在探头与工件之间涂敷液体，排除空气间隙。如果探头与工件表面之间有空气层，则空气与工件的界面将会使入射超声波完全被反射，而不会透入工件内。涂敷在探头与工件之间的液体称为耦合剂，经常使用的耦合剂是油类，一般情况下采用中等黏度的机油，平滑表面可以用低黏度的油类，粗糙表面可用高黏度的油类，由于甘油的声阻抗高且易溶于水，所以也是一种常采用的耦合剂。为了获得良好的声耦合，工件探测表面的粗糙度应小于 $6.3\mu m$。这是因为粗糙度为 $6.3\mu m$ 时表面不平度约为 $0.084mm$，对探伤灵敏度影响不大。此时，工件表面曲率对探伤灵敏度也有影响，表面曲率大时，因接触面积小会使灵敏度下降，因此对大曲率表面的工件检验时，应采用小直径探头。直接接触法具有方便、灵活、耦合层薄、声能损失小等优点，应用最为广泛，它可用于纵波检测、横波检测、表面波检测和板波检测等不同场合。但它有对探头所加压力大小、耦合层厚度、接触面积的大小等影响因素难于操纵，以及探头容易磨损、检测速度低等缺点，使用受到限制。

（2）液浸法。此法是采用防水密封探头进行探查，探头、工件全部置于水中，用水作耦合剂，也称水浸法。液浸法探伤时，探头与工件不发生直接接触，这样既可以减少探头的磨损，又能消除直接接触法中那些难以控制的因素，同时也可提高检测速度，便于实现自动检测。

液浸法探伤时，发射的超声波在液体与工件界面产生界面波，同时大部分声能传入工件。若工件存在缺陷，则在缺陷处产生反射，另一部分则传入底面产生反射，其波形如图 9-10 所示。图中，T 为发射波（始波），S 为界面波，F 为缺陷波，B 为底波。波形 T 到

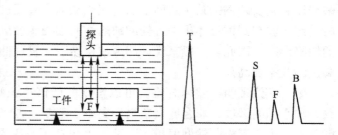

图 9-10　液浸法探伤波形图

S、S 到 F 及 S 到 B 之间的距离，各相当于超声波在液体中、工件表面至缺陷处及在工件中往返一次所需的时间。如果探头与工件之间的液体厚度改变时，则信号 T 到 S 的距离也随之改变，但 S 到 B、S 到 F、F 到 B 的距离不变。

液浸法探伤时，水层厚度占有较重要的地位，要有适当的水层厚度来保证探伤质量。水层厚度必须大于被测钢工件厚度的 1/4（因为水中纵波声速为 $1450m/s$，钢中为 $5850m/s$，即水中声速约为钢中声速的 1/4）才能保证二次界面波在一次底波的后面，否则将会造成二次界面波出现在底波之前而影响探伤，但若水层厚度过大，声能在水中衰减就大，从而降低探伤灵敏度。浸液应保持清洁，不应有气泡和冷热对流。液浸法探伤可以检查表面加工较为粗糙的工件，但工件表面有氧化铁皮须清除干净。

五、超声波探伤在钢材质量检验中的应用

超声波检测是无损检测中应用最为广泛的方法之一。就无损探伤而言，超声波法适用于各种尺寸的锻件、轧制件、焊缝和某些铸件，无论钢铁、有色金属材料和非金属材料，都可用超声波法进行有效的检测，其中包括各种机器零件、结构件、电站设备、船体、锅炉、压力容器和化工设备等。就物理性能检测而言，用超声波法可以无损检测工件厚度、材料硬度、淬硬层深度、晶粒度、液位和流量、残余应力和胶接强度等。下面就超声波无损探伤在钢材质量检验中的应用作一简单介绍。

（一）低倍组织超声波预检

在钢材质量检验中，酸浸试验是低倍检验中最常用的一种方法，它被列为按顺序检验项目中的第一位。但酸浸试验须制备试样，劳动强度大、工作环境差。低倍组织超声波检验不仅能节约钢材、减轻劳动强度、改善酸浸检验工作环境，而且检验可靠，用超声波检验作为酸浸检验前的预检，它可保证钢材酸浸试验的质量。因此，超声波检验在生产中的应用日趋广泛。GB/T 699—1999（优质碳素结构钢）、GB/T 3077—1999（合金结构钢）等标准的基本质量技术要求中规定：如供方能保证低倍检验合格，允许采用超声波探伤或其他无损探伤法代替低倍检验。

GB/T 7736—2001 钢的低倍组织及缺陷超声波检验法，适用于方形、矩形、圆形等简单截面的轧制、锻造钢材（坯）低倍组织及缺陷的超声波检验，也适用于其他钢制备件、坯料的缺陷检验，是一个低倍组织预检法。检验时，首先将送检钢材进行超声波探伤，当发现有缺陷时，再取样作酸浸试验，并以酸浸试验结果为准。超声波探伤是根据超声波在钢中传播时基体与缺陷之间的声阻抗差所形成的反射脉冲或超声波特性来判伤的；酸浸试验是反映钢的某一截面上的组织或缺陷在酸浸过程中耐腐蚀的差别。超声波所检验的是超声波扫到钢材体积中各处的缺陷，而酸浸腐蚀试验所反映的仅仅是钢中某一截面上的缺陷形态。因此，一般来说，超声波探伤法在发现低倍（宏观）组织缺陷方面比酸浸试验法的几率要高。

生产实践证明，超声波检验可以发现的低倍组织缺陷有：白点、残余缩孔、内部裂纹、轴心晶间裂纹、非金属夹杂物和夹渣、翻皮、带气泡的点状偏析，以及二级以上的一般疏松、中心疏松、锭型偏析等，基本上包括了 GB/T 1979—2001 结构钢低倍组织缺陷评级图片所规定的低倍缺陷。但目前超声波检验尚不能发现不带气泡的点状偏析（如38CrMoAl 钢中的点状偏析）和过渡型异金属夹杂物。因此，那些容易产生上述两种缺陷的钢号，应采用酸浸试验法来检验。

低倍组织超声波探伤，应选择灵敏度高、盲区小、动态范围大、分辨率高、线性好的超声波探伤仪。在选择探头时，必须保证被探试样在荧光屏上显示的始波、底波清晰可见。探查圆钢（尤其是小圆钢）时应采用超声聚焦探头。

（二）碳素钢拉伸试验无损预检法

钢材拉伸性能的无损预检法是近来国外发展起来的一种新型测试方法，其实质就是在拉伸试验之前先将试样进行超声波预检，预检不合格者全面做拉伸试验，预检合格者只在其中选取 5％～10％试样做拉伸试验。它是生产流程中控制产品质量的一种手段。

超声波在钢材中的传播特性（如声速、共振频率、衰减特性等）与钢材的弹性模量、

泊松比、晶粒大小，基体同第二相的结合，第二相的数量、大小、形状及分布等因素有关，可以根据超声波在钢材中的传播特性来评估钢材的强度。就碳素钢来说，化学成分、组织状态、组织的均匀度、冶金缺陷等是影响其力学性能的主要因素，对碳素钢的拉伸试样进行超声波无损检验的目的就是把有缺陷的不合格试样筛选出来。利用超声波探伤可以发现试样的冶金缺陷，通过底波的幅度、特征和"杂波"信号可发现晶粒粗大、组织严重不均匀以及偏析和严重的带状组织。对于较严重的非金属夹杂物和孔洞可用频率为 10MHz 的超声波在较高灵敏度下进行探测。

与化学成分分析一样，超声波检验也要使用标准试块。碳素钢拉伸试验超声波无损检验采用 45 钢制作的人工缺陷标准试块和 45 钢、50 钢制作的杂波标准试块。

检验是在 140mm 长试样端面上，相当于拉伸试样取样的位置上进行，用机油作耦合剂，采用直接接触法检测。具有下列情况之一者判为不合格：（1）有明显伤波；（2）杂波幅度超过有关标块规定；（3）不正常的底波减弱或消失。预检不合格试样全面做拉伸试验，预检合格试样，取 5％～10％试样做拉伸试验。

拉伸试验无损预检的优点是方法简单，检测速度快，这使得试样加工、热处理及力学性能试验的工作量大大减少。

（三）板材超声波检测

钢板的缺陷可分为表面缺陷和内部缺陷两大类。表面缺陷主要有裂纹、重皮和折叠；内部缺陷主要有分层和白点（白点多出现于厚板中）。分层主要由板坯中的缩孔残余、气泡和夹杂物等在轧制过程中形成的。钢板中的缺陷大都是平行于表面的片状缺陷，所以通常都采用纵波直探头（单晶片或双晶片探头）在钢板表面进行探测，对于厚钢板，也可用斜探头探测非分层缺陷。

中厚钢板（厚度 6～40mm）超声波检测执行国家标准 GB/T 2970—1991 中厚钢板超声波检验方法。当采用纵波直探头检测时，使用机油为耦合剂以直接接触法耦合在钢板表面进行探测，如图 9-11 所示；当采用加有水套的纵波直探头（单晶片或双晶片探头）检测时，使用水为耦合剂，向水套内冲水以填满探头与钢板之间的间隙进行探测。冲水纵波单晶片直探头，采用高水层耦合，如图 9-12 所示；而冲水纵波双晶片直探头，采用低水层耦合，如图 9-13 所示。

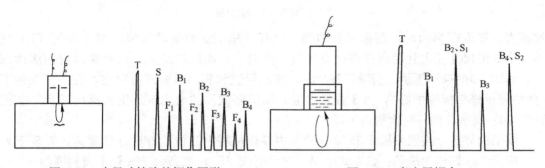

图 9-11　小尺寸缺陷的探伤图形
T—始脉冲；S—延迟块界面波；F—缺陷波；B—底波

图 9-12　高水层耦合
T—始波；B—底面回波；S—水程波

钢板缺陷可根据探伤仪示波屏上的底波、缺陷波的衰减特性来进行判断。当无缺陷时，示波屏上可获得没有规律的底面回波的多次反射，如图 9-14（a）所示；当缺陷尺寸

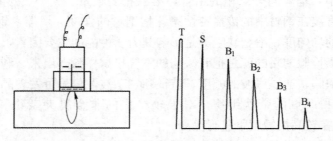

图 9-13　低水层耦合

T—始波；B—底面回波；S—延迟块界面波

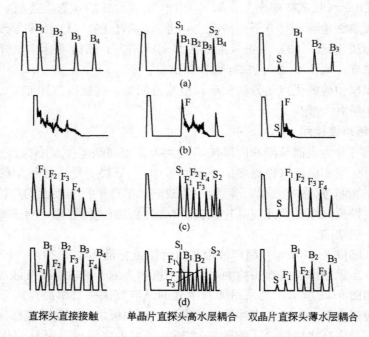

(a)

(b)

(c)

(d)

直探头直接接触　　单晶片直探头高水层耦合　　双晶片直探头薄水层耦合

图 9-14　钢板探伤波形

(a) 无缺陷；(b) 缺陷尺寸较大且接近探测面；(c) 缺陷尺寸较大且距探测面

有一定深度；(d) 缺陷较小

比较大且接近探测面时，底面回波消失，只有一片紊乱的缺陷回波，如图 9-14 (b) 所示；当缺陷尺寸较大且距离探测面有一定深度时，底面回波消失，只有缺陷波的多次回波，如图 9-14 (c) 所示；当缺陷较小时，缺陷回波和底面回波同时存在，在一定条件下（如缺陷正好在板厚中心），由于叠加效应，缺陷多次回波会出现逐渐升高的现象，如图 9-12 (d) 所示，到一定次数再下降。

缺陷的评定，按照 GB/T 2970—1991 中厚钢板超声波检验方法标准规定，发现下列三种情况之一即作为缺陷：(1) 缺陷第一次反射波 (F_1) 波高大于或等于满刻度的 50%；(2) 当底面 (或板端部) 第一次反射波 (B_1) 波高未达到满刻度，此时，缺陷第一次反射波 (F_1) 波高与底面 (或板端部) 第一次反射波 (B_1) 波高之比大于或等于 50%；(3) 当底面 (或板端部) 第一次反射波 (B_1) 消失或波高低于满刻度的 50%。按照 GB/T 2970—1991 标准钢板质量等级如表 9-1 所列。

表 9-1　钢板质量分级

级别	不允许存在的单个缺陷的指示长度 /mm	不允许存在的单个缺陷的指示面积 /cm²	在任一 1m×1m 的检测面积内不允许存在的缺陷面积 /%	以下单个缺陷指示面积不计 /cm²
Ⅰ	≥100	≥25	>3	<9
Ⅱ	≥100	≥100	>5	<15
Ⅲ	≥120	≥100	>10	<25

六、超声波探伤设备

超声波探伤设备主要包括超声波探伤仪、探头和试块。

（一）超声波探伤仪

超声波探伤仪的作用是产生振荡，并使其施加于换能器（探头）上，激励探头发射超声波，同时将探头送回的电信号进行放大并显示出来，从而得到被检工件内部有无缺陷及缺陷位置和大小的信息。

超声波探伤仪种类很多，常见的有以下几种：

1. 按超声波的连续性分类

（1）脉冲波探伤仪　这种探伤仪通过探头向工件周期地发射不连续且频率固定不变的超声波，根据超声波的传播时间及波幅的衰减判断工件中缺陷位置和大小。它是目前使用最广泛的探伤仪。

（2）连续波探伤仪　这种仪器通过探头向工件发射连续且频率不变（或在小范围内周期性变化）的超声波，根据透过工件的超声波强度变化判断工件中有无缺陷及缺陷大小。这种仪器灵敏度低，且不能确定缺陷位置，因而已大多被脉冲探伤仪所取代。但在超声显像及超声共振测厚等方面仍有应用。

（3）调频波探伤仪　这种探伤仪通过探头向工件发射连续的频率周期变化的超声波，根据发射波与反射波的差频变化情况判断工件有无缺陷。以往的调频式路轨探伤仪便采用这种原理。但由于只适宜检查与探测面平行的缺陷，所以这种仪器也大多被脉冲波探伤仪所代替。

2. 按照缺陷显示方式分类

（1）A 型显示探伤仪　A 型显示是一种波形显示，探伤仪荧光屏的横坐标表示声波的传播时间（或距离），纵坐标表示反射波的幅度，由反射波的位置可以确定缺陷位置，由反射波的幅度可以估算缺陷大小，如图 9-15（a）所示。

（2）B 型显示探伤仪　B 型显示是一种图像显示，探伤仪荧光屏的横坐标是靠机械扫描来代表探头

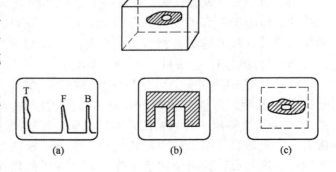

图 9-15　A 型、B 型、C 型显示
(a) A 型显示；(b) B 型显示；(c) C 型显示

的扫查轨迹，纵坐标是靠电子扫描来代表声波的传播时间（或距离），因而可直观地显示出被检工件任一纵截面上缺陷的分布及缺陷的深度，如图 9-15 (b) 所示。

（3）C 型显示探伤仪　C 型显示也是一种图像显示，探伤仪荧光屏的横坐标和纵坐标都是靠机械扫描来代表探头在工件表面的位置。探头接收信号幅度以光点辉度表示，因而，当探头在工件表面移动时，荧光屏上便显示出工件内部缺陷的平面图像，但不能显示缺陷的深度，如图 9-15 (c) 所示。

3. **按超声波的通道分类**

（1）单通道探伤仪　这种仪器由一个或一对探头单独工作，是目前超声波探伤中应用最广泛的仪器。

（2）多通道探伤仪　这种仪器是由多个或多对探头交替工作，每一通道相当于一台单通道探伤仪，适合自动化检测。

目前，检测中广泛使用的超声波探伤仪，如 CTS-8C、CTS-21、CTS-22、JTS-5、CST-3 等都是 A 型显示脉冲反射式探伤仪。此外，数字化超声波探伤仪也大量用于生产检测中，如 THDUT-2、DUT-9586、CTS-2000 型超声波探伤仪。数字化超声波探伤仪是计算机技术和超声波技术相结合的产物，一方面它承袭了常规超声波探伤仪的基本模式和基本功能，同时又具有数据存储和运算功能，实现了探伤过程中的自动判伤、自动读出和显示缺陷的位置与当量值、存储并打印输出探伤报告。不仅解决了超声探伤可记录的问题，而且减少了人为误差，提高了探伤结果的可信性。

（二）探头

超声波探头是电-声转换器，它的作用就是将电能转换为超声能（产生超声波）和将超声能转换为电能（接收超声波）。因此，探头也称为超声换能器或电声换能器。

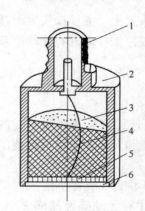

图 9-16　直探头结构
1—接头；2—外壳；3—阻尼块；4—电缆线；5—压电晶片；6—保护膜

超声波探伤用探头的种类很多，根据波形不同分为纵波探头、横波探头、表面波探头、板波探头等。根据耦合方式分为接触式探头和液（水）浸式探头。根据波束分为聚焦探头与非聚焦探头。根据晶片数不同分为单晶探头、双晶探头等。下面简单介绍几种常用的典型探头。

（1）直探头（纵波探头）直探头的结构如图 9-16 所示，主要由压电晶片、保护膜、吸收块、电缆接头和外壳等部分组成。直探头发射和接收纵波，故又称纵波探头。它主要用于探测与探测面平行的缺陷，如板材、锻件的检测。

（2）斜探头　斜探头又可分为纵波斜探头、横波斜探头和表面波斜探头。下面只介绍横波斜探头，图 9-17 为横波斜探头的结构图。如图可知，横波斜探头实际上是直探头加透声斜楔组成，透声斜楔的作用是实现波形转换，使被检工件中只存在折射横波。由于晶片不直接与工件接触，因此斜探头没有保护膜。横波斜探头是利用横波检测，主要用于探

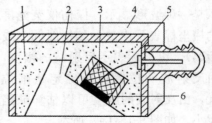

图 9-17　斜探头结构
1—吸声材料；2—斜楔；3—阻尼块；4—外壳；5—电缆线；6—压电晶片

测与探测面垂直或成一定角度的缺陷，如焊缝检测、气轮机叶轮检测等。

（3）双晶探头 双晶探头又称组合式或分割式探头。两块压电晶片装在一个探头架内，一个晶片发射超声波，另一个接收超声波（纵波），其结构如图9-18所示。晶片下的延迟块（有机玻璃或环氧树脂）使声波延迟一段时间后射入工件，从而可检测工件近表面的缺陷，减小了盲区，并可提高分辨率。

（4）水浸探头 水浸探头可浸在水中检测，不与工件接触，其结构与直探头相似，但不需要保护膜，其结构如图9-19所示。

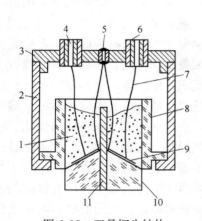

图 9-18 双晶探头结构

1—吸收块；2—金属壳；3—上盖；4—绝缘柱；
5—接地点；6—接触座；7—导线；8—晶片座；
9—晶片；10—延迟块；11—隔声层

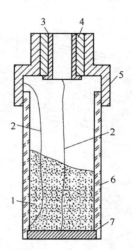

图 9-19 水浸探头

1—吸收块；2—导线；3—接插芯；4—绝缘柱；
5—金属壳；6—晶片座；7—压电晶片

（三）试块

试块和仪器、探头一样，是超声波检测中的重要工具。和金属材料的化学成分分析一样，超声波探伤也需要标准试样，即超声波探伤试块，它是按一定用途设计制作的具有简单几何形状的人工反射体的试样。

试块的种类较多，一种是标准试块，它是由权威机构制定的试块，试块的材质、形状、尺寸及表面状态均由权威部门统一规定；另一种是参考试块，它是由各部门按某些具体检测对象制定的试块。按试块上人工反射体又可分为平底孔试块、横孔试块和槽形试块。一般平底孔试块上加工有底面为平面的平底孔；横孔试块上加工有与探测面平行的长横孔或短横孔；槽形试块上加工有三角尖槽。

超声波探伤时，可采用试块来调整检测灵敏度，灵敏度太高杂波多，判伤困难，太低又会引起漏检。采用试块还可以测试探伤仪和探头的一些重要性能，如垂直线性、水平线性、动态范围、灵敏度余量、分辨率、盲区、探头入射点、K 值等。还可采用试块调整扫描速度，以便对缺陷进行定位，以及评判缺陷的大小等。

第二节 磁 力 探 伤

磁力探伤是在不损坏原材料和制品的前提下，利用材料的铁磁性能以检验其表层中的微小缺陷（如裂纹、夹杂物、折叠等）的一种无损检验方法。这种方法主要用来检验铁磁性材料（铁、镍、钴及其合金）的表面或近表面的裂纹及其缺陷。采用磁力探伤法检测磁性材料的表面缺陷，比采用超声波或射线检测的灵敏度高，而且操作方便、结果可靠、价格便宜。因此，得到了广泛应用。

一、磁力探伤原理

进行磁力探伤时，首先要将被检工件磁化。通常，无缺陷的工件，其磁性分布是均匀的，任何部位的磁导率都相同，因此各个部位的磁通量也很均匀，磁力线通过的方向不会发生变化。如果材料的均匀度受到某些缺陷（如裂纹、孔洞、非磁性夹杂物或其他不均匀组织）的破坏，也即材料中某处的磁导率较低时，通过该处的磁力线就会偏离原来方向，绕过这种磁导率很低的缺陷。这样就会形成局部"漏磁磁场"，而这些漏磁部位便产生弱小磁极（图 9-20）。此时，如果将磁粉喷洒在试件表面上，则有缺陷的漏磁处就会吸收磁粉，且磁粉的堆积与缺陷的大小和形状近似。一般来说，表面缺陷引起的磁漏较强，容易显示出来，而表面下的缺陷所引起的磁漏则较弱，其痕迹也较模糊。为了使磁粉图像便于观察，可以采用与被检工件表面有较大反衬颜色的磁粉，常用的磁粉有黑色、棕色和白色。为了提高检测灵敏度，还可以采用荧光磁粉，在紫外线照射下使之

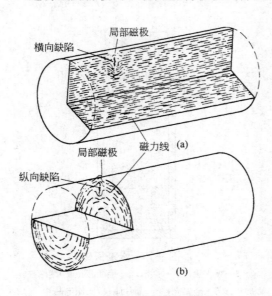

图 9-20 磁力线遇到缺陷而偏离漏到空气中来的示意图
（a）横向缺陷对纵向磁力线的影响；（b）纵向缺陷对周向磁力线的影响

更容易观察到工件中缺陷的存在。目前我国已经有 GB/T 15822—1995 磁粉探伤方法、GB/T 9444—1988 铸钢件磁粉探伤及质量评级方法和 GB/T 10121—1988 钢材塔形发纹磁粉检验方法等磁粉探伤标准。

工件磁化后，如果采用探测元件检测漏磁磁场来发现缺陷的电磁检验方法称为漏磁探伤。当位于工件表面并与工件作相对运动的探测元件拾取漏磁场，将其转换成缺陷电信号时，通过探头可得到反映缺陷的信号，从而对缺陷进行判定处理。此方法操作便捷，灵敏度高，目前已有 GB/T 12606—1999 钢管漏磁探伤方法国家标准。下面重点介绍磁力探伤方法。

二、磁力探伤方法

（一）工件磁化方法

磁力探伤首先应将工件磁化，工件磁化时，应使磁场方向尽可能与缺陷的方向垂直，而工件中的缺陷可能有各种取向，因此，需要在工件上建立有可能与缺陷方向垂直的磁场。常用的磁化方法有两种：一种是周向磁化，即对工件直接通电，或者使电流通过贯穿

工件中心孔的导体，目的是在工件中建立一个环绕工件的并与工件轴垂直的闭合磁场，周向磁化主要用于发现与工件平行的缺陷，如图 9-21、图 9-22、图 9-23 所示；另一种是纵向磁化，即将电流通过环绕工件的线圈，使工件沿轴向磁化的方法，工件中的磁力线平行于线圈的轴心线，纵向磁化主要用于发现与工件轴垂直的缺陷，如图 9-24、图 9-25 所示。此外还有复合磁化方法，即同时使工件中产生互相垂直的两种磁场——纵向磁场和周向磁场。在此情况下，试件沿这两种磁场的矢量和的方向磁化。改变其中一种磁场的强度就可以改变复合磁化的方向，这样就可不必将工件取下而能够检验任何方位的缺陷，如图 9-26 所示。

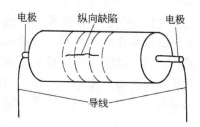

图 9-21 使电流直接通过试件的周向磁化

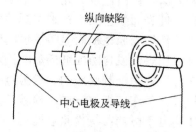

图 9-22 使电流通过贯穿试件中心的导体的周向磁化

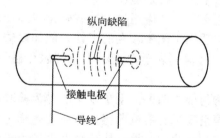

图 9-23 用电极刺压法使大型试件局部磁化

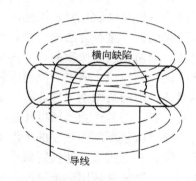

图 9-24 用线圈使试件纵向磁化

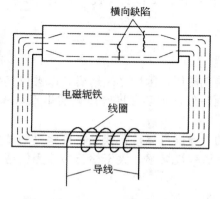

图 9-25 用轭铁使试件纵向磁化

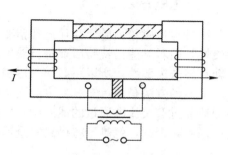

图 9-26 复合磁化方法

各种强电流低电压的交流或直流电均可用做磁化电流。视检验条件和要求的不同，可以用变压器、蓄电池或整流器作为电源。不同类型的磁粉探伤机采用的磁化电流如下，固定式磁粉探伤机磁化电流一般为 4000~6000A 的交流电或直流电，最高可达 20000A；移动式磁粉探伤机磁化电流为 1500~4000A 的半波整流电或交流电；可携带手提式磁粉探伤机磁化电流一般为 750~1500A 的半波整流电或交流电。如果磁化电流不够强，则缺陷的显示就不明显，反之，若电流太强，则工件会过度饱和，整个工件表面都将吸引磁粉而影响缺陷的辨别。

（二）磁粉、磁悬浮液

磁粉是粒度约为 200 目的磁性粉末，它具有高磁导率和低矫顽力。常用的有黑色、棕色和表面涂有银白色或荧光物质的磁粉，一般为铁的磁性氧化物 r-Fe$_2$O$_4$ 和 Fe$_3$O$_4$ 粉末，可根据工件表面颜色的不同来选择使用。检验表面光滑的试件时多半使用黑色磁粉；检验锻件、铸件等表面粗糙而呈暗黑色的试件时，使用红色磁粉易比较明显地显示缺陷等。

可以用煤油或含防蚀剂的油酸钠水溶液当做悬浮液。磁悬浮液是将适量的磁粉均匀地混拌在悬浮液中配制而成的。检验重要部件时每 1L 煤油中要加入磁粉约 10g，检验时间需要长些，工作应细致一些。检验其他材料时，可以增加到每 1L 煤油加磁粉 30g。检验前应使用电动搅拌器将检验液搅动，使之保持均匀。

（三）检验方法

按照磁化和喷射磁粉的时间关系，可分为连续法和不连续法。连续法是在喷射磁粉的同时使试件通电磁化。采用此法时，需待工件上所喷射的磁悬浮液的流动基本停止后再切断磁化电流，这种方法的特点是充磁时间长，磁化效果好，特别适用于剩磁比较小的工件材料，检验灵敏度比较高。不连续法又叫剩磁法。它是先将电流通过试件或磁化线圈使试件磁化，然后停止通电，喷射磁粉，进行检验。此法适用于剩磁较大的工件，例如高碳钢或经热处理的结构钢工件，特别是批量小件。通常，材料的剩磁总是小于它的磁化磁场，因此，剩磁法的检测灵敏度比连续法低。

按照检验所用的磁粉的干湿不同，则可分为干法与湿法两种。干法以干磁粉为检验媒质，检验时，用橡胶球喷射器或其他装置如低压压缩空气机、喷枪等将干磁粉喷射到工件表面上。湿法是使用磁悬浮液，首先将磁悬浮液放在搅拌箱中搅拌，使悬浮液中的磁粉均匀分布，然后经油泵和喷嘴喷射到试件表面上，现代工厂中应用的磁粉探伤机大多使用湿法。磁悬浮液具有良好的流动性，因此能同时显示工件整个表面上的微小缺陷。操作简便、灵敏度高，此法应用广泛。

三、退磁方法

试件经过磁粉检验，往往因残留剩余磁性而妨碍其使用，因此必须退磁，以去掉其剩余磁性。但对某些在检验后要进行热处理的试件，当热处理加热温度超过其居里点（A$_2$）时即自然失去磁性，所以不必单独退磁。

退磁的方法是使反复改变方向而强度逐渐减小的电流通过试件，或是将检验过的试件缓慢地穿过有交流电通过的线圈中心。退磁的起始电流强度必须较大于检验时使用的磁化电流强度，否则，就难于将剩磁完全退掉。

四、结果评定

试验完毕后，应记录磁痕的形状、大小和部位，必要时还可以用宏观照相或采用复印的方法把磁痕记录下来。然后根据缺陷磁痕的特征鉴别缺陷的种类。GB/T 15822—1995 磁粉探伤方法标准中把缺陷磁痕分为四类。

（1）裂缝状磁痕　呈线状或树枝状、轮廓清晰的磁粉痕迹。

（2）独立分散状缺陷磁痕　呈分散的单个缺陷磁痕，其中又可分为两种，一种是线状缺陷磁痕，其长度为宽度3倍以上的缺陷磁痕；另一种是除线状缺陷磁痕以外的缺陷磁痕称为圆状缺陷磁痕。

（3）连续状缺陷磁痕　多个缺陷磁痕大致在同一直线上连续存在，其间距又小于2mm时，可将缺陷磁痕长度和间距加在一起看作是一个连续的缺陷磁痕。

（4）分散状缺陷磁痕　在一定面积内多个缺陷分散存在的磁痕。

采用磁粉进行检验时，若操作正确，便能真实地显示出表面层中缺陷的形状和大小。但应注意的是，有时由于操作不当而出现假象。如在磁化时，试件表面被其他磁性材料碰划，喷射磁粉后，磁粉即聚集在碰划处，即出现所谓"磁泻"，或磁化电流过强所显出的流线等。当对检验结果产生疑问时，应将试件完全退磁，再重新磁化进行检验。

第三节　射　线　探　伤

应用X射线或γ射线透照或透视的方法来检验成品和半成品中的内部宏观缺陷，统称为射线探伤。采用这种方法检验金属制件中的内部缺陷，主要是利用射线通过制件后，射线强度将有不同程度的减弱，根据减弱的情况，可以判断缺陷的部位、形状、大小和严重性等。

一、射线探伤原理

X射线和γ射线与可见光及无线电波一样，均属于电磁波，其本质相同，具有相同的传播速度，但频率与波长则不同，射线的波长短、频率高。X射线是由一种特制的X射线管产生的，从阴极灯丝发射的高速电子撞击到阳极靶上，部分电子在原子核场中受到急剧阻止，使内层电子跃迁而产生X射线。γ射线是由放射性同位素（例如钴60、铱192、铯137、铥170等）产生的，放射性同位素是一种不稳定的同位素，处于激发态，其原子核的能级高于基级，它必然要向基级转变，同时释放出γ射线。

X射线和γ射线都具有穿透物质的能力。能量较大（波长较短）的射线穿透物质时被吸收较少，叫做硬辐射（或称硬射线）；能量较小（波长较长）的射线穿透物质时被吸收较多，叫做软辐射（或称软射线），γ射线一般属于硬射线范围。射线穿透物质时能量的损失称为能量衰减。能量的衰减主要是形成了光电子（光电效应）而吸收了射线的能量，其次是由于弹性碰撞（即所谓汤姆逊效应）和非弹性碰撞（即康普顿-吴有训效应）引起的射线能量的吸收和散射，此外由于电子对的形成也要吸收射线的能量。

射线探伤是利用其穿透物质时能量衰减的原理来发现和测定材料缺陷的。射线透过物质时部分射线的能量被吸收，其强度将依下列指数定律减弱

$$I = I_0 e^{-\mu d} \tag{9-6}$$

式中，I_0 和 I 分别为入射射线和透射射线的强度；e为自然对数底；d 为物体厚度；μ 为射线在物质中的衰减系数。射线通过物质时的减弱，是由两个不同过程所引起的：一种过

程是真正地被吸收，转变为热、产生荧光射线和光电子等效应；另一种过程是被散射，方向改变，而没有真正地被吸收。因此，μ可写成

$$\mu = \tau + \sigma \qquad (9\text{-}7)$$

式中，τ为吸收系数；σ为散射系数。对于由一定化学元素所组成的物质和一定波长的射线，μ为一常数。但μ与所通过的物质有关，密度越大，μ也越大。因此可采用另一个物质量，即

$$\mu_m = \frac{\mu}{\rho} = \frac{\tau}{\rho} + \frac{\sigma}{\rho} = \tau_m + \sigma_m \qquad (9\text{-}8)$$

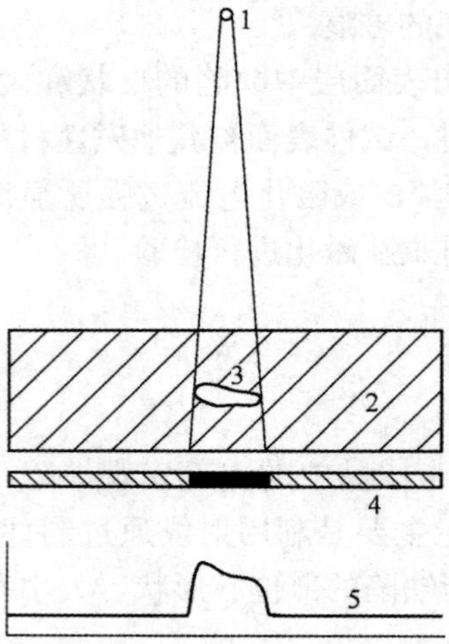

式中，ρ为物质密度；μ_m、τ_m、σ_m分别为物质的质量衰减系数、质量吸收系数和质量散射系数。τ_m的数值与射线的波长λ及物质的原子序数Z间有如下关系

$$\tau_m = C\lambda^3 Z^3 \qquad (9\text{-}9)$$

式中，C为一常数。在射线探伤工作中，主要是利用物质对射线的吸收这一性能。物质对射线的散射，对探伤工作不仅无益，反而有不利的影响。不过在一般金属探伤情况下，σ_m远小于τ_m，因而散射的影响可以略而不计。

图 9-27　射线透照探伤示意图

射线探伤就是利用射线通过物质被不同程度的吸收这一原理，来检验金属制件中的缺陷的。探伤过程可以用图9-27来简要地加以说明。图中1为射线源，2为被检验物体，3为物体内缺陷（气孔），4为照相底片，5为透照到底片上的射线的强度或感光并冲洗后底片的黑度。显然，被检验物体中的缺陷的类型、形状、大小和部位等，可以从底片上的影子加以判别。

二、射线探伤设备

（一）X射线探伤设备

X射线探伤设备采用X射线机，按其结构形式大致可分为两大类：移动式X射线机和携带式X射线机。

移动式X射线机的管电压可达420kV，X射线管放在充满冷却、绝缘油的管头内，高压发生器用油浸在高压柜内，X射线管用强制循环油冷却。移动式X射线机的体积和重量一般都比较大，适用于实验室、车间等固定场所，可用于透照比较厚的工件。

携带式X射线机的管电压一般可达300kV，它的X射线管和高压发生器放在一起，没有高压电缆和整流装置，因此体积小、重量轻，适用于流动性检验或对大型设备的现场探伤。

X射线机也可按射线束辐射方向分为定向辐射和周向辐射两种。其中周向辐射X射线机特别适用于管道、锅炉和压力容器的环形焊缝检测。

（二）γ射线探伤设备

γ射线机按其结构形式分为携带式、移动式和爬行式三种：携带式γ射线机大多采用铱192作射线源；移动式γ射线机大多采用钴60作射线源；爬行式γ射线机用于野外焊

接管线的检测。γ射线机一般由射线源、屏蔽体、驱动缆、连接器和支承装置等组成。为了减少散射线，铱 192 和钴 60 产品附有各种钨合金光栏，可装在放射源容器上或装在放射源导管末端。目前采用的贮源器大多是用贫化铀制成。

三、射线检测方法

目前所采用的射线检验方法很多，根据测定和记录射线强度方法的不同，通常有照相法、荧光显示法、电视观察法、电离法和发光晶体记录法等。

（一）照相法

照相法是目前最普遍使用的记录方法。射线透过试件时，装有软片的暗盒在一定的时间内（曝光时间）受到射线的作用，软片再经过显影和定影后，就成为摄有检验材料内部缺陷的底片。

用照相法在软片上透射记录材料缺陷时，要想获得很高的灵敏度，必须力求获得底片上的最大反差。底片上图像的反差指的是底片上各部分的黑度差，这种黑度差的大小即表明衬度大小。衬度系数大的软片，照相底片上缺陷与基体金属黑度差大，缺陷影像明显，反之则不明显，所以衬度系数高的感光底片透照灵敏度高。射线底片的衬度除与软片种类有关外，还与显影液的成分有很大关系，如高衬度显影液可获得高衬度的照相底片。照相法就是根据底片影像来确定被透照材料内部是否存在缺陷。

（二）荧光显示法

通过被检工件的射线照射到荧光屏上而显示被检工件内部缺陷，并用肉眼直接观察缺陷图像的方法称为荧光显示法。荧光显示法目前多应用于 X 射线探伤。荧光屏上各点的亮度与落在这些点上的射线强度成正比。用肉眼观察时，为了获得可见图像，荧光屏应当发出较多的可见光。这种屏通常称作透视屏，以区别于使软片感光的增感屏。透视屏绝大多数是用以银作激活剂的硫化锌镉［ZnCdS（Ag）］制成，其外观呈黄绿色，而用钨酸钙（CaWO$_4$）制成的增感屏则呈纯白色。用肉眼观察时，屏上的缺陷处是光亮的，无缺陷处则呈暗黑色。

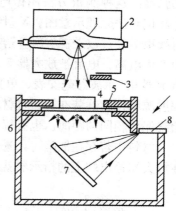

图 9-28　观察用的透视箱示意图
1—X 射线管；2—防护罩；3—铅遮光板；
4—工件；5—透视屏；6—透视箱；
7—平面镜；8—铅玻璃

为了便于观察，通常使用一种专用设备——透视箱来进行透视观察，其结构如图 9-28 所示。透视箱的 X 射线管装在防护罩 2 中。X 射线从射线管阳极通过防护罩和铅遮光板 3 的孔落在被透照工件 4 上。透视屏 5 直接置于工件下方，屏的发光层朝下。因 X 射线作用而产生的荧光投射到木箱 6 内的镜子 7 上。木箱内壁包着能完全吸收散辐射的铅皮。通过铅玻璃 8 可以见到镜上反射出来的图像。使用透视箱时，观察人员不在直射光束和散辐射的照射下工作，显然比直接观察图像更为安全。肉眼观察到的透照图像可用照相机从透视屏上摄取，以作为进一步分析的技术资料用。很明显，肉眼观察法有严重的缺点，即与照相法相比，灵敏度较小，而且需要配备使观察人员免受直接辐射作用的专用防护设备；此外，观察图像应在肉眼能适应的暗黑的地方进行；肉眼观察法不适合透视很厚的金属（轻

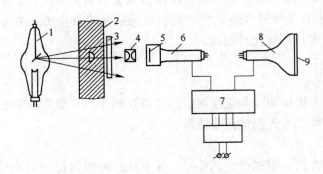

图 9-29　电视观察原理图

1—X 射线管；2—试样；3—荧光屏；4—物镜；5—阴极；6—电视
机传送管；7—放大转换器；8—电子显像管；9—荧光屏

合金不能厚于 50mm）；X 射线的强大射源（例如电子感应加速器）的一次射线和散射线太强，对观察人员身体有害，肉眼不能直接观察。

肉眼观察法尽管存在上述一些缺点，但其所需的透照时间较短，因而仍经常用于检查工业中许多成批的轻合金制件和其他薄钢件，以及可以用来对许多工件及整条焊缝进行全面检查。

（三）电视观察法

图 9-29 所示为用电视装置在电视屏上观察图像的原理图。X 射线管 1 发出的 X 射线通过透视物 2，作用于荧光屏 3 上，使荧光屏发光。屏上亮度较弱的图像被集光能力较强的物镜 4 所接受，落在电视机传送管 6 的阴极 5 上。荧光屏 3 上的光学图像经电视传送管 6 转换为电子图像。最后在电子显像管的荧光屏 9 上可以观察到透照图像。

（四）电离记录法

当用放射性示踪原子进行工作以及用 X 射线或 γ 射线探伤时，广泛使用电离箱和计数器测量电离辐射的强度。这种测量方法叫做电离法。图 9-30 为透视电离记录法原理示意图。X 射线或 γ 射线源 1 发出的射线束 7 经过被透视材料 2 落在电离仪器 4 上，仪器便产生电离，电流被放大器 5 放大。放大器输出端接指示器 6。示波器毫安表、单独脉冲机械计数器、声响或光信号装置等都可作为指示器。辐射源和接收器装在被透视材料的两边，它们与被透视物表面同时平行移动，并与该表面始终保持相同的距离。也有辐射源和接收器是固定的，只移动被透视物。

材料中若存在缺陷时，透过缺陷的射线强度较大，接收器内的电离电流增加，因而接在放大器输出端上的指示器就指出了材料中存在缺陷。电离法还可以测定材料的绝对或相对厚度。

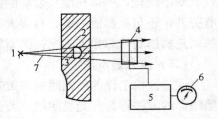

图 9-30　电离记录法示意图

1—射线源；2—工件；3—缺陷；4—电离仪器；5—放大器；6—指示器；7—射线束

（五）发光晶体记录法

图 9-31 为发光晶体记录法的示意图。由射线源 1 发出的射线束 2 经过被照物 3 落在不透光装置 10 内的发光晶体上。在发光晶体上引起的闪烁频率通常与落在晶体上的辐射强度成正比。通过缺陷处的辐射强度大，而无缺陷处则较小。晶体与光电管或光电倍增管 6 接触。在闪烁时发出的光的作用下，光电管形成电脉冲，这些脉冲用放大器 8 放大，经检波后输送

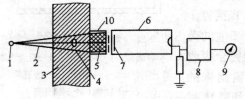

图 9-31　发光晶体记录法示意图

1—射线源；2—射线束；3—工件；4—缺陷；
5—发光晶体；6—光电倍增管；7—感光板；
8—放大器；9—指示器；10—不透光装置

222

给指示器或电子管伏特计 9。

用铊激活的碘化钠以及用铊激活的碘化钾、碘化铯晶体等都是受 X 射线和 γ 射线激发可以发光的物质（磷光物质）。这些晶体的透明度良好，密度大，晶体内物质的原子序数适中，所需的光谱范围内发光率大。

与电离记录法相比较，用发光晶体记录的探伤仪体积小，灵敏度高，能测出辐射强度的微小差别。由于闪烁发光时间短（$10^{-6} \sim 10^{-3}$ s），而且使闪光转变为脉冲的光电倍增管的惯性小，仪器内的电流随晶体上的辐射强度（频率为 $10^{5} \sim 10^{6}$/s 脉冲）的增加而线性地增大，这些都是发光晶体记录法的优点。

附　录

附表 1　钢的检验标准汇总

A　化学分析方法标准

标　准　号	标　准　名　称
GB/T 222—1984	钢的化学分析用试样取样法及成品化学成分允许偏差
GB/T 223.3—1988	二安替比林甲烷磷钼酸重量法测定磷量
GB/T 223.4—1988	硝酸铵氧化容量法测定锰量
GB/T 223.5—1997	还原型硅钼酸盐光度法测定酸溶硅含量
GB/T 223.6—1994	中和滴定法测定硼量
GB/T 223.7—1999	三氯化钛-重铬酸钾滴定法测定铁粉中的铁含量
GB/T 223.8—1991	氟化钠分离-EDTA 容量法测定铝量
GB/T 223.9—1989	铬天青 S 光度法测定铝量
GB/T 223.10—1991	铜铁试剂分离-铬天青 S 光度法测定铝量
GB/T 223.11—1991	过硫酸铵氧化容量法测定铬量
GB/T 223.12—1991	碳酸钠分离-二苯碳酰二肼光度法测定铬量
GB/T 223.13—1989	硫酸亚铁铵容量法测定钒量
GB/T 223.14—1989	钽试剂萃取光度法测定钒量
GB/T 223.15—1982	重量法测定钛
GB/T 223.16—1991	变色酸光度法测定钛量
GB/T 223.17—1989	二安替比林甲烷光度法测定钛量
GB/T 223.18—1994	硫化硫酸钠分离-碘量法测定铜量
GB/T 223.19—1989	新亚铜灵-三氯甲烷萃取光度法测定铜量
GB/T 223.20—1994	电位滴定法测定钴量
GB/T 223.21—1994	5-Cl-PADAB 分光光度法测定钴量
GB/T 223.22—1994	亚硝基 R 盐分光光度法测定钴量
GB/T 223.23—1994	丁二酮肟分光光度法测定镍量
GB/T 223.24—1994	萃取分离-丁二酮肟分光光度法测定镍量
GB/T 223.25—1994	丁二酮肟重量法测定镍量
GB/T 223.26—1989	硫氰酸盐直接光度法测定钼量
GB/T 223.27—1994	硫氰酸盐-乙酸丁酯萃取分光光度法测定钼量
GB/T 223.28—1989	α-安息香肟重量法测定钼量
GB/T 223.29—1984	载体沉淀-二甲酚橙光度法测定铅量
GB/T 223.30—1994	对溴苦杏仁酸沉淀分离-偶氮胂Ⅲ分光光度法测定锆量
GB/T 223.31—1994	蒸馏分离-钼蓝分光光度法测定砷量
GB/T 223.32—1994	次磷酸钠还原-碘量法测定砷量
GB/T 223.33—1994	萃取分离-偶氮氯膦 mA 分光光度法测定铈量
GB/T 223.34—2000	铁粉中盐酸不溶物的测定
GB/T 223.35—1985	脉冲加热惰气熔融库仑滴定法测定氧量
GB/T 223.36—1994	蒸馏分离-中和滴定法测定氮量
GB/T 223.37—1989	蒸馏分离-靛酚蓝光度法测定氮量

标　准　号	标　准　名　称
GB/T 223.38—1985	离子交换分离-重量法测定铌量
GB/T 223.39—1994	氯磺酚 S 光度法测定铌量
GB/T 223.40—1985	离子交换分离-氯磺酚 S 光度法测定铌量
GB/T 223.41—1985	离子交换分离-连苯三酚光度法测定钽量
GB/T 223.42—1985	离子交换分离-溴邻苯三酚红光度法测定钽量
GB/T 223.43—1994	钨的测定　第一篇　辛可宁重量法
GB/T 223.44—1994	钨的测定　第二篇　氯化四苯胂-硫氰酸盐-三氯甲烷萃取分光光度法
GB/T 223.45—1994	铜试剂分离-二甲苯胺蓝Ⅱ光度法测定镁量
GB/T 223.46—1989	火焰原子吸收光谱法测定镁量
GB/T 223.47—1994	载体沉淀-钼蓝光度法测定锑量
GB/T 223.48—1985	半二甲酚橙光度法测定铋量
GB/T 223.49—1994	萃取分离-偶氮氯膦 mA 分光光度法测定稀土总量
GB/T 223.50—1994	苯基荧光铜-溴化十六烷基三甲胺直接光度法测定锡量
GB/T 223.51—1987	5-Br-PADAP 光度法测定锌量
GB/T 223.52—1987	盐酸羟胺-碘量法测定硒量
GB/T 223.53—1987	火焰原子吸收分光光度法测定铜量
GB/T 223.54—1987	火焰原子吸收分光光度法测定镍量
GB/T 223.55—1987	示波极谱（直接）法测定碲量
GB/T 223.56—1987	巯基棉分离-示波极谱法测定碲量
GB/T 223.57—1987	萃取分离-吸附催化极谱法测定镉量
GB/T 223.58—1987	亚砷酸钠-亚硝酸钠滴定法测定锰量
GB/T 223.59—1987	锑磷钼蓝光度法测定磷量
GB/T 223.60—1997	高氯酸脱水重量法测定硅量
GB/T 223.61—1988	磷钼酸铵容量法测定磷量
GB/T 223.62—1988	乙酸丁酯萃取光度法测定磷量
GB/T 223.63—1988	高碘酸钠（钾）光度法测定锰量
GB/T 223.64—1988	火焰原子吸收光谱法测定锰量
GB/T 223.65—1988	火焰原子吸收光谱法测定钴量
GB/T 223.66—1989	硫氰酸盐-盐酸氯丙嗪-三氯甲烷萃取光度法测定钨量
GB/T 223.67—1989	还原蒸馏-次甲基蓝光度法测定硫量
GB/T 223.68—1997	管式炉内燃烧后碘酸钾滴定法测定硫量
GB/T 223.69—1997	管式炉内燃烧后气体容量法测定碳量
GB/T 223.70—1989	邻二氮杂菲分光光度法测定铁量
GB/T 223.71—1997	管式炉内燃烧后重量法测定碳量
GB/T 223.72—1991	氧化铝色层分离-硫酸钡重量法测定硫量
GB/T 223.73—1991	三氯化钛-重铬酸钾容量法测定铁量
GB/T 223.74—1997	非化合碳含量的测定
GB/T 223.75—1991	甲醇蒸馏-姜黄素光度法测定硼量
GB/T 223.76—1994	火焰原子吸收光谱法测定钒量
GB/T 223.77—1994	火焰原子吸收光谱法测定钙量
GB/T 223.78—2000	姜黄素直接光度法测定硼含量
GB/T 1467—1978	冶金产品化学分析方法标准的总则及一般规定
GB/T 2595—1981	冶金分析化学实验室安全技术标准
GB/T 4336—2002	碳素钢和中低合金钢火花源原子发射光谱分析方法（常规法）

标　准　号	标　准　名　称
GB/T 7728—1987	冶金产品化学分析　火焰原子吸收光谱法通则
GB/T 7729—1987	冶金产品化学分析　分光光度法通则
GB/T 11170—1989	不锈钢的光电发射光谱分析方法
GB/T 11261—1989	高碳铬轴承钢化学分析法　脉冲加热惰性气体熔融-红外线吸收法测定氧量
GB/T 14203—1993	钢铁及合金光电发射光谱分析法通则

B　宏观试验方法标准

标　准　号	标　准　名　称
GB/T 226—1991	钢的低倍组织及缺陷酸蚀检验法
GB/T 1814—1979	钢材断口检验法
GB/T 1979—2001	结构钢低倍组织缺陷评级图
GB/T 2971—1982	碳素钢和低合金钢断口检验方法
GB/T 4236—1984	钢的硫印检验方法
GB/T 10121—1988	钢材塔形发纹磁粉检验方法
GB/T 14999.1—1994	高温合金棒材纵向低倍组织酸浸试验法
GB/T 14999.2—1994	高温合金横向低倍组织酸浸试验法
GB/T 14999.3—1994	高温合金棒材纵向断口试验法
GB/T 14999.4—1994	高温合金显微组织试验法
GB/T 14999.5—1994	高温合金低倍、高倍组织标准评级图谱
GB/T 15711—1995	钢材塔形发纹酸浸检验法
YB/T 153—1999	优质碳素结构钢和合金结构钢连铸方坯低倍组织缺陷评级图
YB/T 4002—1991	连铸钢方坯低倍组织缺陷评级图
YB/T 4003—1997	连铸钢板坯低倍组织缺陷评级图

C　金相试验方法标准

标　准　号	标　准　名　称
GB/T 224—1987	钢的脱碳层深度测定法
GB/T 4335—1984	低碳钢冷轧薄板铁素体晶粒度测定法
GB/T 4462—1984	高速工具钢大块碳化物评级图
GB/T 6401—1986	铁素体奥氏体型双相不锈钢中 α-相面积含量金相测定法
GB/T 10561—1989	钢中非金属夹杂物显微评定方法
GB/T 11354—1989	钢铁零件　渗氮层深度测定和金相组织检验
GB/T 13298—1991	金属显微组织检验方法
GB/T 13299—1991	钢的显微组织评定方法
GB/T 13302—1991	钢中石墨碳显微评定方法
GB/T 13305—1991	奥氏体不锈钢中 α-相面积含量金相测定法
GB/T 14979—1994	钢的共晶碳化物不均匀度评定法
GB/T 15749—1995	定量金相手工测定方法
YB/T 169—2000	高碳钢盘条索氏体含量金相检测方法
YB/T 4052—1991	高镍铬无限冷硬离心铸铁轧辊金相检验
YB/T 5148—1993	金属平均晶粒度测定法
JB/T 5069—1991	钢铁零件渗金属层金相检验方法
JB/T 5074—1991	低、中碳钢球化体评级
JB/T 6141.1—1992	重载齿轮　渗碳层球化处理后金相检验

标 准 号	标 准 名 称
JB/T 6141.2—1992	重载齿轮 渗碳质量检验
JB/T 6141.3—1992	重载齿轮 渗碳金相检验
JB/T 6141.4—1992	重载齿轮 渗碳表面碳含量金相判别法
JB/T 7709—1995	渗硼层显微组织、硬度及层深检测方法
JB/T 7710—1995	薄层碳氮共渗或薄层渗碳钢件显微组织检测
JB/T 7713—1995	高碳高合金钢制冷作模具显微组织检验
JB/T 8420—1996	热作模具钢显微组织评级
JB/T 9204—1999	钢件感应淬火金相检验
JB/T 9205—1999	珠光体球墨铸铁零件感应淬火金相检验
JB/T 9206—1999	钢铁热浸铝工艺及质量检验
JB/T 9211—1999	中碳钢与中碳合金结构钢马氏体等级

D 力学试验方法标准

标 准 号	标 准 名 称
GB/T 228—2002	金属材料 室温拉伸试验方法
GB/T 229—1994	金属夏比缺口冲击试验方法
GB/T 230.1—2004	金属洛氏硬度试验 第1部分：试验方法(A、B、C、D、E、F、G、H、K、N、T标尺)
GB/T 230.2—2004	金属洛氏硬度试验 第2部分：硬度计的检验与标准
GB/T 230.3—2004	金属洛氏硬度试验 第3部分：标准硬度块的标定
GB/T 231.1—2002	金属布氏硬度试验 第1部分：试验方法
GB/T 231.2—2002	金属布氏硬度试验 第2部分：硬度计的检验与标准
GB/T 231.3—2002	金属布氏硬度试验 第3部分：标准硬度块的标定
GB/T 1172—1999	黑色金属硬度及强度换算值
GB/T 2038—1991	金属材料延性断裂韧度 J_{IC} 试验方法
GB/T 2039—1997	金属拉伸蠕变及持久试验方法
GB/T 2107—1980	金属高温旋转弯曲疲劳试验方法
GB/T 3075—1982	金属轴向疲劳试验方法
GB/T 3808—2002	摆锤式冲击试验机的检验
GB/T 4157—1984	金属抗硫化物应力腐蚀开裂恒负荷拉伸试验方法
GB/T 4158—1984	金属艾氏冲击试验方法
GB/T 4160—1984	钢的应变时效敏感性试验方法（夏比冲击法）
GB/T 4161—1984	金属材料平面应变断裂韧度 K_{IC} 试验方法
GB/T 4337—1984	金属旋转弯曲疲劳试验方法
GB/T 4338—1995	金属材料 高温拉伸试验
GB/T 4340.1—1999	金属维氏硬度试验 第1部分：试验方法
GB/T 4340.2—1999	金属维氏硬度试验 第2部分：硬度计的检验
GB/T 4340.3—1999	金属维氏硬度试验 第3部分：标准硬度块的标定
GB/T 4341—2001	金属肖氏硬度试验方法
GB/T 5027—1999	金属薄板和薄带塑性应变比（γ值）试验方法
GB/T 5028—1999	金属薄板和薄带拉伸应变硬化指数（n值）试验方法
GB/T 6396—1995	复合钢板力学及工艺性能试验方法
GB/T 6398—2000	金属材料疲劳裂纹扩展速率试验方法
GB/T 6400—1986	金属丝材和铆钉的高温剪切试验方法
GB/T 6803—1986	铁素体钢的无塑性转变温度落锤试验方法

标 准 号	标 准 名 称
GB/T 7314—1987	金属压缩试验方法
GB/T 7732—1987	金属板材表面裂纹断裂韧度 K$_{IC}$试验方法
GB/T 7733—1987	金属旋转弯曲腐蚀疲劳试验方法
GB/T 8358—1987	钢丝绳破断拉伸试验方法
GB/T 8363—1987	铁素体钢落锤撕裂试验方法
GB/T 8640—1988	金属热喷涂层表面洛氏硬度试验方法
GB/T 8641—1988	热喷涂层抗拉强度的测定
GB/T 8642—1988	热喷涂层结合强度的测定
GB/T 10120—1996	金属应力松弛试验方法
GB/T 10128—1988	金属室温扭转试验方法
GB/T 10622—1989	金属材料滚动接触疲劳试验方法
GB/T 10623—1989	金属力学性能试验术语
GB/T 12160—2002	单轴试验用引伸计的标定
GB/T 12347—1996	钢丝绳弯曲疲劳试验方法
GB/T 12443—1990	金属扭应力疲劳试验方法
GB/T 12778—1991	金属夏比冲击断口测定方法
GB/T 13222—1991	金属热喷涂层剪切强度的测定
GB/T 13239—1991	金属低温拉伸试验方法
GB/T 13321—1991	钢铁硬度 锉刀检验方法
GB/T 14452—1993	金属弯曲力学性能试验方法
GB/T 15248—1994	金属材料轴向等幅低循环疲劳试验方法
GB/T 15481—2000	检测和校准实验室能力的通用要求
GB/T 17394—1998	金属里氏硬度试验方法
GB/T 17600.1—1998	钢的伸长率换算 第 1 部分：碳素钢和低合金钢
GB/T 17600.2—1998	钢的伸长率换算 第 2 部分：奥氏体钢
GB/T 18449.1—2001	金属努氏硬度试验 第 1 部分：试验方法
GB/T 18449.2—2001	金属努氏硬度试验 第 2 部分：硬度计的检验
GB/T 18449.3—2001	金属努氏硬度试验 第 3 部分：标准硬度块的标定
GB/T 18658—2002	摆锤式冲击试验机检验用夏比 V 形缺口标准试样

E 工艺性能试验方法标准

标 准 号	标 准 名 称
GB/T 225—1988	钢的淬透性末端淬火试验方法
GB/T 227—1991	工具钢淬透性试验方法
GB/T 232—1999	金属材料 弯曲试验方法
GB/T 233—2000	金属材料 顶锻试验方法
GB/T 235—1999	金属材料 厚度等于或小于 3mm 薄板和薄带 反复弯曲试验方法
GB/T 238—1984	金属线材反复弯曲试验方法
GB/T 239—1999	金属线材扭转试验方法
GB/T 241—1990	金属管液压试验方法
GB/T 242—1997	金属管 扩口试验方法
GB/T 244—1997	金属管 弯曲试验方法
GB/T 245—1997	金属管 卷边试验方法
GB/T 246—1997	金属管 压扁试验方法

标 准 号	标 准 名 称
GB/T 2976—1988	金属线材缠绕试验方法
GB/T 4156—1984	金属杯突试验方法（厚度 0.2～2mm）
GB/T 12444.1—1990	金属磨损试验方法　MM 型磨损试验
GB/T 12444.2—1990	金属磨损试验方法　环块型磨损试验
GB/T 17104—1997	金属管　管环拉伸试验方法
YB/T 5001—1993	薄板双层咬合弯曲试验方法
YB/T 5126—1993	钢筋平面反向弯曲试验方法

F　化学性能试验方法标准

标 准 号	标 准 名 称
GB/T 1838—1995	镀锡钢板（带）镀锡量试验方法
GB/T 1839—1993	钢铁产品镀锌层质量试验方法
GB/T 2972—1991	镀锌钢丝锌层硫酸铜试验方法
GB/T 2973—1991	镀锌钢丝锌层重量试验方法
GB/T 4157—1984	金属抗硫化物应力腐蚀开裂恒负荷拉伸试验方法
GB/T 4334.1—2000	不锈钢 10%草酸浸蚀试验方法
GB/T 4334.2—2000	不锈钢硫酸-硫酸铁腐蚀试验方法
GB/T 4334.3—2000	不锈钢 65%硝酸腐蚀试验方法
GB/T 4334.4—2000	不锈钢硝酸-氢氟酸腐蚀试验方法
GB/T 4334.5—2000	不锈钢硝酸-硫酸铜腐蚀试验方法
GB/T 4334.6—2000	不锈钢 5%硫酸腐蚀试验方法
GB/T 5776—1986	金属材料在表面海水中常规暴露腐蚀试验方法
GB/T 8650—1988	管线钢抗阶梯型破裂试验方法
GB/T 10123—2001	金属和合金的腐蚀　基本术语和定义
GB/T 10124—1988	金属材料实验室均匀腐蚀全浸试验方法
GB/T 10125—1997	人造气氛腐蚀试验　盐雾试验
GB/T 10126—1988	铁-铬-镍合金在高温水中应力腐蚀试验方法
GB/T 10127—1988	不锈钢三氯化铁缝隙腐蚀试验方法
GB/T 13303—1991	钢的抗氧化性能测定方法
GB/T 13448—1992	彩色涂层钢板及钢带试验方法
GB/T 13912—1992	金属覆盖层　钢铁制品热镀锌层　技术要求
GB/T 14165—1993	黑色金属室外大气暴露试验方法
GB/T 14293—1998	人造气氛腐蚀试验　一般要求
GB/T 15260—1994	镍基合金晶间腐蚀试验方法
GB/T 15970.1—1995	金属和合金的腐蚀　应力腐蚀试验　第 1 部分：试验方法总则
GB/T 15970.2—2000	金属和合金的腐蚀　应力腐蚀试验　第 2 部分：弯梁试样的制备和应用
GB/T 15970.3—1995	金属和合金的腐蚀　应力腐蚀试验　第 3 部分：U 形弯曲试样的制备和应用
GB/T 15970.4—2000	金属和合金的腐蚀　应力腐蚀试验　第 4 部分：单轴加载拉伸试样的制备和应用
GB/T 15970.5—1998	金属和合金的腐蚀　应力腐蚀试验　第 5 部分：C 形环试样的制备和应用
GB/T 15970.6—1998	金属和合金的腐蚀　应力腐蚀试验　第 6 部分：预裂纹试样的制备和应用
GB/T 15970.7—2000	金属和合金的腐蚀　应力腐蚀试验　第 7 部分：慢应变速率试验
GB/T 16545—1996	金属和合金的腐蚀　腐蚀试样上腐蚀产物的清除
GB/T 17897—1999	不锈钢三氯化铁点腐蚀试验方法
GB/T 17898—1999	不锈钢在沸腾氯化镁溶液中应力腐蚀试验方法

标　准　号	标　准　名　称
GB/T 17899—1999	不锈钢点蚀电位测量方法
GB/T 18590—2001	金属和合金的腐蚀　点蚀评定方法
GB/T 18592—2001	金属覆盖层　钢铁制品热浸镀铝　技术条件
YB/T 135—1998	镀铜钢丝镀层重量及其组分试验方法
YB/T 136—1998	镀锡钢板（带）表面油和铬的试验方法

G　无损检验方法标准

标　准　号	标　准　名　称
GB/T 1786—1990	锻制圆饼超声波检验方法
GB/T 2970—1991	中厚钢板超声波检验方法
GB/T 4162—1991	锻轧钢棒超声波检验方法
GB/T 5616—1985	常规无损探伤应用导则
GB/T 5777—1996	无缝钢管超声波探伤检验方法
GB/T 6402—1991	钢锻件超声波检验方法
GB/T 7734—1987	复合钢板超声波探伤方法
GB/T 7735—1995	钢管涡流探伤检验方法
GB/T 7736—2001	钢的低倍组织及缺陷超声波检验法
GB/T 8361—2001	冷拉圆钢表面超声波探伤方法
GB/T 8651—2002	金属板材超声波板波探伤方法
GB/T 8652—1988	变形高强度钢超声波检验方法
GB/T 9444—1988	铸钢件磁粉探伤及质量评级方法
GB/T 9445—1999	无损检测人员资格鉴定与认证
GB/T 10121—1988	钢材塔形发纹磁粉检验方法
GB/T 11259—1999	超声波检验用钢对比试块的制作与校验方法
GB/T 11260—1996	圆钢穿过式涡流探伤检验方法
GB/T 11343—1989	接触式超声波斜射探伤方法
GB/T 11344—1989	接触式超声波脉冲回波法测厚
GB/T 11345—1989	钢焊缝手工超声波探伤方法和探伤结果分级
GB/T 12604.1—1990	无损检测术语　超声检测
GB/T 12604.2—1990	无损检测术语　射线检测
GB/T 12604.3—1990	无损检测术语　渗透检测
GB/T 12604.4—1990	无损检测术语　声发射检测
GB/T 12604.5—1990	无损检测术语　磁粉检测
GB/T 12604.6—1990	无损检测术语　涡流检测
GB/T 12604.7—1995	无损检测术语　泄漏检测
GB/T 12604.8—1995	无损检测术语　中子检测
GB/T 12604.9—1996	无损检测术语　红外检测
GB/T 12606—1999	钢管漏磁探伤方法
GB/T 13315—1991	锻钢冷轧工作辊超声波探伤方法
GB/T 13316—1991	铸钢轧辊超声波探伤方法
GB/T 14480—1993	涡流探伤系统性能测试方法
GB/T 14693—1993	焊缝无损检测符号
GB/T 15822—1995	磁粉探伤方法
GB/T 15830—1995	钢制管道对接环焊缝超声波探伤方法和检验结果的分级

标　准　号	标　准　名　称
GB/T 16544—1996	球形储罐 γ 射线全景曝光照相方法
GB/T 17990—1999	圆钢点式（线圈）涡流探伤检验方法
GB/T 18256—2000	焊接钢管（埋弧焊除外）用于确认水压密实性的超声波检测方法
YB/T 143—1998	涡流探伤信号幅度误差测量方法
YB/T 144—1998	超声探伤信号幅度误差测量方法
YB/T 145—1998	钢管探伤对比试样人工缺陷尺寸测量方法
YB/T 951—1981	钢轨超声波探伤方法
YB/T 4082—2000	钢管自动超声波探伤系统综合性能测试方法
YB/T 4083—2000	钢管自动涡流探伤系统综合性能测试方法
JB/T 10061—1999	A 型脉冲反射式超声探伤仪通用技术条件
JB/T 10062—1999	超声探伤用探头性能测试方法
JB/T 10063—1999	超声探伤用 1 号标准试块技术条件

H　物理性能试验方法标准

标　准　号	标　准　名　称
GB/T 351—1995	金属材料电阻系数测量方法
GB/T 1479—1984	金属粉末松装密度的测定　第 1 部分　漏斗法
GB/T 1480—1995	金属粉末粒度组成的测定　干筛分法
GB/T 1481—1998	金属粉末（不包括硬质合金粉末）在单轴压制中压缩性的测定
GB/T 1482—1984	金属粉末流动性的测定　标准漏斗法（霍尔流速计）
GB/T 2105—1991	金属材料杨氏模量、切变模量及泊松比测量方法（动力学法）
GB/T 2522—1988	电工钢片（带）层间电阻、涂层附着性、叠装系数测试方法
GB/T 2523—1990	冷轧薄钢板（带）表面粗糙度测量方法
GB/T 3651—1983	金属高温导热系数测量方法
GB/T 3655—2000	用爱泼斯坦方圈测量电工钢片（带）磁性能的方法
GB/T 3656—1983	电工用纯铁磁性能测量方法
GB/T 3657—1983	软磁合金直流磁性能测量方法
GB/T 3658—1990	软磁合金交流磁性能测量方法
GB/T 4067—1999	金属材料电阻温度特征参数的测定
GB/T 4339—1999	金属材料热膨胀特征参数的测定
GB/T 5026—1985	软磁合金振幅磁导率测量方法
GB/T 5158.4—2001	金属粉末　总氧含量的测定　还原—提取法
GB/T 5225—1985	金属材料定量相分析　X 射线衍射 K 值法
GB/T 5778—1986	膨胀合金气密性试验方法
GB/T 5985—1986	热双金属弯曲常数测量方法
GB/T 5986—2000	热双金属弹性模量试验方法
GB/T 5987—1986	热双金属温曲率试验方法
GB/T 6524—1986	金属粉末粒度分布的测定　光透法
GB/T 8359—1987	高速钢中碳化物相的定量分析　X 射线衍射仪法
GB/T 8362—1987	钢中残余奥氏体定量测定　X 射线衍射仪法
GB/T 8364—1987	热双金属比弯曲试验方法
GB/T 8653—1988	金属杨氏模量、弦线模量、切线模量和泊松比试验方法（静态法）
GB/T 10129—1988	电工钢片（带）中频磁性能测量方法
GB/T 10562—1989	金属材料超低膨胀系数测量方法　光干涉法

标　准　号	标　准　名　称
GB/T 11105—1989	金属粉末　压坯的拉托拉试验
GB/T 11106—1989	金属粉末　用圆柱形压坯的压缩测定压坯强度的方法
GB/T 13012—1991	钢材直流磁性能测量方法
GB/T 13300—1991	高电阻电热合金快速寿命试验方法
GB/T 13301—1991	金属材料电阻应变灵敏系数试验方法
GB/T 13390—1992	金属粉末比表面积的测定　氮吸附法
GB/T 13789—1992	单片电工钢片（带）磁性能测量方法
GB/T 14453—1993	金属材料高温弹性模量测量方法　圆盘振子法
GB/T 17103—1997	金属材料定量极图的测定
YB/T 130—1997	钢的等温转变曲线图的测定
YB/T 5127—1993	钢的临界点测定方法（膨胀法）
YB/T 5128—1993	钢的连续冷却转变曲线图的测定方法（膨胀法）

附表 2　钢的各临界点及空冷组织和硬度表

钢　号	加热和冷却时的临界点/℃						空冷后的硬度		空冷后的组织
	Ac_3 或 Ac_m	Ar_3	Ac_1	Ar_1	M_s	M_z	压痕直径/mm	布氏硬度（HB）	
优　质　碳　素　结　构　钢									
05	880		720	700			5.2～5.6	131～111	铁素体＋片状珠光体
08	874	854	732	680			5.0～5.4	143～121	铁素体＋片状珠光体
10	870	850	724	682			4.8～5.2	156～131	铁素体＋片状珠光体
15	863	840	725	680			4.6～5.0	170～143	铁素体＋片状珠光体
20	850	835	725	680			4.5～4.9	179～149	铁素体＋片状珠光体
25	830	824	725	680			4.3～4.7	197～163	铁素体＋片状珠光体
30	820	796	725	680	380		4.2～4.6	207～170	铁素体＋片状珠光体
35	805	790	725	680	350	190	4.1～4.5	217～179	铁素体＋片状珠光体
40	790	760	725	680	310	65	4.0～4.4	229～187	铁素体＋片状珠光体
45	780	750	725	680	330	50	3.9～4.3	241～197	铁素体＋片状珠光体
50	765	720	725	690	300	50	3.9～4.3	241～197	铁素体＋片状珠光体
55	760	755	725	690			3.8～4.2	255～207	铁素体＋片状珠光体
60	755	743	725	690		—20	3.7～4.1	269～217	铁素体＋片状珠光体
15Mn	863	840	723	680			4.2～4.6	207～170	铁素体＋片状珠光体
20Mn	830	820	723	680			4.1～4.5	217～179	铁素体＋片状珠光体
30Mn	810	796	723	680			3.9～4.3	241～197	铁素体＋片状珠光体
40Mn	780	765	723	680			3.8～4.2	255～207	铁素体＋片状珠光体
50Mn	760		720	690	304		3.6～4.0	285～229	铁素体＋片状珠光体
合　金　结　构　钢									
10Mn2	830	710	720	650			4.2～4.6	207～170	片状珠光体＋铁素体
30Mn2	804	727	718	650			3.9～4.3	241～197	片状珠光体＋铁素体
35Mn2	793	710	718	650			3.8～4.2	255～207	片状珠光体＋铁素体
40Mn2	780	710	718	650			3.7～4.1	269～217	片状珠光体＋铁素体
45Mn2	765	704	718	626	320		3.6～4.0	285～229	片状珠光体＋铁素体
50Mn2	760	680	710	596			3.5～3.9	302～241	片状珠光体＋铁素体
27SiMn	880		750				4.0～4.4	229～187	片状珠光体＋铁素体

| 钢 号 | 加热和冷却时的临界点/℃ | | | | | | 空冷后的硬度 | | 空冷后的组织 |
	Ac_3 或 Ac_m	Ar_3	Ac_1	Ar_1	M_s	M_z	压痕直径 /mm	布氏硬度 (HB)	
35SiMn	830		750	645	330		3.9～4.3	241～197	片状珠光体＋铁素体
42Mn2V	770		725		310				片状珠光体＋铁素体
20Mn2B	853	730	730	613					片状珠光体＋铁素体
20MnTiB	843	795	720	625					片状珠光体＋铁素体
20MnVB	840	770	720	635					片状珠光体＋铁素体
38CrSi	810	755	763	680	330		3.6～4.0	285～229	片状珠光体＋铁素体
40CrSi	810		765	725			3.6～4.0	285～229	片状珠光体＋铁素体
15CrMn	845		750		400				片状珠光体＋铁素体
20CrMn	810	798	765	690			4.0～4.4	229～187	片状珠光体＋铁素体
35CrMn2	780	690	725	680	293		3.6～4.0	285～229	片状珠光体＋铁素体
20CrMnSi	840		755	690			3.9～4.3	241～197	片状珠光体＋铁素体
25CrMnSi	835		750	680			3.9～4.3	241～197	片状珠光体＋铁素体
30CrMnSi	830	705	760	670	285		3.8～4.2	255～207	片状珠光体＋铁素体
35CrMnSi	840		765	720			3.6～4.0	285～229	片状珠光体＋铁素体
30CrV	840	782	768	704			4.3～4.7	192～163	片状珠光体＋铁素体
40CrV	790	745	755	700	218		3.9～4.3	241～197	片状珠光体＋铁素体
20CrMnTi	825	730	730	690	365		3.8～4.2	285～229	片状珠光体＋铁素体
30CrMnTi	790	740	765	660					片状珠光体＋铁素体
16Mo	930	830	735	610					片状珠光体＋铁素体
12CrMo	880	790	720	695					片状珠光体＋铁素体
20CrMo	820	746	740	700			4.2～4.6	207～170	片状珠光体＋铁素体
30CrMo	810	765	740	700			4.0～4.4	229～187	片状珠光体＋铁素体
35CrMo	800	750	755	695	345		3.9～4.3	241～197	片状珠光体＋铁素体
40CrB	779		741						片状珠光体＋铁素体
15CrMnMo	830	740	710	620					片状珠光体＋铁素体
22CrMnMo	830	740	710	620					片状珠光体＋铁素体
40CrMnMo	780		735	680			3.6～4.4	229～187	片状珠光体＋铁素体
12CrMoV	940		820						片状珠光体＋铁素体
24CrMoV	840	796	790	680					片状珠光体＋铁素体
35CrMoV	835		755	600			3.8～4.2	255～207	片状珠光体＋铁素体
25Cr2MoV	840	770	760	685					片状珠光体＋铁素体
38CrMoAl	900		800	740	365		3.2～3.6	363～285	片状珠光体＋铁素体
38CrAlA	810		735	690			3.3～3.7	341～269	片状珠光体＋铁素体
40CrMnMoVB	792	709	734	646					片状珠光体＋铁素体
15Cr	830	799	735	700			4.6～5.0	170～143	片状珠光体＋铁素体
20Cr	820	790	735	700			4.5～4.9	179～149	片状珠光体＋铁素体
30Cr	810		740	700			4.3～4.7	197～163	片状珠光体＋铁素体
35Cr	800		740	700			4.2～4.6	207～170	片状珠光体＋铁素体
38CrA	790	730	740	700	250		4.1～4.5	217～179	片状珠光体＋铁素体
40Cr	780	730	740	700	250		4.1～4.5	217～179	片状珠光体＋铁素体
45Cr	770	693	735	700			4.0～4.4	229～187	片状珠光体＋铁素体
50Cr	755	690	735	660	250		3.9～4.3	241～197	片状珠光体＋铁素体
12CrNi	804	790	733	666					片状珠光体＋铁素体
12CrNi2	830	760	715	670			4.2～4.6	207～170	片状珠光体＋铁素体
20CrNi	805	790	735	680			4.0～4.4	229～187	片状珠光体＋铁素体

钢 号	加热和冷却时的临界点/℃						空冷后的硬度		空冷后的组织
	Ac₃ 或 Ac_m	Ar₃	Ac₁	Ar₁	M_s	M_z	压痕直径/mm	布氏硬度(HB)	
12CrNi3	830	726	715	670			4.0～4.4	229～187	索氏体 铁素体 马氏体
20CrNi3	790	630	710	666			3.8～4.2	255～207	索氏体 铁素体 马氏体
30CrNi3	780		710	650			3.4～3.8	321～255	索氏体 铁素体 马氏体
37CrNi3	770		710	600	290		3.2～3.6	363～285	索氏体 铁素体 马氏体
40CrNi	780	701	725	680	243		3.8～4.2	255～207	珠光体＋铁素体
45CrNi	775		725	680			3.7～4.1	269～217	珠光体＋铁素体
12Cr2Ni4A	820		710	650			3.5～3.9	302～269	索氏体 铁素体 马氏体
20Cr2Ni4A	800		710		320		3.3～3.7	341～269	索氏体 铁素体 马氏体
40CrNiMo	790		720	680			3.5～3.9	302～241	索氏体＋铁素体
45CrNiMoVA	770		740	650	250		3.5～3.9	302～241	索氏体＋铁素体
30CrNi2MoV	780		715	690			3.5～4.0	302～229	索氏体 铁素体 马氏体
35CrNi3Mo	790		720	400					索氏体 铁素体 马氏体
18Cr2Ni4W	810		700	350	300	-100	2.8～3.2	477～363	马氏体＋铁素体
25Cr2Ni4W	760		700	340			2.7～3.1	514～388	马氏体＋铁素体
弹 簧 钢									
65	750	730	725	690	265		3.6～4.0	285～229	铁素体＋片状珠光体
70	745	727	725	690	270	-40	3.5～3.9	302～241	铁素体＋片状珠光体
75	740		725	690		-55	3.5～3.9	302～241	铁素体＋片状珠光体
85			725	690	230	-55			片状珠光体
65Mn	765	741	726	689	266	-55			片状珠光体＋铁素体
55Si2Mn	840		775				3.6～4.0	285～229	片状珠光体＋铁素体
60Si2Mn	810	770	755	700			3.5～3.9	302～241	片状珠光体＋铁素体
70Si3MnA			780	700	285		3.4～3.8	321～255	片状珠光体＋铁素体
65Si2MnWA	780		765	700			3.5～3.9	302～241	片状珠光体＋铁素体
60Si2CrVA	780		770	710			3.4～3.8	321～255	片状珠光体＋铁素体
60Si2Cr	780		765	700			3.4～3.8	321～255	片状珠光体＋铁素体
50CrMn	775		750		250		3.6～4.0	285～229	片状珠光体＋铁素体
55SiMnVB	790	720	745	675					片状珠光体＋铁素体
50CrVA	788	746	752	688	270		3.7～4.1	269～217	片状珠光体＋铁素体
55SiMnMoV	805	700	745	620					片状珠光体＋铁素体
55SiMnMoVNb	775	656	744	550					片状珠光体＋铁素体
滚 珠 轴 承 钢									
GCr6	860		735	700			3.2～3.4	363～321	片状珠光体＋碳化物
GCr9	887	721	730	690	170	-85	3.2～3.4	363～321	片状珠光体＋碳化物
GCr15	900	713	745	700	185	-90	3.1～3.3	388～341	片状珠光体＋碳化物
GCr9SiMn	775	724	738	700					片状珠光体＋碳化物
GCr15SiMn	900		755	700			3.0～3.2	415～363	片状珠光体＋碳化物
GMnMoV	873	698	743	677					
GMnMoVR	887	702	742	682					
GMnSiMoV	800	727	740	681					
GSiMnV	785	717	747	680					
GSiMnVR	785	705	745	680					

钢 号	加热和冷却时的临界点/℃						空冷后的硬度		空冷后的组织
	Ac_3 或 Ac_m	Ar_3	Ac_1	Ar_1	M_s	M_z	压痕直径/mm	布氏硬度(HB)	
碳 素 工 具 钢									
T7	770		730	700	240	−40	3.6～4.0	285～229	片状珠光体＋铁素体
T8			730	700	230	−55	3.5～3.9	302～241	片状珠光体＋铁素体
T8Mn			725	690			3.5～3.9	302～241	片状珠光体＋铁素体
T9	737	695	723	700	220	−55	3.4～3.8	321～255	片状珠光体
T10	800		730	700	210	−60	3.4～3.8	321～255	片状珠光体＋渗碳体
T11	810		730	700			3.4～3.8	321～255	片状珠光体＋渗碳体
T12	820		730	700	170	−60	3.3～3.7	341～269	片状珠光体＋渗碳体
T13	830		730	700	130		3.3～3.7	341～269	片状珠光体＋渗碳体
合 金 工 具 钢									
V	770		730	700			3.3～3.7	341～269	索氏体＋碳化物
W	820		740	710			3.3～3.7	341～269	索氏体＋碳化物
Cr2	900		745	700	185	−90	3.1～3.5	388～302	屈氏体＋碳化物
Cr06	950		730	700	145	−95	3.1～3.5	388～302	屈氏体＋碳化物
9Cr2	860		745	700	200	−75	3.0～3.4	415～321	屈氏体＋碳化物
8Cr3	960		770	730			2.8～3.2	477～363	屈氏体＋马氏体
CrMn	980		740	700	110	−120	3.0～3.4	415～321	屈氏体＋碳化物
CrWMn	940		750	710	140	−110	2.7～3.1	514～388	马氏体＋碳化物
9CrWMn	900		751	710			2.7～3.1	514～388	马氏体＋碳化物
9SiCr	870		770	725	200	−60	3.0～3.4	415～321	屈氏体＋碳化物
4CrW2Si	840		770	735			3.2～3.6	363～285	珠光体＋铁素体
5CrW2Si	820		770	725			3.1～3.5	388～302	屈氏体
6CrW2Si	810		770	735			3.2～3.6	363～285	屈氏体
CrW5			760	725			2.8～3.2	477～363	马氏体＋屈氏体
5CrMnMo	760		710	650	210		2.9～3.3	444～341	
5CrNiMo	770		710	680	210		2.9～3.3	444～341	
5SiMnMoV	788		764						
SiMn	865		760	708					
3Cr2W8V	1100		850	790	385		2.8～3.2	477～363	马氏体
Cr6WV			815	625					
Cr12			800	760			2.4～2.8	653～477	马氏体＋莱氏体型碳化物
Cr12MoV	1200		810	760			2.4～2.8	653～477	马氏体＋莱氏体型碳化物
Cr4W2MoV	～900		～795	～760	142				
Cr2Mn2SiWMoV			770	640					
6W6Mo5Cr4V			～820	～730	240				
4Cr5MoVSi	912	733	853	720	310				
4Cr5MoV1Si	910	820	850	700	335				
4Cr5W2VSi	940	840	840	740	275				
5Cr4W5Mo2V	893	816	836	744					
SiMnMo	770	720	735	676					
4Cr4Mo2WVSi	～880	～845	～840	～775					

钢　号	加热和冷却时的临界点/℃						空冷后的硬度		空冷后的组织
	Ac_3 或 Ac_m	Ar_3	Ac_1	Ar_1	M_s	M_z	压痕直径 /mm	布氏硬度 (HB)	
高　速　工　具　钢									
W18Cr4V	1300		820	760	190	−70	2.4～2.6	653～555	马氏体＋碳化物
W9Cr4V2			810	760	220		2.4～2.6	653～555	马氏体＋碳化物
不　锈　耐　酸　钢									
1Cr13	850	820	820	780			2.8～3.4	477～321	铁素体＋马氏体
2Cr13	950		820	780			2.7～3.1	514～388	马氏体＋少量铁素体
3Cr13			820	780			2.4～2.8	653～477	马氏体
4Cr13	1100		820	780			2.4～2.8	653～477	马氏体＋碳化物
1Cr14			820	780			2.8～3.4	477～321	铁素体＋马氏体
1Cr17			860	810			4.0～4.4	229～187	铁素体＋马氏体
1Cr28							4.3～4.7	197～163	铁素体＋碳化物
1Cr25Ti							4.3～4.7	197～163	铁素体＋碳化物
9Cr18			830	810					
1Cr17Ni2			810	780			3.0～3.6	285～229	铁素体＋马氏体
耐　热　钢									
4Cr3Si4	892	821	832	769					
4Cr9Si2	970	870	900	810					
4Cr10Si2Mo	950	845	850	700					

注：空冷硬度和组织是在直径或边长为 25cm 钢棒空冷后测定和观察的。

附表 3　常　用　浸　蚀　剂

序号	试剂名称	成　分	适用范围	注意事项
1	硝酸酒精溶液	硝酸（HNO₃）1～5mL 酒精 100mL	碳钢及低合金钢的组织显示	硝酸含量按材料选择，浸蚀数秒钟
2	苦味酸酒精溶液	苦味酸 2～10g 酒精 100mL	对钢铁材料的细密组织显示较清晰	浸蚀时间为数秒钟至数分钟
3	苦味酸盐酸酒精溶液	苦味酸 1～5g 盐酸（HCl）5mL 酒精 100mL	显示淬火及淬火回火后钢的晶粒和组织	浸蚀时间较上例快些，约数秒钟至一分钟
4	苛性钠苦味酸水溶液	苛性钠 25g 苦味酸 2g 水（H₂O）100mL	钢中的渗碳体染成暗黑色	加热煮沸浸蚀 5～30min
5	氯化铁盐酸水溶液	氯化铁（FeCl₃）5g 盐酸 50mL 水 100mL	显示不锈钢，奥氏体高镍钢、铜及铜合金组织，显示奥氏体不锈钢的软化组织	浸蚀至显现组织
6	王水甘油溶液	硝酸 10mL 盐酸 20～30mL 甘油 30mL	显示奥氏体镍铬合金等组织	先将盐酸与甘油充分混合，然后加入硝酸，试样浸蚀前先行用热水预热

序号	试剂名称	成　　分	适 用 范 围	注 意 事 项
7	高锰酸钾苛性钠	高锰酸钾 4g 苛性钠 4g	显示高合金钢中碳化物、σ相等	煮沸使用浸蚀 1～10min
8	氨水双氧水溶液	氨水（饱和）50mL H_2O_2（3%）水溶液 50mL	显示铜及铜合金组织	新鲜配用、用棉花醮擦
9	氯化铜氨水溶液	氯化铜 8g 氨水（饱和）100mL	显示铜及铜合金组织	浸蚀 30～60s
10	硝酸铁水溶液	硝酸铁（$Fe(NO_3)_3$）10g 水 100mL	显示铜合金组织	用棉花揩拭
11	混合酸	氢氟酸（浓）1mL 盐酸 1.5mL 硝酸 2.5mL 水 95mL	显示硬铝组织	浸蚀 10～20s 或棉花醮擦
12	氢氟酸水溶液	氢氟酸（HF（浓））0.5mL 水 99.5mL	显示一般铝合金组织	用棉花揩拭
13	苛性钠水溶液	苛性钠 1g 水 90mL	显示铝及铝合金组织	浸蚀数秒钟

参 考 文 献

1　朱学仪，陈训浩．钢的检验．北京：冶金工业出版社，1992

2　冶金工业部钢铁研究院．合金钢手册（上册，第三分册）．北京：冶金工业出版社，1972

3　于志中，熊中实．钢材管理知识．北京：冶金工业出版社，1982

4　陈思政．金属的强度与检验．北京：冶金工业出版社，1981

5　于志中．钢材供销管理手册．北京：北京经济学院出版社，1991

6　宋余九，荀毓闽．热处理手册．第2版，第4卷．北京：机械工业出版社，1992

7　四川五局（金属材料机械性能试验）编写组．金属材料机械性能试验．北京：国防工业出版社，1983

8　宋学孟．金属物理性能分析．北京：机械工业出版社，1983

9　田莳，李秀臣，刘正堂．金属物理性能．北京：航空工业出版社，1994

10　中国机械工程学会无损检测学会．无损检测概论．北京：机械工业出版社，1993

11　王仲生．无损检测诊断现场实用技术．北京：机械工业出版社，2003

12　邵泽波．无损检测技术．北京：化学工业出版社，2004

13　林际熙．金属力学性能检验人员培训教材．北京：冶金工业出版社，1999

14　束德林．工程材料力学性能．北京：机械工业出版社，2003

15　陈雷．连续铸钢．北京：冶金工业出版社，2000

16　任怀亮．金相实验技术．北京：冶金工业出版社，1986

17　田白玉，杨体强．光学金相摄影技术．北京：科学出版社，1983

18　王海舟．钢铁及合金分析．北京：科学出版社，2004

19　张燮．工业分析化学．北京：化学工业出版社，2003

20　张锦柱．工业分析．重庆：重庆大学出版社，1991

21　冶金工业信息标准研究院，中国标准出版社第二编辑室．钢铁产品分类、牌号、技术条件、包装、尺寸及允许偏差标准汇编（第3版）．北京：中国标准出版社，2005

22　李久林．金属硬度试验方法国家标准（HB、HV、HR、HL、HK、HS）实施指南．北京：中国标准出版社，2004

23　冶金工业信息标准研究院，中国标准出版社第二编辑室．金属材料物理试验方法标准汇编（上、下）（第2版）．北京：中国标准出版社，2002

24　廖健诚．金属学．北京：冶金工业出版社，1994

冶金工业出版社部分图书推荐

书　名	作　者	定价（元）
楔横轧零件成型技术与模拟仿真	胡正寰　等著	48.00
铝合金无缝管生产原理与工艺	邓小民　著	60.00
轧制工程学（本科教材）	康永林　主编	32.00
材料成形工艺学（本科教材）	齐克敏　等编	69.00
加热炉（第3版）（本科教材）	蔡乔方　主编	32.00
金属塑性成形力学（本科教材）	王　平　等编	26.00
金属压力加工概论（第2版）（本科教材）	李生智　主编	29.00
材料成形实验技术（本科教材）	胡灶福　等编	16.00
冶金热工基础（本科教材）	朱光俊　主编	30.00
机械安装与维护（职业技术学院教材）	张树海　主编	22.00
金属压力加工理论基础（职业技术学院教材）	段小勇　主编	37.00
参数检测与自动控制（职业技术学院教材）	李登超　主编	39.00
有色金属压力加工（职业技术学院教材）	白星良　主编	33.00
黑色金属压力加工实训（职业技术学院教材）	袁建路　主编	22.00
轧钢基础知识（职业技能培训教材）	孟延军　主编	39.00
加热炉基础知识与操作（职业技能培训教材）	咸翠芬　主编	29.00
中型型钢生产（职业技能培训教材）	袁志学　主编	28.00
中厚板生产（职业技能培训教材）	张景进　主编	29.00
高速线材生产（职业技能培训教材）	袁志学　主编	39.00
热连轧带钢生产（职业技能培训教材）	张景进　主编	35.00
板带冷轧生产（职业技能培训教材）	张景进　主编	42.00
热工仪表及其维护（职业技能培训教材）	张惠荣　主编	26.00
连续铸钢生产（职业技能培训教材）	冯　捷　主编	45.00
冶金液压设备及其维护（职业技能培训教材）	任占海　主编	35.00
冶炼设备维护与检修（职业技能培训教材）	时彦林　主编	49.00
轧钢设备维护与检修（职业技能培训教材）	袁建路　主编	28.00